PETRA PINZLER | STEFAN SCHMITT

Auch das noch!

PETRA PINZLER | STEFAN SCHMITT

Auch das noch!

Das freundliche Krisenbuch

HERDER

FREIBURG · BASEL · WIEN

FSC
www.fsc.org
MIX
Papier | Fördert gute Waldnutzung
FSC® C014496

www.herder.de

Bei Fragen zur Produktsicherheit wenden Sie sich an produktsicherheit@herder.de.

Satz: Daniel Förster, Belgern
Herstellung: GGP Media Gmbh, Pößneck

Printed in Germany

ISBN Print: 978-3-451-39794-3
ISBN E-Book (EPUB): 978-3-451-83616-9
ISBN E-Book (PDF): 978-3-451-83800-2

INHALT

1

VORWORT

Auch das noch?

»Moin, Petra!«
»Moin, Stefan!«

Als wir uns so das erste Mal vor den Mikrofonen begrüßten, da war uns nicht klar, worauf wir uns einlassen würden. Wir waren aufgeregt und ein bisschen unsicher, unseren Stimmen hörte man das an. Wir wussten aber auch: Etwas Neues war nötig. Wir alle brauchten etwas gegen dieses traurige Gefühl, ein Mittel, das uns helfen würde, all die schlechten Nachrichten besser einzuordnen, das uns positive Energie geben würde und ein wenig Hoffnung, trotz der Weltläufte.

»Ich habe heute Morgen wieder eine ganze Weile gewartet, bis ich das Radio eingeschaltet habe«, sagte Petra in unserer ersten Aufnahme. (Angeschaltet hatte sie es dann natürlich trotzdem.) Und Stefan reagierte so: »Ich lese für den Job regelmäßig die Fachzeitschriften *Science* und *Nature* und erfahre da oft mehr, als ich in Wahrheit wissen will – über die Klimakrise, über die Biodiversität, über die Ernährungssicherheit, in was für einem Zustand die Welt ist.« (Weitergelesen hat er trotzdem.) Man kann das professionelle Deformation nennen: Lesen und Lernen, neugierig sein und Nachdenken und dann zu schreiben, ist schließlich unser Job. Aber es ist eben auch eine Art, mit der Welt umzugehen: Dem Widerwillen zum Trotz erst einmal genauer hinzuschauen.

Daraus entstand die Idee, die sich durch dieses Buch zieht: Wir würden dem Impuls, bei jeder neuen Krise am liebsten wegzuhören und abzuschalten, auch künftig nicht (oder nur in den frühen Morgen- und späten Abendstunden) nachgeben. Wir würden im Gegenteil jede Krise genau betrachten – den Wahlsieg des nächsten Populisten, das Artensterben, den nächsten krummen Deal beim Klimaschutz, die wachsende Wut der Menschen aufeinander. Wir würden sie stattdessen in ihrer ganzen Fürchterlichkeit vermessen. Die Fakten prüfen. Und mit klugen Leuten über das ganze Drama sprechen.

So entstand »Auch das noch – der freundliche Krisenpodcast«.

In jeder Folge unterhalten wir uns seither über einen Aspekt des schier unentwirrbaren Knäuels von großen und kleinen Problemen, das die Fachleute inzwischen als »Polykrise« bezeichnen (was genau damit gemeint ist, steht im nächsten Kapitel). Viele von ihnen betreffen unseren Alltag noch nicht oder nicht unmittelbar. Wir gehen ja weiter zur Arbeit und ins Kino, treffen Freunde und treiben Sport. Wir lieben, lachen und leben. Trotz alledem. Gleichzeitig ahnen wir, dass die Zukunft für viele ungemütlich werden wird. Vielleicht auch für uns? Jedenfalls wird es die unbeschwerte Welt, wie wir sie kennen, mit ihren Blumen und Bienen, dem Schnee im Winter, mit sonnigen, aber nicht zu heißen Sommerferien, immer seltener geben.

Also sprechen wir über die Gründe: über die Klimakrise, das Artensterben, das Auseinanderbrechen von Gesellschaften und die Krise der Demokratie. Jedes Mal erzählt eine Expertin oder ein Experte, wo genau das Problem liegt, wie es mit all den anderen Problemen zusammenhängt und wo es Auswege geben könnte. Das Erstaunliche dabei: So groß und vertrackt ein Problem auch ist, eine Ahnung von Lösung, zumindest von der richtigen Richtung, entwickelt sich im Gespräch doch immer. Nicht selten steht am Ende dann die Hoffnung, dass es so gelingen könnte.

Klar hören wir immer wieder mal den Vorwurf: Ihr redet euch die Welt schön! Ihr suggeriert, dass es doch noch ein Happy End für die Menschheit geben kann, wie unterkomplex! Die besten Zeiten liegen hinter uns. Ihr solltet euer Publikum besser darauf einstimmen, dass das Zeitalter des Fortschritts vorbei ist. Ihr solltet den Leuten die Augen öffnen, sie brutal auf unvermeidlichen Verlust, radikalen Verzicht und drastische Veränderung einstimmen, denn nur dann lassen sich wenigstens noch Teile unseres Alltags bewahren. Nur so lässt sich die Heftigkeit der Öko-Katastrophen ein wenig mildern und die Demokratie vor ihren schlimmsten Feinden retten.

Und noch einen zweiten Vorwurf gibt es, nämlich den der Niedlichkeit, und der geht so: Ein einzelner Mensch kann doch sowieso kaum etwas zum Besseren verändern, in Zeiten, in denen Xi Jinping China zur Digitaldiktatur formt, Wladimir Putin und Donald Trump das Schicksal der gesamten Menschheit mit Großmachtsfantasien verändern und Territorialansprüche stellen, die wie aus dem 20. Jahrhundert gefallen erscheinen (manchmal auch aus dem 19. Jahrhundert). Noch dazu in einem Alltag, in dem Populisten die Wut und den Frust der Leute verstärken und dann bei den Wahlen ernten. In einer politischen Lage, in der progressive politische Parteien in vielen Ländern vor den Trümmern ihrer Politik stehen und Klimaschutz- und Gerechtigkeitsfragen immer seltener Wahlen entscheiden. In solchen Zeiten braucht es große Entwürfe und große Wenden, mindestens das Ende des Kapitalismus, gar die Flucht ins Weltall oder die radikale persönliche und gesellschaftliche Umkehr – statt vieler kleiner Korrekturen. In solchen Zeiten kann man doch nicht mehr seriös suggerieren, dass jede und jeder Einzelne die Zukunft zum Positiven verändern könne.

Wir antworten darauf mit folgender Gegenfrage: Wo würde uns solch ein Fatalismus denn hinführen? Ja, die Zukunft scheint nicht rosig. Ja, im Vergleich mit Trump hat jeder von uns wenig Wirkmacht. Ja, es braucht in der Politik große Veränderungen. Ja, die Wirtschaft müsste viel schneller klimaneutral werden. Ja, wir erleben gerade das größte Artensterben seit dem Untergang der Dinosaurier. Ja, es wäre schön, wir würden weltweit wieder abrüsten, statt immer mehr aufzurüsten. Aber darauf zu warten, würde den meisten von uns dann doch den letzten Rest an Zuversicht rauben, also genau die Ressource, die wir mehr als alles andere brauchen. Deswegen sprechen wir immer wieder genau darüber: Über den Wert des Handelns, des Einsatzes, des Etwas-Tuns an sich. Auch weil eine Demokratie – und damit das politische System, das mehr persönliche Freiheit und Unversehrtheit ermöglicht als jedes andere – ohne diese Zutat nicht funktionieren würde. Sie braucht Engagement, um gegen ihre inneren und äußeren Feinde gewappnet zu sein.

Uns jedenfalls überzeugt und ermutigt nun schon seit zweieinhalb Krisenpodcast-Jahren immer wieder aufs Neue das Gespräch mit Menschen, die die Komplexität der Wirklichkeit kennen und trotzdem nicht daran verzweifeln. Viele, die wir zu Gast hatten, haben uns wunderbare Geschichten hinterlassen, die eine neue Sicht auf Probleme ermöglichen und kluge, unkonventionelle Lösungen präsentieren. Deswegen gibt es nun dieses Buch. Wir wollen die Gespräche nicht einfach nach und nach dem Vergessen überlassen. Wir wollen sie nachlesbar und damit weiterdenkbar machen. Wir haben deswegen 18 Menschen gebeten, unsere Aufnahmen mit ihnen kondensieren und redigieren, aktualisieren und abdrucken zu dürfen. Die Texte haben wir so ausgewählt, dass sie ein breites Spektrum von Themen abdecken, und Menschen mit ganz unterschiedlichen Hintergründen und Haltungen vorkommen. Ergänzt werden die Interviews durch Ideen aus vielen der anderen Podcast-Gespräche, sie fließen in kondensierter Form mit in die jeweiligen Kapitel ein, als Zitat, Gedanke oder Zahl.

Wir beantworten die Frage, ob wir uns in Deutschland wirklich so viel streiten und warum. Wie es um die Energiewende steht. Warum sich im Verkehr alle über alle ärgern und sich doch so wenig ändert. Wieso die Klimakrise uns krank macht. Warum die Moore nicht nur wunderschön, sondern auch wichtig sind. Welche Rezepte Putin und Trump und all die anderen autoritären Regierungschefs so erfolgreich machen. Warum es bei der Rettung der liberalen Demokratie vor allem auf die Konservativen ankommt. Und, und, und …

Fehlen darf natürlich auch der »Beam« nicht. Diese Erzählform des Rückblicks aus der Zukunft macht uns besonders viel Spaß. Sie funktioniert so: Wir beamen uns gemeinsam gedanklich ein Jahrzehnt in die Zukunft – ins Deutschland des Jahres 2035 – und stellen uns vor, was bis dahin gut gegangen sein wird. Wir sprechen also über die Vergangenheit einer plausiblen Zukunft. Das klingt kompliziert, ist es aber gar nicht. Denn wir alle denken doch immer mal wieder darüber nach, wie es uns wohl in den kommenden zehn Jahren gegangen sein wird: Wie dem Land? Wie uns privat?

»Prognosen sind schwierig, insbesondere wenn sie die Zukunft betreffen.« Dieses Zitat wird gleich mehreren berühmten Männern zugeschrieben, von Karl Valentin bis Mark Twain. So richtig es ist – die Zukunft ist natürlich nicht vorhersehbar – so sehr unterbetont es doch, dass heutiges Verhalten diese Zukunft sehr wohl beeinflussen kann. Es macht bestimmte Zukünfte wahrscheinlicher und andere unmöglich – sowohl privat als auch gesellschaftlich. Rauchen wir Kette, senken wir unsere Lebenserwartung. Stoppen wir das Artensterben nicht, wird es viele Tiere bald nicht mehr geben. Lassen wir die Hetze im Netz wuchern, schwächen wir die Demokratie. Kurz: Wir erhöhen oder senken Wahrscheinlichkeiten, verstärken oder schwächen Trends, die erst in ein paar Jahren ihre ganze Wirkung entfalten. Im Negativen, aber eben auch im Positiven. Ideen, Erfindungen, neue Gesetze und Verhaltensänderungen im Heute verändern das Morgen.

Unsere Beams sind eine kleine Auswahl an Weltverbesserungsideen. Sie sind keine pure Fantasie, sie sind Möglichkeiten, die sich noch nicht entfaltet haben. Jede hat einen realen Kern, der in die Zukunft extrapoliert wird. Mal geht es um eine soziale Veränderung, die es in Anfängen heute schon irgendwo gibt. Mal um eine Technik, deren Grundlagen bereits gelegt sind.

Sie können dieses Buch traditionell von vorne nach hinten lesen. Dann werden sie erst vieles über ökologische Krisen erfahren, später dann über die sozialen und geopolitischen, und ganz am Schluss auch etwas über die Frage, wie man selbst mit den Krisen umgeht –

ohne daran zu verzweifeln. Oder sie hüpfen – je nach Lage und Bedürfnis – hin und her. So wie wir es beim Krisen-Podcast auch machen.

»Menschen haben Lust auf Lösungen«, sagt die Schriftstellerin Jagoda Marinić, auch sie war zu Gast im Krisenpodcast. Weil wir das ebenfalls glauben, weil wir selbst erlebt haben, wie zufrieden und manchmal sogar glücklich das Handeln machen kann, ist es uns so wichtig, dass gute Ideen nicht in den Schubladen bleiben. Wir wollen Straßen, Plätze und Podcasts nicht den düsteren Propheten oder den traurigen Prokrastinierererinnen überlassen. Unsere Hoffnung ist, dass das ernsthafte Reden über die Welt dabei hilft, sie zu einem besseren Ort zu machen.

Trotz alledem.

2

INTRO: POLY... WAS?

Kann ein Kunstwort ein echtes Gefühl beschreiben? Wie sich unsere Gegenwart anfühlt, welche Ahnung uns beim Stakkato der Nachrichten und der Lektüre des Weltgeschehens beschleicht, das ist nicht leicht in Worte zu fassen. Seit ein paar Jahren scheint es so, als geschehe immer mehr auf einmal. So, als herrsche überall nur noch Krise, Krise, Krise.

Das Jahr 2025 war erst ein paar Tage alt, als der österreichische Bundespräsident den Auftrag zur Regierungsbildung an einen rechtsextremen Politiker erteilte (Es kam dann anders.). In Deutschland hatte gerade der vorgezogene Wahlkampf begonnen, nachdem sich die rot-grün-gelbe Bundesregierung Ende 2024 auf keine gemeinsame Politik mehr hatte einigen können. (Zerbrochen war die Koalition am Streit über die Finanzierung der Ukrainehilfe, aber das war nur eine der multiplen Krisen, bei der man sich nicht mehr verständigen konnte.) In Los Angeles, der zweitgrößten Metropole der USA, wüteten die bis dato schlimmsten Brände in der Geschichte der Stadt. Darin konnte, wer wollte, eine zynische Pointe erkennen: ausgerechnet kurz vor dem erneuten Amtsantritt des Klimaschutz-Verächters Donald Trump! Wer, wenn nicht er, steht für die Krise der liberalen Demokratien und ihrer Institutionen, für den Aufschwung des autoritären Populismus, die Rückkehr des Nationalismus und für primitive Ignoranz gegenüber der Natur? Wenige andere politische Ereignisse hätten die Aussichten für eine gute Zukunft unwägbarer machen können als sein neuerlicher Wahlsieg. Spätestens mit Trumps Rückkehr ist die Welt nun mittendrin – in der Polykrise.

Polys heißt im Griechischen »viel« oder »mehrere«. Und Polykrise, das ist das Wort, mit dem der britische Historiker Adam Tooze das Neue, das Andere an der Weltlage beschreibt: Nicht mehr in einer Abfolge von mehr oder minder schweren Problemen, die eines nach dem anderen gelöst werden können, besteht das Zeitgeschehen, sondern aus einer Anhäufung, ja einem Knäuel von Krisen. »Eine Polykrise lässt sich definieren als eine Situation, in der das Ganze gefährlicher ist als die Summe seiner Teile«, schrieb Adam Tooze im Sommer 2022 in einem Essay für *DIE ZEIT:* »Oder anders gesagt: Die einzelnen Krisen existieren nicht mehr einfach nebeneinander, sondern beeinflussen sich gegenseitig. Sie sind über vielfältige Wirkungskanäle miteinander verbunden.« Wem fiele bei diesen Sätzen nicht ein Beispiel, ach was, eine Handvoll Beispiele aus der aktuellen Weltlage ein: Flüchtlingsströme aus dem Süden in die Länder des Nordens, die in letzteren den Rechtspopulismus wachsen lassen, dessen Vertreter wiederum die Klimakrise leugnen, was wiederum Klimaschutz erschwert, wodurch die Extremwetter gerade in armen Ländern immer schlimmer werden, was zu noch mehr Flüchtenden führen wird …

Falls es also überhaupt so etwas wie ein einziges Wort für solche Problemketten und damit für die Weltlage geben sollte, dann wäre Polykrise ein guter Kandidat. Es sei »das Jahr in einem Wort«, befand die *Financial Times* Ende 2022. Beim Weltwirtschaftsforum von Davos 2023 war es das *Buzzword*, das Schlagwort schlechthin. Mittlerweile ist es ins Alltagsvokabular eingegangen.

Tooze hat den Begriff »Polykrise« nie als seine Erfindung in Anspruch genommen. Vielmehr stammt dieser von dem französischen Philosophen und Komplexitätstheoretiker Edgar Morin (der ist zum Zeitpunkt, an dem dieses Buch in den Druck geht, sagenhafte 103 Jahre alt) und seiner Koautorin Anne-Brigitte Kern. Die beiden hatten ihn in ihrem Buch »Heimatland Erde« (»Terre Patrie«) bereits in den 1990er Jahren geprägt und folgendermaßen erklärt: Die Menschheit habe ein Netz aus miteinander verschränkten Systemen geknüpft. Eine Krise in einem davon könne sich leicht auf alle anderen auswirken. Mit dieser Idee hatte Morin damals schon zwei Jahrzehnte gespielt. Bereits in den 1970er Jahren hatte er das Silodenken in Wissenschaft und Politik kritisiert. Denn schon damals erlebte die gesamte Welt Erschütterungen, die man aus heutiger Sicht als Vorboten deuten kann: Die Ölkrise führte den westlichen Industrienationen ihre Abhängigkeit von prekären Energieträgern und fragwürdigen Regimen vor Augen. Die Umweltbewegung lenkte den Blick auf den Raubbau an der Natur, den der wirtschaftliche Fortschritt oft mit sich bringt. Der Club of Rome warnte vor den »Grenzen des Wachstums« und Fachleute des Ölriesen Exxon sagten korrekt die Erderwärmung durch Kohlendioxid voraus (was den Konzern indes nicht daran hindern sollte, über Jahrzehnte Desinformation zu betreiben, so wie andere Petrokonzerne auch). Es zeigten sich also schon damals die Folgen dessen, was Ökonomen und Ökologen heute die »große Beschleunigung« nennen: die beispiellose Zunahme von menschlicher Aktivität in vielerlei Hinsicht. Doch die Appelle, vernetzter zu denken und zu handeln, verhallten ungehört.

Erst viele Jahre später griff der damalige EU-Kommissionspräsident Jean-Claude Juncker den Begriff »Polykrise« wieder auf und wandte ihn auf die politische Lage an – 2016 sprach er erstmals von einer »Polykrise der Europäischen Union«. Und in der stecken wir, mal mehr, mal weniger, bis heute – weswegen es sich für ein besseres Verständnis der Gegenwart lohnt, noch einmal kurz in die Vergangenheit zu springen. Juncker sah damals, wie die EU ganz offensichtlich unter einem Wirrwarr scheinbar unverbundener und dennoch aufeinander wirkender Probleme ächzte: Zu jenem Zeitpunkt litt Europa noch unter den finanziellen Folgen der Schuldenkrise. Die hatte in den USA begonnen, dann aber auch die europäischen Banken und schließlich ganze Staatshaushalte erschüttert. Griechenland ging fast bankrott, Italien wankte und die Sparpolitik der nationalen Regierungen (»Austerität«) traf besonders die Schwachen in der Gesellschaft. Die milliardenschweren Rettungsschirme, die die europäischen Regierungen derweil organisieren mussten, setzten eine Weile lang sogar den Euro und damit die gesamte EU massiv unter Druck. Zum ersten Mal seit ihrer Gründung schien es möglich, dass sie auch wieder auseinanderbrechen könnte.

Damals, ab dem Jahr 2015, entfaltete sich jedoch noch etwas, das die Staaten Europas und insbesondere Deutschland zusätzlich erschütterte und bis heute wirkt: die Flüchtlingskrise. Aus Syrien, aber auch aus vielen anderen Ländern kamen Millionen Menschen nach Europa. Die Migrantinnen und Migranten wurden zunächst oft freundlich empfangen, dann aber wuchsen die Integrationsprobleme, die Ressentiments und auch der Zuspruch für rechtspopulistische Parteien. Das wiederum nährte die Zweifel am europäischen Selbstverständnis, über das bis heute gestritten wird: Wie offen kann und soll Europa sein? Für wen muss diese Union sorgen und wie? Mit wem soll sie solidarisch sein und wie lange?

In einer Podcast-Episode zum Thema Flucht sagte die Politikwissenschaftlerin Kira Vinke: »Wir sehen mit der Klimakrise einer Situation entgegen, wo der Druck zum Migrieren höher wird, weil die Lebensgrundlagen zerstört werden.« Die Zukunft wird also künftig noch mehr Flüchtende sehen, und die EU sehr wahrscheinlich weit mehr als 2016. Und das macht vielen Menschen immer mehr Angst. Dass genau in jenem Jahr eine (wenn auch hauchdünne) Mehrheit der Wählerinnen und Wähler Großbritanniens für den Brexit stimmte, das tatsächlich später die EU verließ, vertiefte deren Identitätskrise noch zusätzlich.

Und dann kam auch noch Corona. Viel und ausführlich ist über diese Krise geschrieben worden, meist allerdings mit dem Binnenblick auf die fatalen Folgen der Pandemie, auf Fehler und Versäumnisse hierzulande. Deswegen sparen wir uns diesen Exkurs. Denn ebenso interessant, aber weniger ausgeleuchtet ist, wie sehr diese Pandemie andere globale Krisen verschärfte und wie sie weltweit bis heute nachwirkt. Klar wird das, wenn man gedanklich in den Februar 2022 springt, hin zu dem Moment, als Russland die Ukraine überfiel. Dieser Angriff veränderte nicht nur Europa, sondern auch die Welt. Im Frühjahr 2022 litten nämlich viele Länder des globalen Südens immer noch unter den ökonomischen und sozialen Folgen der

Pandemie. Die hatten sie viel härter getroffen als die reichen Länder. Sie hatten keinen oder viel zu wenig Impfstoff bekommen, oft fehlte ihnen zudem das nötige Geld, um umfangreiche Hilfspakete für ihre Wirtschaft und ihre Bürgerinnen und Bürger zu organisieren. »Sehr viele Menschen in der Welt sind in dieser Phase arbeitslos geworden, sind sehr schnell in Armut gerutscht«, beschrieb die damalige Bundesministerin für wirtschaftliche Zusammenarbeit, Svenja Schulze (SPD), in einer unserer ersten Podcast-Folgen die verzweifelte Lage in vielen Ländern zu jener Zeit: »Wenn man siebzig Prozent seines Einkommens für Energie und Lebensmittel ausgibt und die Lebensmittel so enorm teuer werden, dann hat das Folgen.« Die Kinder traf es besonders hart, denn im Lockdown war mit dem Schulunterricht auch das tägliche Schulessen weggefallen, das die Welthungerhilfe als das »größte Sicherheitsnetz der Welt« bezeichnet. Und so war der Hunger in das Leben von Abermillionen Menschen zurückgekehrt.

Als es dann gerade wieder aufwärts zu gehen schien, blockierte Russland nun die Getreideexporte aus der Ukraine. Und prompt mangelte es in vielen Ländern Ostafrikas wieder am Nötigsten. Das verstärkte dort einen Eindruck, den bereits die Corona-Zeit genährt hatte: Die Reichen haben mal wieder Krise, und wir Armen im Süden tragen die Folgen! Wir aber spielen für Europa, die USA und die anderen reichen Länder, die sich zum Westen zählen, schlicht keine Rolle. (»Westen« und »Süden« sind hier weniger geografisch und mehr historisch-kulturell gemeint, und sie fassen nicht alle Länder ganz trennscharf. Und doch helfen sie jedenfalls in diesem Konflikt, die gegensätzlichen Positionen und Interessen zu bündeln.) Entsprechend wurde es in den Folgemonaten für den Westen sehr schwer, globale Solidarität für die Ukraine zu organisieren. So manche Regierung des Südens wollte sich beispielsweise bei den Vereinten Nationen nicht zwischen der EU und den USA auf der einen und Russland auf der anderen Seite entscheiden müssen.

Und noch etwas verschärfte die Lage zusätzlich: Indien hatte in die Bresche springen und die Welt mit Getreide versorgen wollen, doch nach einer ungewöhnlich frühen und verheerenden Hitzewelle (die in einer Welt ohne Klimakrise kaum möglich gewesen wäre) tat die Modi-Regierung rasch das Gegenteil. Im Frühjahr beschränkte sie die Ausfuhr von Weizen erheblich, im Herbst nach einem unterdurchschnittlichen Monsun auch die von Reis. Damit sind wir bei dem entscheidenden Problem, das künftig jede Krise verstärken wird – und das unser Jahrhundert tatsächlich grundlegend von den vorherigen unterscheidet: unser verschwenderischer, zerstörerischer Umgang mit der Natur, der inzwischen immer öfter an die planetaren Grenzen stößt. Er zeigt sich in der Erderwärmung, der Vernichtung von Tier- und Pflanzenarten, unserem Vordringen in bedrohte Lebensräume, in die letzten unberührten Räume der Natur. Der Biologe Matthias Glaubrecht wird die Zusammenhänge in Kapitel 3 genau erklären. Hier nur so viel: Wenn Krankheitserreger wie das Corona-Virus von wilden Tieren, mit denen Menschen bisher keinen Kontakt hatten, überspringen, kostet das Millionen Menschen das Leben. Milliarden führte es die Macht der bedrängten Natur in Gestalt eines winzigen Virus vor Augen. Und solche Zoonosen werden künftig häufiger.

Ein Schwenk fehlt noch, um zu verstehen, wie im Krisenknäuel der Gegenwart ein Problem das nächste verstärkt und warum Lösungen für Krisen heute so ungleich viel schwerer zu finden sind als in der Vergangenheit: der in die internationale Politik. Ausgebrochen war Corona in China schon Ende 2019. Die dortige politische Führung war zu jenem Zeitpunkt allerdings längst auf Konfrontationskurs zu den westlichen Demokratien. Und so verschwieg die bevölkerungsreichste Autokratie der Welt nicht nur wochenlang zuerst das Problem und dann dessen Ausmaße, sie wehrte sich auch gegen globale Zusammenarbeit und wählte für das gesamte Riesenland die Isolation. Als zwei Jahre später Russland in die Ukraine einmarschierte, betonte Chinas Führung weiter den eigenen Kurs. Statt die Weltgemeinschaft durch die gemeinsame Ächtung eines Aggressors zu stärken, versucht Peking seither eine Äquidistanz zwischen dem Westen und Russland zu halten und zugleich das eigene Entwicklungsmodell weltweit zu promoten, diese ganz besondere

Kombination von Turbokapitalismus und der Herrschaft einer Partei. In der Podcast-Episode über die Krise des Westens warnte der frühere Diplomat und Leiter der Münchner Sicherheitskonferenz, Wolfgang Ischinger, davor, dass die »chinesische Form der Wettbewerbsfähigkeit und der Kontrolle des gesamtgesellschaftlichen Lebens« auch für viele andere Staaten attraktiv erscheinen könne. Wer hier gewinne, das sei »nicht ausgemacht«. Klar ist nur: Es gibt eine »systemische Rivalität« zwischen China und den Demokratien westlichen Typs – deren Zahl und deren globale Attraktivität zudem schrumpft.

Globale Antworten auf globale Krisen, Menschenrechte, internationale Solidarität, Welthandel zum Nutzen aller, Klimaschutz als internationale Aufgabe, das Eintreten für gemeinsame Werte wie die Unantastbarkeit nationaler Grenzen – solche Ideen verblassen zunehmend. Heute haben die Nationalisten, die Demokratiezerstörer und -zermürber immer mehr Fans in immer mehr Ländern. Die Europäische Union ist eine der letzten Bastionen des schrumpfenden Westens (oder der Idee, die es von ihm einmal gab), und auch sie steht unter einem bis dato nie gekannten Druck. Nicht nur wird sie durch Populisten im Inneren angegriffen, sie ist auch jenseits des Atlantiks mit einem Zerrütter-in-chief im Weißen Haus konfrontiert und im Osten mit einem aggressiven Imperialisten im Kreml, dessen Kriegslust jede internationale Kooperation belastet. Und noch östlicher erwartet sie ein China, das sich nicht nur als ideologischer und ökonomischer Gegenpol versteht, sondern aktuell auch verantwortlich für mehr CO_2-Ausstoß ist als jedes andere Land. Und dann gehört zur neuen Geopolitik auch noch die Vielfalt all jener Staaten, die allzu lange mit dem Euphemismus »globaler Süden« gleichgemacht und kategorisiert worden sind. Diese Pauschalbezeichnung verdeckt unterschiedliche Interessen und Bedürfnisse. Viele von ihnen, allen voran Indien als bevölkerungsreichstes Land der Welt, sind längst ökonomisch gereift, leiden besonders unter den ökologischen Schäden, die sie nur zu einem geringen Teil zu verantworten haben, und wollen sich als allerletzte Vorschriften von denjenigen machen lassen, die zur gegenwärtigen Krise am meisten beigetragen haben.

Nun sind es aber nicht nur die klassischen geopolitischen Krisen – Blockbildung, Rivalität, Vormachtstreben und Stellvertreterkonflikte –, bei denen man sich eine Lösung nur kaum anders als durch einen Kompromiss zwischen mehreren oder sogar sehr vielen Staaten vorstellen kann. Dasselbe gilt stärker noch für die großen planetaren Existenzkrisen, das Triple aus Klima, natürlicher Umwelt und menschlicher Gesundheit. Sie zu lösen wäre wahrlich ein hehres Ziel. Aber existiert das überhaupt, wenigstens als Erzählung? Als Ideal, nach dem die Welt streben könnte? Gibt es noch, wenigstens in Ansätzen, den Traum einer fairen, gerechten und heilen Welt?

Zur ernüchternden Wahrheit unserer Gegenwart gehört: An Utopien, mit denen sich Gesellschaften freundlicher, solidarischer, fairer und, ja, auch ökologischer träumen könnten – um es dann auch zu werden –, glaubt heute weltweit nur noch eine Minderheit. Und noch weniger Menschen können sich überhaupt erlauben, frei von Angst und Freude öffentlich dafür zu streiten, denn weniger als acht Prozent der Weltbevölkerung leben heute noch in einer vollständigen, uneingeschränkten Demokratie. Und selbst dort bewegen die Menschen oft nicht Begeisterung und Freude, sondern Hass und Wut.

Längst ist doch der emotionale Kraft-Pol, das Moment der großen Veränderungen weit nach rechts gewandert. Auch weil in vielen Ländern, darunter viele einst liberale Demokratien, rechte Populisten die Wahlen gewinnen. Und die sprechen nicht warme Gefühle wie Solidarität, Freundschaft oder Mitgefühl an. Sie wecken niedere, schon eingehegt geglaubte düstere Regungen: Wut und Frauenverachtung, Ausgrenzung, Hass und Fremdenfeindlichkeit sind ihre Währungen. Sie nähren sich von der Idee, dass nur die Starken überleben werden. Dass nationale Interessen gegeneinander stehen und besser im Konflikt oder durch »Deals« gelöst werden. Und dass die eigene Nation nur überlebt, wenn sie rein und widerstandsfähig wird. Ihre Zukunftsversprechen werden genährt von Bildern einer Vergangenheit, wie es sie so nie gab. Und sie nutzen eine Sprache von gestern.

Selbst die Regierungen, die globale, solidarische und kooperative Lösungen bevorzugen würden, müssen entsprechend reagieren. Die Europäische Union beispielsweise versucht inzwischen die Abhängigkeiten von chinesischen Gütern und künftig womöglich auch vom US-Markt zu mindern. Und sie benennt die Strategie kurioserweise mit dem Anglizismus *de-risking*. Risiken entschärfen, in dem man versucht, unabhängiger von den anderen zu werden und die gegenseitige Vernetzung zu entwirren? In einer Welt, in der die Risiken nur so sprießen, weil sich im immer schnelleren Takt neue weltumspannende und verwickelnde Krisen auftun, hat die gegenseitige Vernetzung bizarrerweise immer weniger Konjunktur. Das bedeutet allerdings auch, dass viele Vorteile und Gewinne der Globalisierung verloren gehen. Und der Beweis, dass nationale Antworten auf weltweite Krisen tatsächlich besser (oder überhaupt) funktionieren, steht auch noch aus.

Polykrise! Kann ein einziges Kunstwort all das sinnvoll fassen – und beim Verstehen wirklich helfen? Und ist denn schon etwas gewonnen, wenn man die verwickelten Weltprobleme in ein Wort fassen kann? Man kann indessen auch eine andere Haltung einnehmen und fragen: Was wäre denn die Alternative? Wegzuschauen sicher nicht – nicht nur, weil davon ja kein einziges der Probleme verschwinden würde, sondern auch, weil die Analyse an sich schlicht interessant ist. Was die Menschheit da gerade anstellt, ist mindestens so faszinierend, wie es düster ist. Und nein, das ist nicht zynisch gemeint, sondern eher hoffnungsvoll. Eine Spezies, die so weit gekommen ist, sollte doch Auswege finden.

Blicken wir noch einmal auf drei Zahlen: Inzwischen zählt die Welt mehr als acht Milliarden Menschen. Zwei von fünf überschüssigen CO_2-Molekülen in der Atmosphäre sind erst nach der Jahrtausendwende ausgestoßen worden – also zu einer Zeit, in der wir längst wussten, was wir da tun. Es scheint die Weltpolitik so instabil wie seit acht Jahrzehnten nicht mehr. Und – ja, auch das noch – die

Zukunft ist kein Ort mehr, an dem sich Menschen heimisch fühlen und auf den sie sich freuen.

In dieser Lage bleibt nur ein widerspenstiges: Trotz allem! Trotzdem über die »Polykrise« und ihre Lösung nachzudenken, ist damit zugleich eine Diagnose und eine Lektion in Demut. Sie sagt uns: Wer *eine* Krise (ziemlich egal welche) verstehen will, muss sie genau analysieren und dann immer auch auf die Verbindungen zu *anderen* Krisen schauen. Was hängt wie zusammen? Was verstärkt sich wodurch? Und was kann man dagegen tun? Das ist die Perspektive, die wir einnehmen, im Podcast »Auch das noch?« und in diesem Krisenbuch.

3

DIE ARTENVIELFALT

Warum wir Pandemien provozieren und das Ende der Evolution riskieren

DIE ZAHL

Wir zahlen nicht etwa für den Erhalt der Natur, wir zahlen für das Gegenteil. Weltweit geben Staaten jedes Jahr **500 Milliarden US-Dollar** für Umweltzerstörung aus in Form umweltschädlicher Subventionen. Dem stehen nur 70 Milliarden US-Dollar für den Schutz der natürlichen Vielfalt gegenüber. So hat es der Dasgupta-Report der britischen Regierung nach einer globalen Bestandsaufnahme beziffert.

DAS INTRO

Die Galapagos-Riesenschildkröte *Chelonoidis phantasticus*. Das Nabelschwein *Catagonus wagneri*. Die bayerische Kurzohrmaus *Microtus bavaricus*: Immer mal wieder tauchen unerwartet Tiere einer Art auf, die eigentlich als ausgestorben gilt. Manchmal zeigt sich nur ein einziges Exemplar, aber wo eines ist, muss es mindestens Eltern gegeben haben, vielleicht gibt es also auch noch Nachwuchs. Ganz besondere Tiere wie das Schildkrötenweibchen »Fernanda« machen sogar weltweit Schlagzeilen; wenn sie wiederentdeckt werden, wecken sie doch eine Hoffnung: Ganz so schlimm ist es vielleicht doch nicht mit dem Artensterben?

Leider sprechen die Fakten eine andere Sprache: Normal ist das Schicksal des Auerochsen, des Riesenalks und des Bodensee-Kilchs. Das sind nur drei der vielen Tiere, die es nur noch auf Zeichnungen oder Fotos, als ausgestopfte oder in Alkohol eingelegte Exemplare in Naturkundemuseen gibt. Eine Million Tier- und Pflanzenarten sind vom Aussterben bedroht, das ist nach Schätzungen des Weltbiodiversitätsrats ein Achtel aller Spezies auf der Erde. Und das Tempo, in dem die Artenvielfalt gegenwärtig schrumpft, ist weit höher, als man es für die vergangenen zehn Millionen Jahre rekonstruiert hat.

Die Täter sind bekannt: Wir sind es, die gut acht Milliarden Menschen. Wir haben nicht nur unfassbare Macht, wir nutzen sie auch, und zwar immer massiver. Wir verlegen Flüsse und versetzen Berge. Wir roden Wälder und fischen Meere leer. Wir erhitzen das Klima. Wir fügen die Bausteine des Lebens neu zusammen und verwandeln Lebendiges in Unbelebtes. Kurz: Wir formen die Erde um und verändern sie dabei unwiederbringlich. Der Nobelpreisträger Paul Crutzen hat dafür Anfang des Jahrtausends als Erster einen Begriff gefunden: Das »Anthropozän«, das »Menschenzeitalter. Nach vielen Millionen Jahren Evolution schafft die Spezies Mensch etwas Einzigartiges: Sie sorgt nicht nur für das größte Massensterben der Erdgeschichte seit dem Ende der Dinosaurier und vieler anderer Arten vor immerhin rund 65 Millionen Jahren – sie zerstört die Grundlagen des eigenen Überlebens.

DER EXPERTE

Matthias Glaubrecht ist Evolutionsbiologe und beschäftigt sich seit Langem damit, was in der Natur im Großen und Ganzen passiert: wie sich Lebensräume verändern, wo Arten verschwinden. Und er weiß, welche Folgen das für uns hat. Er hat das Hamburger Centrum für Naturkunde geleitet und baut nun ein »Evolutioneum« für das Leibniz-Institut zur Analyse des Biodiversitätswandels auf. Wandel? Glaubrecht sorgt sich sehr, dass wir »Das Ende der Evolution«

(so heißt eines seiner vielen Sachbücher zu biologischen und wissenschaftshistorischen Themen) einläuten. Er weiß aber auch, worauf wir hoffen dürfen.

DAS GESPRÄCH

Auch das noch Herr Glaubrecht, in der Corona-Zeit haben viele Menschen eine neue Vokabel gelernt: Zoonosen, das sind Krankheiten, die von Tieren auf Menschen überspringen.

Matthias Glaubrecht Ja, dass die meisten Pandemien und auch die meisten unserer Kinderkrankheiten zoonotischen Ursprungs sind, war bis dahin ziemlich unbekannt. Dabei sind sogar entscheidende historische Wendemarken der Geschichte auf Zoonosen zurückzuführen, etwa der Untergang des Römischen Reichs oder der Kollaps der Gesellschaften Südamerikas nach Ankunft der europäischen Kolonisatoren. Weltgeschichte wird oft durch naturwissenschaftliche Phänomene verändert, Corona hat uns daran erinnert.

ADN Manche Experten haben damals von einer Triple-Krise gesprochen. Was ist damit gemeint?

Glaubrecht Wir leiden nicht nur an einer Krankheit, sondern an dreien. Klimaforscher sprechen oft über die Klimakrise wie ein Kardiologe über ein Herzproblem. Der Arzt sieht zwar das kranke Herz, er übersieht aber die Niereninsuffizienz und noch eine dritte Krankheit. Für eine umfassende Diagnose wäre ein ganzes Ärzteteam nötig. So ähnlich geht es uns auch mit der Welt. Neben der Klimakrise gibt es die Krise der Biodiversität und beide gefährden das Überleben vieler Menschen: Zusammen mit den Zoonosen als dritte Krankheit ist das die Triple-Krise.

ADN Also wir zerstören die Natur und das macht uns selbst krank?

Glaubrecht Genau. Christian Drosten hat Corona ganz zu Beginn einmal eine Naturkatastrophe genannt. Aber das war es nicht! Jedenfalls keine Naturkatastrophe im Sinne eines Erdbebens, für das wir nichts können und das über uns kommt. Vielmehr ist diese Pandemie ein Naturphänomen, für das aber wir Menschen verantwortlich sind. Um das zu verstehen, hilft es, sich an historische Pandemien zu erinnern.

ADN In Ihrem Buch »Die Rache des Pangolin« haben Sie Seuchen nachgezeichnet, die die Menschheit in der Vergangenheit geplagt haben – von der Antoninischen Pest in der Spätantike über den Schwarzen Tod im Mittelalter bis hin zu Ebola und HIV, die alle von Tieren auf den Menschen übergesprungen sind. Was war bei Corona, der ersten Seuche des 21. Jahrhunderts, anders als in diesen historischen Beispielen?

Glaubrecht Bei Corona konnten wir die Zusammenhänge zum ersten Mal in Echtzeit verstehen. Das war noch im vorigen Jahrhundert ganz anders. Nehmen wir die Spanische Grippe als Beispiel: Deren Auslöser, ein Influenzavirus, ist im mittleren Westen der USA in Wildvögeln und Schweinen entstanden und kam dann mit Soldaten im Ersten Weltkrieg nach Europa ...

ADN Sie brach in Europa im Jahr 1919 aus.

Glaubrecht Genau. Diese Grippe-Pandemie dauerte drei Jahre und hat schätzungsweise 50 bis 100 Millionen Menschenleben gekostet, wesentlich mehr als beide Weltkriege zusammen. Aber im Mittelalter hatte die Pest sogar die Hälfte der europäischen Bevölkerung eliminiert. Die indigenen Völker Amerikas, die keine Immunabwehr gegen etwa Masern und Pocken der europäischen Kolonisatoren hatten, erlebten Krankheitswellen, in denen bis zu 90 Prozent der Menschen starben. Im Kontrast dazu war die Spanische Grippe nur noch ein kleiner Knick in der Kurve des Bevölkerungswachstums. Und die Zahl der Corona-Toten, die bei über 20 Millionen liegt, ist gemessen an den heute mehr als acht Milliarden Menschen rein demografisch betrachtet fast irrelevant. Auch wenn die Pandemie für jeden Betroffenen sicher tragisch war.

ADN Weil es immer mehr Menschen gibt, rücken wir der Natur immer weiter auf den Leib und machen Pandemien wahrscheinlicher. Zugleich können wir jedoch besser mit den Folgen umgehen?

Glaubrecht Ja, weil wir rasante Fortschritte in Wissenschaft und Medizin machen. Allerdings muss man einschränken, dass Corona eine vergleichsweise niedrige Sterblichkeitsrate hat. Ein hämorrhagisches Fieber wie Ebola hingegen tötet acht oder neun von zehn Erkrankten. Wenn so ein Erreger auf eine große Bevölkerung trifft, sind gigantische Folgen nicht ausgeschlossen. Vor allem aber darf man nicht unterschätzen, was geschieht, wenn Klimakrise, Artensterben und Krankheit zusammenkommen. Die Triple-Krise ist sehr gefährlich für die Menschheit.

ADN Was folgt daraus?

Glaubrecht Die Menschheit ist schon bei einer Pandemie mit vergleichsweise niedriger Sterblichkeit sehr verletzlich. Die Welt ist während der Corona-Pandemie zwei Jahre lang komplett aus dem Ruder gelaufen, es gab immense soziale, gesellschaftliche und ökonomische Folgen! Ganz zu schweigen davon, dass bei vielen Menschen das Misstrauen gegenüber dem Staat wuchs und Gesellschaften sich polarisierten. Bei der Aussicht, dass solche Pandemien immer häufiger werden, muss man sagen: Das gefährdet unsere Zivilisation.

ADN Auch weil die Größe der Weltbevölkerung einen idealen Nährboden bietet?

Glaubrecht Wir haben durch unsere Zahl längst die planetaren Grenzen erreicht. Ernähren können wir uns nur noch unter Ausnutzung aller Ressourcen. Wir plündern die Erde schonungslos seit Jahrzehnten, seit die Weltbevölkerung im vergangenen Jahrhundert exponenziell gewachsen ist.

ADN Wäre die Natur ein beseeltes Wesen, könnte man verstehen, wenn sie das Bedürfnis hätte, zurückzuschlagen ...

Glaubrecht Solche Höhere-Gewalt-Erzählungen suchen wir gern. Erst war es ein Gott, der uns für unsere Verfehlungen bestraft hat, und jetzt ist es die Natur. Tatsächlich hängt für den Homo sapiens alles von der Natur ab – für die wir nur eine Eintagsfliege der Evolution sind. Die Welt ist schon 4,5 Milliarden Jahre alt, wir existieren erst seit ungefähr 300.000 Jahren. Und 99 Prozent dieser Zeit haben wir als Nomaden gelebt. Wir haben die Natur ganzer Gebiete ausgenutzt und sind dann weitergezogen. Dieses Verhalten hat uns geprägt: Nehmen und Weiterziehen. Vor 10000 Jahren aber wurden wir sesshaft, und vieles wurde ganz anders. Es gibt kaum Tiere, die ihre Lebensweise so radikal geändert haben, wie es der Mensch mit Ackerbau und Viehzucht getan hat, und das in einer sehr kurzen Zeit – jedenfalls evolutionsbiologisch betrachtet. Das heißt, wir leben als Spezies in einer Lage, in der wir nachhaltig mit Ressourcen umgehen müssten, hatten aber nicht genug Zeit, das wirklich zu lernen.

ADN Kann man das tatsächlich so generalisieren? Gibt es nicht auf der Welt ganz unterschiedliche Umgänge mit der Natur? Manche Kulturen schützen sie gut, andere zerstören sie und noch andere sind deswegen bereits untergegangen, wie beispielsweise die Kulturen der Osterinsel.

Glaubrecht Die Osterinsel ist ein sehr gutes Beispiel. Da gab es eine wachsende Bevölkerung, die eine Hochkultur entwickelt und riesige Steinfiguren aufgestellt hat. Aber dafür wurden die Ressourcen der Insel ausgeplündert, die Wälder gerodet. Es folgte eine ökologische – und vermutlich auch soziale – Katastrophe. Ein weiteres Beispiel dafür, wie eine Zivilisation die Natur zerstört und deswegen untergeht, ist Angkor im heutigen Kambodscha. Dort existierte fünf- oder sechshundert Jahre lang eine Zivilisation, bei der so viele Menschen auf engem Raum lebten wie heute in New York. Diese konnten durch drei Reisernten jährlich satt werden. Aber nach äußeren Krisen – einer Reihe von natürlichen Klimaschwankungen mit Dürren und Überschwemmungen – gelang es den herrschenden Eliten einfach nicht mehr, die Bewässerungsanlagen zu unterhalten. Es folgten innere Krisen, die dann Invasoren aus dem benachbarten Siam ermöglichten, das geschwächte Land zu erobern, und Angkors Kultur ging unter.

ADN Zeigt sich diese Unfähigkeit, nachhaltig zu wirtschaften, nicht auch in der europäischen Geschichte immer wieder?

Glaubrecht Schauen Sie nur, wie die Europäer sich auf der Welt ausgebreitet haben. Auf dem nordamerikanischen Kontinent haben die Europäer auf ihrem Zug nach Westen fast die gesamten indigenen Kulturen ausgelöscht. Das Nehmen und Weiterziehen, diese Pioniermentalität, formt die amerikanische Vorstellung von der unendlichen Natur bis heute. Man könnte sagen, das geht bis zu Elon Musk: Wir müssen eben zum Mars weiter, wenn wir die Erde ruiniert haben ...

ADN Aber gibt es nicht Gegenbeispiele?

Glaubrecht Es gibt nur wenige Kulturen, die sich dauerhaft mit den vorhandenen Ressourcen begnügt haben. Es gibt sie etwa in den indigenen Bevölkerungen Südamerikas, Neuguineas und einiger Pazifikinseln. Aber dort herrschen brutale Vorschriften, um in der ökologischen Balance zu bleiben, bis hin zur Zahl der erlaubten Nachkommen.

ADN Ziemlich düstere Analyse! Und wenn die übrige Menschheit so wie bisher weitermache, drohe gar das »Ende der Evolution«. So heißt ein Buch von Ihnen. War das wörtlich gemeint?

Glaubrecht Wir müssen uns schonungslos eingestehen, dass es heute nicht um das Abholzen einiger Wälder geht, sondern um globale Umwälzungen. Die Erde hat bereits die Hälfte ihrer natürlichen Vegetation verloren. Und wir setzen das fort, ausgerechnet in den Regionen, in denen die Artenvielfalt noch besonders groß ist. Wir führen seit Jahrzehnten besonders intensiv Krieg gegen die Natur! Dass wir Teil aller irdischen Natur sind, dieses Rollenverständnis geht uns bis heute ab. Stattdessen empfinden wir uns dank der abendländischen Kultur griechischen Ursprungs als Halbgötter ...

ADN Das müssen Sie erklären!

Glaubrecht In der griechischen Philosophie liegt ein Grundverständnis vom Ursprung des Menschen – oder besser: ein fatales Missverständnis. Denn sie verortet uns nicht als Teil des Tierreichs, sondern eher im Olymp mit seinen Göttern und Halbgöttern. Durch die gesamte europäische Kultur zieht sich dieses verkorkste Naturverständnis, die Idee, dass wir im Grunde nicht dazugehören, etwas Anderes, etwas Besseres sind. Und tatsächlich hat die Plünderermentalität verbunden mit wahnsinnig vielen technischen Innovationen uns ja auch zur am weitesten verbreiteten Primatenart auf dem Planeten gemacht, uns die Zivilisation beschert. Nur wird heute – wo wir zumindest in den reichen Weltgegenden die Ressourcen regelrecht verschleudern und gleichzeitig absehbar ist, dass die Weltbevölkerung noch auf zehn oder elf Milliarden Menschen wachsen wird, bevor sie langsam wieder schrumpft – unsere evolutionsbiologische Unterentwicklung immer offensichtlicher.

ADN Wir vernichten also die Natur in rasantem Tempo. Aber ist die These, dass wir damit die Evolution selbst aufs Spiel setzen, nicht trotzdem etwas gewagt?

Glaubrecht Sie könnten mir als Biologen natürlich vorhalten, dass es kein Ende der Evolution gibt, solange irgendetwas lebt. Auch nach den großen historischen Massensterben, also beispielsweise nach einem Meteoriteneinschlag am Ende des Erdmittelalters, der unter anderem die Dinosaurier vernichtet hat, gingen das Leben und die Evolution weiter. Aber gerade gefährden wir die Zukunft jener Tiere, Organismen und Lebensräume, mit und in denen wir uns entwickelt haben – weil wir ihnen nicht mehr den Platz lassen, um sich weiterzuentwickeln. Evolution braucht Raum und Möglichkeiten. Weil wir das nicht respektieren, werden wir schwer leiden, auch wenn wir es vielleicht im Augenblick noch nicht spüren. Man könnte unser Problem mit einem Krebsgeschwür vergleichen, das der Patient vielleicht noch nicht bemerkt, während es sich ausbreitet. Deswegen ist es auch so kolossal gefährlich, das Artensterben zu unterschätzen. Wir zerstören gerade die Lebensräume, aus denen wir aber unsere Nahrung gewinnen, und vernichten jene Natur, die aber gleichsam unsere Lebensversicherung ist. Das heißt, wir gefährden unser eigenes Überleben, und das ist in der Evolution gar kein seltenes Phänomen. Häufig wird die Population einer Art, nachdem sie sehr stark zugenommen hat, durch biologische Faktoren reguliert und reduziert. Immerhin, wir werden wohl nicht ganz aussterben.

ADN Na, das birgt ja ein Quäntchen Optimismus.

Glaubrecht Verstehen Sie mich nicht falsch, ich bin kein Zyniker. Ich finde das tragisch. Ich habe zwei kleine Kinder und mache mir Sorgen um die Menschheit und die Zivilisation. Wir werden einen Großteil der Weltbevölkerung verlieren, wenn wir so rücksichtslos weitermachen. Viele Menschen werden sterben. Aber es wird vielleicht irgendwo in einem Gebirgsdorf in Neuguinea eine kleine Gruppe von Überlebenden geben, vielleicht 40, 400, 4000 oder 40 000 Menschen, die das Erbe des *Homo sapiens* weitertragen – nur um welchen Preis!

ADN Aber sind wir nicht möglicherweise doch klug genug, um uns nicht selbst zu zerstören?

Glaubrecht Nicht als Einzelne, aber vielleicht als Gemeinschaft! Wir alle haben diese erste Natur, die sorgt dafür, dass wir uns ernähren, dass wir uns fortpflanzen – koste es, was es wolle. Die steckt in uns, triviale Biologie. Dann haben wir eine zweite Natur. Das sind kulturelle Kontrollmechanismen, die wir etwa in der Familie, der Schule im sozialen Umgang miteinander lernen. Dazu gehört zum Beispiel, dass man sich nicht gegenseitig umbringt oder sich dauernd die Fortpflanzungspartner klaut. Häufig genug passiert es trotzdem, aber wir haben Sanktionen dagegen erfunden. Und dann gibt es noch etwas, das die Fachleute als die dritte Natur des Menschen bezeichnen – die Vernunftnatur. Wenn ich auf etwas zähle, dann darauf: auf ein kollektives Verständnis und den gemeinsamen Versuch, der Katastrophe zu entgehen.

DER BEAM

Frankfurt am Main, Herbst 2035. – Ausgerechnet im Glasturm der Europäischen Zentralbank (EZB) starteten vor vier Jahren europäische Fachpolitiker ein Projekt, das damals bestenfalls belächelt wurde – das aber heute einen erstaunlichen Schwung entwickelt hat. Es geht um den »Europäischen Extinktionsrechtehandel«. Der heißt nicht zufälligerweise ganz ähnlich wie der Emissionsrechtehandel, eines der zentralen Instrumente im europäischen Klimaschutz. Nein, er basiert auch auf demselben Prinzip, frei nach dem Wirtschaftsnobelpreisträger Ronald Coase, der sinngemäß gelehrt hatte: Es ist schwer, etwas zu schützen, das keinen Preis hat! Und das gilt gleichermaßen für die Zusammensetzung der Gase in der Erdatmosphäre wie für die Vielfalt der Natur. Der dramatische Verlust von Arten und Wildnis begleitet uns ja schon lange. Aber erst mit Verspätung reifte das Bewusstsein dafür, dass Einzelmaßnahmen diesen Trend nicht stoppen würden. Und so fassten Ökologinnen und Ökonomen den Plan für die drastische Bepreisung aller Naturbelastungen: von der Abholzung der Wälder über die Produktion schädlicher Substanzen bis zur Lichtverschmutzung, die Insekten tötet. Die allermeisten dieser umweltschädlichen Handlungen wurden mit winzigen Beträgen belegt, die sich allerdings ganz schön summierten. Früher hätte man das alles weder erfassen noch abrechnen können: Wer weiß schon, wie sehr die Gartenbeleuchtung welchem Nachtfalter schadet? Aber die Digitalisierung und die Fortschritte in der KI haben viel möglich gemacht.

Auch den Namen des Programms – »Extinktionsrechtehandel« (Auslöschungsrechtehandel) – hätten viele Leute noch vor einem Jahrzehnt wahrscheinlich hysterisch gefunden. Heute jedoch, nach einigen Jahren voller Wetterextreme und mit sichtbar ramponierten Ökosystemen, ist das anders. Doch nicht nur das Bewusstsein hat sich verändert, das Programm wirkt auch. Das belegt die erste Begleitforschung, die in Frankfurt von Forschenden jetzt vorgestellt wurde. Sie hat in der Sprache der Fachleute »Lenkungswirkung«. Die Preise verändern das Handeln von Unternehmen und Konsumenten, Landwirten und ganzen Staaten. Sie sorgen beispielsweise dafür, dass nicht immer neue Wiesen in Industrieflächen verwandelt werden, sondern vornehmlich Industriebrachen wiederverwertet werden. Aus den Daten der ersten Jahre geht außerdem hervor: Schon über den relativ kurzen Zeitraum ist der Effekt stark. Der ökonomische Naturschutz hat also Fahrt aufgenommen. Ihre Kolleginnen und Kollegen aus der Klimaabteilung nicken da wissend: Das kennen wir.

DAS OUTRO

Wie weit muss man den Bogen spannen, will man das Ausmaß der von uns verursachten Naturzerstörung fassen? Es geht bei der »Triple-Krise« schließlich zugleich um die drastische Veränderung des Klimas, die Zerstörung der Natur und massive Gefahren für unsere Gesundheit. Um das funktionelle Ende der Evolution. Darum, dass der Mensch nicht weniger als Zehntausende Jahre der Prägung als Sammler, Jäger und Eroberer hinter sich lassen muss, um das planetare Drama zu bremsen. Und das spielt eben nicht nur in fernen Tropenwäldern und Korallenriffen: In einem dicht besiedelten Land wie Deutschland mit seiner intensiven Landwirtschaft ist die Biodiversität längst viel niedriger, und nun kommt auch noch neuer Stress für die Tiere und Pflanzen dazu. Die Landschaftsökologin Alexandra Maria Klein aus Freiburg berichtete uns im Podcast: »Lange Zeit wurde gesagt, der wichtigste Grund, warum es das Insektensterben gibt, ist die Landnutzung. Da kommt jetzt aber das große Problem der Klimakrise dazu.« Es gebe zwar noch viel weniger Forschung als zu den Folgen der intensiven Landwirtschaft und der Versiegelung von Böden, sagte Klein, aber sie glaube, dass die Klimakrise bei den Ursachen für das Artensterben in Deutschland »in den nächsten Jahren auf Platz eins rutschen« werde.

Resümiert man unsere gegenwärtige Lage so, dann erscheint die hier im Beam skizzierte Idee einer umfassenden, automatischen und mit viel KI-Technik befeuerten Bepreisung jedweder Naturzerstörung gar nicht mehr *so* größenwahnsinnig. Zumal es ein existierendes Vorbild gibt: Der europäische Emissionsrechtehandel zeigt, dass die Coase-Idee beim Klimaschutz bereits funktioniert. Und auch im Artenschutz wurden Preise schon erfolgreich angewendet: etwa zur Rettung von Großwild in afrikanischen Parks. Dort dürfen – gegen hohe Gebühren – einzelne Tiere geschossen werden und das eingenommene Geld dient dem Erhalt des gesamten Biotops. Kai Niebert, der Präsident des Deutschen Naturschutzrings (der Dachorganisation vieler unterschiedlicher ökologisch aktiver Verbände vom

Alpenverein bis zur Frankfurter Zoologischen Gesellschaft) hat in unserem Podcast in Anlehnung an die CO_2-Verschmutzungsrechte einen »Zertifikatehandel bei Pestiziden« vorgeschlagen, bei dem derjenige Bauer einen ökonomischen Vorteil hat, der weniger synthetische Schädlingsgifte einsetzt als sein Nachbar.

Viele Voraussetzungen hätte eine Verwirklichung dennoch. Praktische: Da müssten riesige Datenmengen erfasst und verwaltet, Preise berechnet und Gebühren eingezogen werden. Politische: In Zeiten, in denen jede Gesetzesänderung Protestpotenzial à la »Heizungsgesetz« birgt, bräuchte ein solches Projekt viel Mut. Gesellschaftliche: Es ist fraglich, ob in weniger als einem Jahrzehnt die Bereitschaft für echten Naturschutz mehrheitsfähig wird, zumal er gegenwärtig vielerorts unter Druck gerät.

Aber vielleicht hilft es, sich bei dieser Vorstellung in Erinnerung zu rufen, was der einstige Bundesumweltminister Klaus Töpfer einmal sinngemäß gesagt hat: Naturschutz erzeugt eigentlich keine Kosten, sondern vielmehr zeigt er, wer wo welche Kosten verursacht, wenn einzelne Unternehmen, Bürger oder ganze Staaten das Gemeinwohl zerstören.

4

DIE OZEANE

Wie wir sie zerstören und warum wir sie besser kennenlernen sollten

DIE ZAHL

Eine Milliarde Menschen – 1 000 000 000 Menschen! – werden Mitte des Jahrhunderts regelmäßig Sturmfluten und Überschwemmungen ausgesetzt sein infolge des steigenden Meeresspiegels. Der Weltklimarat rechnet vor: Extremereignisse dieser Art, die früher einmal in hundert Jahren vorgekommen sind, werden dann 20 bis 30 Mal häufiger auftreten.

DAS INTRO

»Wenn bange, unruhige und böse Gedanken kommen, so gehe ich ans Meer, und das Meer übertönt sie mit seinen großen, weiten Geräuschen.« Ozeane waren schon immer Sehnsuchtsorte, Psychiater und Tröster, wie hier bei Rainer Maria Rilke. In vielen Kulturen, die nah an Küsten entstanden, wiederholt sich jedoch auch ein anderes Motiv: die Weite, die Unberechenbarkeit – und das Bedrohliche. Immer schon waren Meere etwas, das uns Angst gemacht hat. Und genau das wird künftig noch viel häufiger der Fall sein.

Weltweit werden die Küstenregionen von Überschwemmungen, Stürmen und einem stetig steigenden Wasserspiegel bedroht. Der Weltklimarat geht bis zum Jahr 2100 von einem Anstieg um mindestens einen halben Meter aus, sofern die Menschheit ihre CO_2-Emissionen rasch in den Griff bekommt. Sonst könnte es sogar ein Meter werden. Dabei muss man wissen: Solche Prognosen lagen früher niedriger. Je mehr die Fachleute erforschen, desto intensiver warnen sie – vor noch höheren Pegeln. Und das geht wahrscheinlich auch künftig so weiter, je schlimmer die Klimakrise wird; es gibt heute also bestenfalls einen Wissens-Zwischenstand.

Dramatischer als die Durchschnittswerte ist das, was diese Prognosen in der Spitze bedeuten, nämlich wenn der höhere Meeresspiegel auch Sturmfluten höher auflaufen lässt. Die Küsten werden dann von immer mächtigeren Wellen bedroht und abgetragen. Und dann ist da noch die Frage, wo das ganze Wasser herkommt, das die Pegel steigen lässt. Klar ist, dass die schmelzenden Gletscher – von den Alpen über Grönland bis zur Antarktis – daran einen großen Anteil haben. Weniger bekannt ist bisher die Ausweitung des Meerwassers selbst. Indem es Hitze aus der Luft aufnimmt, dehnt es sich aus, *thermal expansion* nennen die Fachleute diesen Effekt. Und der ist schon heute für rund die Hälfte des Meeresspiegelanstiegs verantwortlich.

Ein Meter mehr im globalen Mittel: Dann wird so manche Südseeinsel versunken sein, Teile Floridas oder von Bangladesch werden unter Wasser stehen. Die Niederlande müssen sich mit milliardenteuren Dämmen schützen. Dabei ist die große Unwägbarkeit der künftigen Entwicklung noch gar nicht berücksichtigt: Was, wenn die antarktischen Gletscher eine böse Überraschung bergen und sie schneller und stärker schmelzen als erwartet? Das könne »nicht ausgeschlossen« werden, so der Weltklimarat.

Die Ausdehnung der Meere ist trotz der immer dramatischeren Folgen eine Entwicklung in Zeitlupe, jedenfalls verglichen mit politischen Amtszeiten und der menschlichen Aufmerksamkeitsspanne: so-und-so-viel Meter bis zum Jahr 2150, so viel bis 2300? Tatsächlich gilt es in der Wissenschaft als sicher, dass in den kommenden Jahrhunderten mehrere Meter Anstieg längst unvermeidlich sind –

wegen der schon heute vorhandenen CO_2-Konzentration in der Atmosphäre. Beeinflussen kann die Menschheit durch Klimaschutz nur noch das Ausmaß und das Tempo.

Ja, wir werden das Meer fürchten lernen. Aber man könnte den Satz auch umdrehen: Längst muss das Meer uns fürchten. Die Eisphysikerin Ricarda Winkelmann, früher Wissenschaftlerin am Potsdam-Institut für Klimafolgenforschung und heute Direktorin am Max-Planck-Institut für Geoanthropologie in Jena, hatte das im Krisenpodcast als die Einsicht beschrieben, »dass wir Menschen mittlerweile zu einer echten geologischen Kraft geworden sind«. Winkelmann erklärte das so: »Das heißt, wir haben Einfluss auf alle Teile des Erdsystems, von der Atmosphäre über den Ozean, über die tropischen Regenwälder bis hin zu den Eisschilden.«

Was richten wir da an unter der Meeresoberfläche – die so viel vor unserem Auge verbirgt? Kann ein Meer gesund sein? Und welche Rolle spielen die Ozeane bei der Suche nach natürlichen Lösungen der Klimakrise? Wer das verstehen will, muss sich auf einen gedanklichen Tauchgang einlassen, auf eine Reise zur Polykrise der Meere.

DIE EXPERTIN

Antje Boetius leitete seit 2017 das Alfred-Wegener-Institut für Polar- und Meeresforschung (AWI) in Bremerhaven. Die Meeresbiologin hatte im Jahr 2000 die ersten methanfressenden Bakterien im Meer entdeckt. Sie ging wiederholt auf Expeditionen an Bord des Forschungseisbrechers *Polarstern*. Neben vielfältigen wissenschaftlichen Tätigkeiten wirkt Boetius auch in der Öffentlichkeit – so trat sie in der ZDF-Dokureihe »Terra X« auf und beriet die Produzenten der Serien-Adaption von Frank Schätzings Roman »Der Schwarm«. Seit Frühjahr 2025 ist Antje Boetius Präsidentin des renommierten Monterey Bay Aquarium Research Institute in Kalifornien.

DAS GESPRÄCH

Auch das noch Frau Boetius, wie geht es den Meeren?

Antje Boetius Was die Meere angeht, gibt es gute und böse Überraschungen. Nicht nur die Überfischung und der Müll sind schlimm. Das Meer schluckt auch 90 Prozent der vom Menschen verursachten Erwärmung, es ist also an vielen Stellen heute schon viel zu warm, hat Hitzewellen und Sauerstoffmangel an vielen Orten und verliert viel zu viel Meereis.

ADN Warum ist das so schlimm?

Boetius: Versetzen wir uns mal in eine laue Sommernacht. Wir bestellen einen guten Cocktail mit Eiswürfeln drin. Er ist kühl und frisch, solange das Eis da ist. Dann ist der Eiswürfel geschmolzen, der Cocktail wird sofort warm und schmeckt nicht mehr. Was da in diesem Glas stattfindet, geschieht auch im großen Ozean: Die Umgebung erwärmt die Flüssigkeit, davon schmilzt das Eis und das verändert alles Mögliche. Wenn das kalte Weiß fehlt, dann wird weniger Sonnenlicht zurückgestrahlt, der Ozean nimmt immer schneller Wärme auf. Das Wasser dehnt sich aus, der Meeresspiegel steigt. Es schmelzen die Eisschilde und erhöhen den Meeresspiegel weiter. Ich würde sagen: Von allen mittelfristig unumkehrbaren Prozessen, die wir gerade so anrichten, ist das die große Apokalypse. Wassermangel einerseits und Fluten andererseits machen jetzt schon Menschen arm und werden noch zu so viel Leid führen!

ADN Wo sind die Folgen heute schon zu spüren?

Boetius: Eigentlich überall. Ein konkretes Beispiel: Eine indische Forscherin hat mir gerade bei einer Konferenz davon erzählt, wie sehr die multiplen Probleme mit dem Meer die Menschen aus den Dörfern in die Stadt treiben, in die Slums. Denn das Meer, von dem sie traditionell gelebt haben, gibt nichts mehr her, weil es leer und schmutzig ist. Fische haben massive Probleme mit der Erwärmung der Meere, der Überdüngung und der Übernutzung. Es gibt so viele Menschen auf der Erde, die davon leben, was das Meer ihnen gibt. Die Krise des Ozeans ist also vor allem eine Krise für Menschen.

ADN Die Jahre 2023 und 2024 haben mehrere traurige Rekorde mit sich gebracht. Das Meer zwischen 60 Grad Nord und 60 Grad Süd war an seiner Oberfläche wärmer denn je seit Beginn der Messungen. Besonders der Nordatlantik war betroffen, um die Antarktis herum erreichte das Meereis ein historisches Minimum ...

Boetius ... unsere Nordsee ist eines der Meere, die sich am schnellsten erwärmen. Auch direkt vor unserer Haustür vollziehen sich riesige Veränderungen im Gefüge der Arten. Aus der Nordsee verschwindet der Kabeljau, in der Ostsee bekommt der Hering Probleme.

ADN Die Klimakrise ist im Meer also längst eine Krise der natürlichen Vielfalt, der Biodiversität?

Boetius Ja, kein Faktor wirkt so auf die Vielfalt des Lebens wie die Temperaturen. Viele Meereslebewesen haben in ihren verschiedenen Stadien – egal ob es Eier sind oder Larven, Jungstadien oder adulte – verschiedene Temperatur-Optima, sozusagen Wohlfühlbereiche. Die sind bei vielen Meereslebewesen sehr, sehr eng – zum Beispiel bei den Eiern und Larven des Kabeljaus. Auch wissen wir seit einiger Zeit, dass bei vielen der Bakterien, die mit Tieren oder Pflanzen zusammenleben, ein Grad Temperaturunterschied darüber entscheiden kann, ob sie pathogen werden, also krankheitserregend. Die Liste der Arten – gerade auch der Speisefische –, die akut gefährdet sind, ist gigantisch. Wir haben gelernt, dass Lebewesen sich anpassen, wenn sich ihre Umgebung verändert – dass die Erde immer dynamisch ist. Aber die menschengemachte Klimaerwärmung wirkt auf viele Anpassungsmechanismen zu schnell, und es sind ja viele Drücke gleichzeitig.

ADN Wir sorgen uns vielleicht vor Überflutungen. Aber sonst interessiert uns die fatale Wirkung der Klimakrise auf das Meer bisher wenig. Warum ist das so?

Boetius Die meisten Menschen haben den Ozean als Teil der Natur, als eine Wildnis im Kopf, nach der man sich sehnt, wo man gerne im Urlaub hinfährt, auf die man neugierig ist. Dokumentarfilme über den Ozean und sein unbekanntes Leben sind beliebt. Gleichzeitig ist den meisten Leuten der Gedanke, wie diese Natur mit uns zusammenhängt, einigermaßen fremd. Und kaum jemand kann etwas mit dem Begriff Ökosystemdienstleistung anfangen, um sich eben Sorgen zu machen, dass ein kaputtes Meer unsere wirtschaftliche und soziale Entwicklung bedroht.

ADN Was bedeutet Ökosystemdienstleistung?

Boetius: Das Meer bietet uns Nahrung, Kühlung, Reinigung, Erholung – und das auch noch umsonst. Das kann man zusammengefasst »Dienstleistung« nennen, auch wenn der Ozean sicher nicht in unseren Diensten steht und wir auch keine der Dienste zahlen oder aktiv beauftragen. Kaum jemand weiß, dass der Ozean 93 Prozent der Wärme schluckt. Auch nicht, dass er fast ein Drittel des von Menschen emittierten CO_2 aufnimmt. Oder mehr als die Hälfte des Sauerstoffs produziert, den wir atmen. Wir verändern die Meere so sehr, dass die Folgen noch aus dem All zu sehen sind, zum Beispiel der Verlust der lebendigen, gesunden Korallenriffe und die sogenannte Verdunkelung des

Meeres, also eine Eintrübung durch immer mehr Schmutzpartikel und Nährstoffe, die vom Land ins Meer fließen.

ADN Haben Sie Befürchtungen, dass da bald etwas kippen könnte?

Boetius Mich besorgt, dass es trotz aller Warnungen immer schlimmer wird, schon jetzt und jedes Jahr. Kipppunkte scheinen immer irgendwo am fernen Horizont zu liegen, aber es entsteht ja schon jetzt fundamentaler Schaden, der über lange Zeiträume akkumuliert durch die Treibhausgasemissionen. Schon im Jahr 1967, als ich geboren wurde, haben Forschende Briefe an ihre Regierungen geschrieben und darauf hingewiesen: Dieses größte geophysikalische Experiment der Menschen wird nicht gut ausgehen! Wir müssen schleunigst aus der Nutzung fossiler Energien aussteigen! Wahrscheinlich werden die fossilen Energieträger in den kommenden Jahrzehnten immer weniger genutzt, weil es günstige Alternativen gibt. Aber viele Auswirkungen in der Natur werden wir nicht neutralisieren können, selbst wenn wir wollten. Das wird zu entsetzlichen Konsequenzen führen.

ADN Sie meinen, wenn die berüchtigten Kipppunkte im Erdklimasystem zu unkontrollierbaren Wetterphänomen führen werden?

Boetius Nein, ich meine die ökologischen Kipppunkte, die durch die Gleichzeitigkeit multipler Krisen herbeigeführt werden: Bei denen geht es um Lebensgemeinschaften wie Korallenriffe oder Regenwälder, mit denen die Menschheit seit Zehntausenden Jahren zusammenlebt, und die nun vollständig verändert werden – weil es wärmer wird und weil die Widerstandsfähigkeit der Natur durch den Raubbau an ihr schon geschwächt ist. Und weil die Geschwindigkeit, bei der die bekannten Instrumente der Evolution, nämlich Anpassung und Selektion, ihnen keinen Ausweg bieten.

ADN Trügt uns da auch das Gefühl, es gebe da einfach noch so viel unentdeckten Ozean mit so viel Platz für alles?

Boetius Unsere Gefühle funktionieren, denn viele Menschen haben Angst um den Ozean und einen Horror vor einer Zukunft, in der diese letzte Wildnis zerstört wird. Aber es geht ja weniger um das Gefühl als um das Handeln, die Regeln und Rahmenbedingungen, in denen wir mit der Natur, dem Ozean kooperieren. Aber es gibt auch Hoffnung: Wenn man mal bedenkt, dass die Staaten der Welt gerade einen Vertrag abgeschlossen haben, in dem die Menschheit Meer und Land zusammen schützen und wiederherstellen will.

ADN Sie sprechen vom Montréaler Abkommen von Ende 2022, in dem das Ziel steht, bis zum Jahr 2030 sowohl 30 Prozent der Landfläche als auch der Ozeanfläche unter Schutz zu stellen. Irgendwann später sollen es auch noch mehr werden.

Boetius Ja, das ist ein ehrgeiziges Vorhaben. Aber die Ziele sind wissenschaftlich begründet, und ob man sie nun kurzfristig erreichen kann oder nicht, es sind gute Ziele.

ADN Wenn wir die Ozeane besser schützen wollen, dann ist die Erwärmung allerdings nur eines der Probleme ...

Boetius ... ja, die Plastikvermüllung haben wir schon kurz erwähnt. Dazu kommen unsichtbare chemischen Verbindungen: Wir leiten eine unfassbare Vielfalt von Substanzen in Gewässer ein und wissen gar nicht, wie die wirken. Zunehmender Lärm spielt sicherlich auch eine große Rolle, denn der stört die Kommunikationskanäle von Lebewesen. Lärm wird übrigens oft fälschlicherweise für den Tod von Walen verantwortlich gemacht. Aber weltweit sind diese Tiere vor allen durch schnell fahrende Schiffe bedroht. Das ist zwar ein Riesenproblem, aber man könnte es leicht lösen. Bei Sri Lanka haben große Reedereien ihre Routen geändert, um die lokalen Populationen zu schützen. Das kostet zwar Geld, aber wenn der Druck der Öffentlichkeit da ist, dann gibt es dafür wenigstens Reputationsgewinn.

ADN Bräuchten wir so etwas wie Ranger für den Ozean?

Boetius Auf jeden Fall! Ranger, Meerespolizei, alles! Ich war vor drei Jahren in Polynesien unterwegs in einem der größten Meeresschutzgebiete überhaupt, bei den Cook Inseln. Da hat die Küstenwache ein einziges Schiff für dieses riesige Gebiet! Die können also kaum etwas ausrichten. Wenn irgendwo illegale Fischerei bekannt wird, sind die Fischer längst wieder verschwunden, bevor die Küstenwache ankommt.

ADN Nachdem Sie viele Jahre Direktorin des Alfred-Wegner-Instituts für Polar- und Meeresforschung in Bremerhaven waren, wechseln Sie nun im Frühjahr 2025 ans berühmte Monterey Bay Aquarium Research Institute in Kalifornien. Gibt es etwas am Ozean, das man in den USA grundlegend anders sieht als wir Europäer?

Boetius Es gibt große Stiftungen, die sich in den Meeresschutz einbringen und die Meeresforschung stärken, um schneller voranzukommen. Sie engagieren sich international – davon könnten wir auch mehr gebrauchen.

ADN Wenn Sie den berühmten Wunsch frei hätten, was wäre dann bei all den schlechten Dingen, die wir mit dem Meer anfangen, das Erste, das Sie sich wünschen würden?

Boetius Einen schnellen Ausstieg aus der Nutzung fossiler Brennstoffe, einfach weil die Gesamtwirkung des Klimawandels auf den Ozean so gefährlich ist. Durch einen schnelleren Einstieg in regenerative Energien wäre den Meeren fundamental geholfen. Wir müssen sie besser schützen, schon damit sie auch zu unserer eigenen Rettung beitragen. Wie können die Meere wieder mehr CO_2 aufnehmen? Das ist eine der großen Forschungsfragen.

ADN Meinen Sie die natürliche Fähigkeit des Ozeans oder meinen Sie technische Verfahren, um CO_2 zu speichern?

Boetius Ich meine beides! Weil so viel CO_2 emittiert wird, nimmt der Ozean aktuell nur noch 25 Prozent davon auf. Deswegen gibt es verschiedene Ideen und Projekte, um die natürlichen CO_2-Speicher der Ozeane zu stärken. Durch Mangroven, Seegraswiesen, Makroalgen, Tangwälder – es gibt ganz verschiedene Formen von Landschaften in den Meeren, die günstiger als alle anderen Technologien CO_2 speichern können – leider aber in den letzten Jahrzehnten enorm geschrumpft sind. Diese natürlichen Kohlendioxid-Schlucker müssen wir zurückgewinnen. Dann kann das Meer uns auch wieder besser helfen.

DER BEAM

Kiel, 23. Juni 2035. – Ein führerloses Schiff gleitet durch den Nord-Ostsee-Kanal. Es ist der Star der diesjährigen Kieler Woche, ein Schwarm von Jollen und Yachten erwartet es dort, wo der Kanal in die Förde mündet. Alle wollen einen Blick auf dieses historische Schiff erhaschen und ein Selfie mit ihm im Hintergrund aufnehmen: Drei Schwimmkörper bilden den Trimaran, ganz in weiß. Doch sein Name *Blanca* spielt auf mehr an als die eigene Farbe. Ende der 2020er Jahre lief die *Blanca* hier vom Stapel, als Prototyp, ein Projekt junger Ingenieurinnen und Klimaforscher.

Die *Blanca* hat keine Brücke, dafür füllen Solarzellen ihr gesamtes Deck. Sie ist ein Roboterschiff, eine schwimmende Drohne, keine Seltenheit mehr heutzutage. Aber das aufwärts gerichtete Rohr, halb Düse, halb Löschkanone macht die *Blanca* so besonders. Das Rohr dient dazu, angesaugtes Meerwasser in allerfeinsten Tröpfchen achtern so hoch in die Luft zu schießen, dass sich aus ihnen Wolken bilden können. *Marine Cloud Brightening* heißt im Fachjargon die Idee, künstlich Wolken zu schaffen, damit weniger Sonnenlicht die Meeresoberfläche erreicht und diese sich weniger aufheizen kann.

Ob das auch wirklich funktioniert, auf Dauer und mit messbarem Effekt, das hatte ein Team aus Kiel mit diesem Schiff bereits Ende der 2020er Jahre ausprobiert und dafür die *Blanca* für ein halbes Jahrzehnt auf die Weltmeere geschickt. Als lokale Sensordaten und Satellitenmessungen aus dem All dann zeigten, ja, es gibt einen Effekt, da wurde die *Blanca* zur Blaupause für unzählige größere Roboterschiffe gleichen Prinzips. Die Stiftung einer chinesischen Internet-Milliardärin ließ gleich eine ganze Flotte davon bauen, die inzwischen auf dem Ozean kreuzt. Sie hilft seither dabei, Zeit zu gewinnen – im Kampf gegen die immer heftiger tobende Klimakrise. Zwar sinken die globalen Emissionen schon seit Anfang der 2030er Jahre, aber eine Stabilisierung der Temperaturen lässt immer noch auf sich warten. Da soll die *Blanca*-Flotte verhindern, dass die Ozeane zwischenzeitlich noch heißer werden. Diese erste *Blanca* hat ihren Teil dabei erfüllt. Sie steuert nun auf ihrer letzten Fahrt und durch ein Spalier von roten Feuerwehrschiffen, die ihr zu Ehren Bögen aus Wasser in die Luft schießen, die Kieler Förde hinunter. *Blanca* steuert auf jenen Liegeplatz zu, den sie künftig als Museumsschiff einnehmen soll, als ein Stück Technikgeschichte.

DAS OUTRO

Gegenüber Antje Boetius' Appell, die Menschheit müsse die »natürlichen Kohlendioxid-Schlucker« der Meere »zurückgewinnen«, ja überhaupt das Gleichgewicht in den Ozeanen im eigenen Interesse bewahren, wirkt das Szenario in unserem Beam natürlich seltsam partikular und obendrein arg technisch: schwimmende Meerwasser-Zerstäuber Wolken säen lassen? Früher hätte man so etwas unumwunden als Träumerei der Fans des »Geoengineering« abgetan, als eine der vielen Ingenieursfantasien. Die funktionieren immer nach demselben Prinzip: Die Fehler der Vergangenheit sollen nicht durch eine Veränderung des Verhaltens, sondern durch neue Erfindungen ausgemerzt werden. So soll das Meer mit Eisen gedüngt und die Erde mit Sulfatpartikeln verschattet werden. Die Befürworter solcher Techniken ignorieren gern, dass auch das wieder Nebenwirkungen haben wird (während viele Wissenschaftler davor warnen, dass diese nur schwer abzusehen seien). Deswegen wurde immer wieder der Vorwurf laut, solche Ideen seien größenwahnsinnig, unrealistisch, eben ein *tech-fix*.

Inzwischen hat sich beides ausdifferenziert, die Einschätzung und das Vokabular. So sprechen viele Fachleute nicht mehr von Geoengineering, sondern von Solar Radiation Management, also Beeinflussung der Sonneneinstrahlung, wenn es beispielsweise um Techniken wie das Wolkensäen geht. Dieses geht übrigens auf eine Idee des britischen Physikers John Latham zurück, der schon 1990 in der Fachzeitschrift *Nature* vorschlug, so die globale Erwärmung »unter Kontrolle zu halten«. Ende 2020 hat der Stanford-Professor Ken Caldeira verschiedene mögliche Techniken verglichen und herausgefunden: Marine Cloud Brightening biete Vorteile im Vergleich zu Maßnahmen, die die Reflektivität der Meeresoberfläche erhöhen. Und im Frühjahr 2024 machten Fachleute in der Bucht von San Francisco einen ersten Test mit einer Art Schneekanone, die künstlichen Nebel erzeugte, um »Zeit zu kaufen« (wie die *New York Times* es nannte).

Als ein Forscherteam im vergangenen Jahr Menschen in 22 Ländern nach ihren Einstellungen zu Geoengineering-Techniken befragte, stellte sich heraus: Bürgerinnen und Bürger in Ländern des globalen Südens setzen größere Hoffnungen in solche Techniken als diejenigen im Norden.

Klar ist – unabhängig von der Frage danach, ob und welche Notlösungen Zeit erkaufen können beim Kampf gegen die Klimakrise und die Erwärmung der Meere: Wir brauchen sie. Denn Meere bieten Nahrung für Milliarden Menschen. Sie sind Heimat für unzählige Arten und ein Wärmepuffer für die Erdatmosphäre. Eine lebenswerte Zukunft ist ohne Meeresschutz nicht denkbar.

5

DAS MOOR

Wieso die Feuchtgebiete beides sein können, schädlich oder hilfreich

DIE ZAHL

Ein Drittel allen Kohlenstoffs, der im Erdboden gespeichert ist, steckt in Mooren. Dabei machen diese weniger als vier Prozent der Landoberfläche des Planeten aus. Die Kohlenstoffmenge, die in den Mooren der Welt gespeichert wird, ist doppelt so groß wie jene, die in den Wäldern der Erde steckt.

DAS INTRO

Wenn in den Meeren die Sturmfluten toben, dann schützen Mangroven die Küsten, vor denen sie wachsen, vor der Erosion. Betreiben Bauern Agroforste, in denen sie Land- und Forstwirtschaft kombinieren, dann verbessert das die Böden und sorgt für mehr Artenvielfalt. Wachsen in Städten mehr Bäume, wird der Asphalt aufgebrochen und durch Wiesen ersetzt, dann sinken im Sommer die Temperaturen, und Starkregen wird besser gespeichert.

Das sind drei Beispiele für sogenannte naturbasierte Lösungen *(nature based solutions)*, die seit ein paar Jahren im Klima- wie im Umweltschutz viel diskutiert werden. Immer geht es darum, die Natur im Kampf gegen die Klimakrise besser zu nutzen als bisher. Es ist ein weites Feld, das zeigen schon die Beispiele. Sie stehen für die drei verschiedenen Typen naturbasierter Lösungen, die die Fachleute unterscheiden: Erstens die Mangroven, bei denen es darum geht, möglichst wenig in die Ökosysteme einzugreifen, was oft allerdings bedeutet, dass sie erst einmal vor der Zerstörung geschützt werden müssen. Durch die Agroforste, zweitens, wird in die Landschaften und die Ökosysteme eingegriffen, um etwas Neues, ökologisch Wertvolleres zu ermöglichen. Drittens, in den Städten geht es darum, mit den Mitteln der Natur zu arbeiten und nützliche Biotope inmitten der städtischen Betonwüste anzulegen.

Es klingt fast zu schön, um wahr zu sein, aber jede dieser Lösungen vereint gleich mehrere Vorteile. So hat es der Landwirt Benedikt Bösel beschrieben, als er uns im Podcast-Studio besucht hat: Er erzählte uns davon, wie er im trockenen Brandenburg mit Agroforst erfolgreich experimentiert. Er pflanzt Baumreihen, in deren Schatten Ackerstreifen liegen. Und auf denen wiederum versucht er in mehreren Etagen Nutzpflanzen anzulegen – damit der Boden nie nackt wird. Dadurch sei die Biodiversität höher, die Windgeschwindigkeit niedriger. »Wir haben zwischen den Baumstreifen ein anderes Mikroklima«, sagte Bösel und ergänzte: »Wenn wir wenig Niederschlag haben, kann der Boden das Wasser besser aufnehmen und speichern. Wir können Obstbäume, Sträucher, Beeren, alles integrieren, das wir ernten können.«

Die Mangroven wiederum schützen nicht nur die Küsten, sie bilden auch wichtige Fisch-Kindergärten, was der Artenvielfalt zugutekommt und damit dem Fischreichtum und so schließlich auch lokalen Fischern. Die Vereinten Nationen haben den Schutz und die Wiederherstellung von Mangroven daher schon als eine »Super-Lösung« bezeichnet. Die Natur sei »einer der effektivsten Wege« im Kampf gegen den Klimawandel, sagte die Exekutivdirektorin des UN-Umweltprogramms, UNEP, Inger Andersen. In der Fachzeitschrift *PNAS* haben Fachleute vorgerechnet: Naturbasierte Lösungen könnten mehr als ein Drittel der nötigen Emissionsminderung beitragen, um unter der Zwei-Grad-Schwelle zu bleiben.

Doch auf dem Weg von globalen Hochrechnungen zur Umsetzung vor Ort kommt die Realität in die Quere: Ökosysteme müssen immer noch Äckern und Autobahnen weichen, neuen Wohnsiedlungen oder Industriegebieten. Ausgerechnet in den reichen Industrienationen ist oft besonders wenig natürliche Vielfalt übrig. Ein Beispiel aus Deutschland macht es ganz konkret – das der Moore. Sie stehen ganz vorne auf der Liste jener Ökosysteme, die Fachleute als naturbasierte Lösungen favorisieren. Und gleichzeitig sind sie in der Bundesrepublik eine riesige Quelle von Treibhausgasen. Wie das sein kann und wie sich das ändern ließe, weiß *die* deutsche Fachfrau für Moore.

DIE EXPERTIN

Franziska Tanneberger fuhr zur Klimakonferenz von Glasgow im Jahr 2021 mit der Bahn, weil sie nicht nach Schottland fliegen wollte. Mit auf diese Reise genommen hatte sie eine Tragetasche für Langlaufski und darin steckte eine riesige Landkarte mit allen Mooren der Welt. Das ist ihre Expertise, die Biologin ist in Deutschland *die* Fachfrau für Moore. Sie forscht an der Universität Greifswald und leitet das Greifswald Moor Centrum. Im Jahr 2023 wurde sie in den Rat für Nachhaltige Entwicklung der Bundesregierung berufen und im Jahr 2024 erhielt sie für ihr Engagement den Deutschen Umweltpreis.

DAS GESPRÄCH

Auch das noch Frau Tanneberger, warum müssen wir uns um die Moore kümmern? Sind die nicht einfach da?

Franziska Tanneberger Wenn sie da wären, wäre das super. Dann könnte man sie einfach in Ruhe lassen. Aber vieles, was die Natur für uns tut, merken wir oft ja erst, wenn es nicht mehr gut funktioniert. Wie wichtig Moore sind, spüren wir erst, seit sie in vielen Gegenden ziemlich kaputt gemacht worden sind. Wir brauchen sie, und zwar aus vielerlei Gründen.

ADN Was sind die wichtigsten?

Tanneberger Moore spielen eine ausgleichende Rolle in der Natur, etwa weil sie Wasser speichern. Nasse Moore kühlen unsere Landschaften – was in den heißer werdenden Sommern immer wichtiger wird. Sie halten Nährstoffe zurück und binden das Treibhausgas CO_2. Moore sind die Nieren unserer Landschaft – diesen Vergleich hat der große Moorforscher Michael Succow geprägt, und der trifft ihre Funktion ziemlich gut. Moore sind wichtig für die natürlichen Kreisläufe.

ADN Wenn wir uns ein Moor vorstellen, denken wir an so einen schwarz-weißen Sherlock-Holmes-Film aus den 1950er Jahren, in dem Nebelschwaden über eine feuchte, unheilvolle Landschaft ziehen und gleich eine Leiche auftaucht. Hat das irgendetwas mit der Realität zu tun?

Tanneberger Also, Moore sind tolle Landschaften! Dartmoor und Exmoor in Südwestengland sehen wirklich so aus und das Teufelsmoor bei Bremen kann richtig düster sein. Dort liegt die Künstlerkolonie Worpswede bei Bremen, und in der sind viele richtig finstere Bilder entstanden. Aber es gibt auch sonnige, helle Landschaften, so können Moore nämlich ebenfalls sein. Vor allem aber sehen die meisten heute oft ganz anders aus als noch vor zwei-, dreihundert Jahren.

ADN So anders, dass man auf einer Wanderung die Moore gar nicht mehr erkennen würde?

Tanneberger Ja, davon gehe ich aus.

ADN Warum?

Tanneberger Weil sie trockengelegt wurden. Wenn man nach einem Moor Ausschau hält, dann sollte man nach ganz bestimmten Pflanzen suchen, nach Schilf und Seggen. Das sind Sauergräser, die man an ihren Stängeln erkennt, weil sie einen dreieckigen Querschnitt haben. Vorsicht (!), an denen kann man sich schneiden. Diese Pflanzen brauchen feuchte Flächen, um zu wachsen. Speziell die Seggen haben ein ganz großes Wurzelgeflecht, und diese Wurzeln bilden dann den Torf.

ADN Wo es Torf im Boden gibt, existiert ein Moor?

Tanneberger Ja, und der entsteht so: Die Pflanze nimmt durch ihre Photosynthese Kohlendioxid aus der Luft auf. Daraus bildet sie Biomasse, eben diese Wurzeln, die im Nassen wachsen. Dort werden sie viel weniger zersetzt als in trockenen Böden. Und so wächst über die Jahrhunderte eine Torfschicht. Ähnlich funktioniert es in den Hochmooren mit den Moosen. Die haben zwar keine Wurzeln, aber da stirbt einfach der untere Teil des Organismus ab und bildet langsam den Torf.

ADN Das heißt aber auch: Eine Landschaft, in der wir ein Moor finden können, muss gar nicht feucht sein – wir müssen dort nur Torf finden?

Tanneberger Eine allgemeingültige Moordefinition gibt es tatsächlich gar nicht! Mit dem Wort bezeichnen Ökologen Lebensräume, Botaniker meinen das Vorkommen bestimmter Pflanzen, Geologen betrachten eher spezielle Böden. Aber ganz egal, wo immer Torf vorhanden ist, gab es einst ein Moor. Und dort haben wir heute gute Chancen, es wieder zu revitalisieren.

ADN Und warum sollten wir das tun?

Tanneberger Werden Moore entwässert – wie es in Deutschland historisch im enormen Umfang geschehen ist –, können sie kein CO_2 mehr aufnehmen. Im Gegenteil: Ohne Wasser reagiert das organische Material des Torfs mit dem Luftsauerstoff und der Kohlenstoff wird wieder rückumgewandelt zu CO_2. Deshalb entweichen aus den trockenen Mooren Treibhausgase. Aus jedem Quadratmeter kommt CO_2, das sind enorme Mengen! Aus einem Hektar entwässerten Grünlandes entweichen pro Hektar etwa 30 Tonnen im Jahr, bei Ackerland sind es sogar 40 Tonnen.

ADN Klingt beeindruckend, aber wie steht das im Verhältnis zum großen Ganzen?

Tanneberger Es macht im Moment sieben Prozent aller Treibhausgasemissionen ganz Deutschlands aus. In einigen Bundesländern ist der Anteil jedoch viel höher. Niedersachsen, das moorreichste Bundesland, hat viel Industrie, die für viele CO_2-Emissionen sorgt. Trotzdem beträgt der Anteil der trockenen Moore an den niedersächsischen Emissionen immer noch etwa 20 Prozent. In Mecklenburg-Vorpommern, wo ich derzeit lebe, sind es etwa 40 Prozent der Emissionen, eine riesige Baustelle für Klimaschutz!

ADN Welche Rolle spielen die Moore für die Artenvielfalt?

Tanneberger Sie sind enorm wichtig! Stellen wir uns vor, wie es nach der letzten Eiszeit in Mitteleuropa, im heutigen Deutschland aussah. Es wuchs fast überall Wald, vor allem die Moore bildeten weite, offene Landschaften und wurden so zu ganz besonderen Lebensräumen. In denen konnten unter den kühlen, nassen Bedingungen viele Arten überleben, die wir heute Eiszeitrelikte nennen: Moose, bestimmte Orchideen, Käfer- und Vogelarten. Die verschwinden natürlich alle, sobald ein Moor entwässert wird.

ADN Es gibt seit Ende 2022 eine sogenannte nationale Moorschutzstrategie. Die soll dafür sorgen, dass trockene Moore wieder feucht werden. Geht das so einfach?

Tanneberger Ja, das geht, und es ist auch notwendig. Aber entscheidender bei der Moorstrategie finde ich, dass mit vielen Menschen gesprochen wurde, die alle in irgendeiner Weise beteiligt sind. Denn der Schutz und die Wiederherstellung von Mooren betrifft viele Menschen und deren Interessen. Wenn wir sie nicht überzeugen, wird es schwierig. Gelingen muss die Wiederbelebung immer vor Ort.

ADN Was ist denn aus den Mooren in Deutschland nach der Trockenlegung geworden? Ist das jetzt alles Weide- oder Ackerland? Oder wurden da Aldi-Parkplätze gebaut?

Tanneberger Etwa drei Viertel der Fläche werden landwirtschaftlich genutzt und davon wiederum das allermeiste als Grünland. Auch die Forstwirtschaft findet auf entwässerten Mooren statt, etwa zwischen zehn und fünfzehn Prozent. Aber es stehen durchaus auch Siedlungen auf Moor, und nicht nur kleine. Berlin ist genauso wie Hamburg und München zum Teil ins Moor gebaut worden. Aber gemessen an der Gesamtfläche haben Dörfer und Städte nur einen geringen Anteil.

ADN Die Landwirte werden nicht glücklich sein, wenn sie ihre Wiesen wieder vernässen sollen!

Tanneberger Ja, trotzdem ist dieser Konflikt im Moment viel weniger polarisiert, als man meinen könnte. Ich erlebe ganz viele Leute aus der Landwirtschaft, die die Probleme klar erkennen und die bereit sind zu handeln. Deswegen ist Austausch so wichtig. Statt oben eine staatliche Strategie zu entwerfen und sie dann durchzukämpfen, brauchen wir Kooperation. Das Gute ist, damit haben wir Erfahrung: Auch die ganze Entwässerung war und ist ja eine Gemeinschaftsleistung. Kein Landwirt hält sein Moor allein trocken, sondern da gibt es Wasserverbände, da gibt es Gesetze und Wasserbücher, in denen die Stände festgelegt sind. Mit diesen Mitteln lässt sich auch umgekehrt zusammenarbeiten, zugunsten einer Wiedervernässung.

ADN Aber wenn auf dem Moor heute Wiesen wachsen und darauf Tiere weiden, dann können Sie die doch nicht einfach wieder nass werden lassen. Was soll der Bauer dann mit seinen Tieren tun?

Tanneberger Eine Nutztierart fühlt sich im nassen Moor richtig wohl – der Wasserbüffel. Es gibt mittlerweile schon mehr als hundert Wasserbüffelhalter in Deutschland. Aus dem Fleisch kann man Salami und Gulasch herstellen. Das haben wir Moor-Forscher schon mal bei einem parlamentarischen Abend in Berlin angeboten, war lecker.

ADN Diese Büffel sind eine fremde Spezies, die aus Asien eingeführt wird, oder?

Tanneberger Das sind sie. Aber sie sind nicht die ersten importierten Nutztiere, die wir halten. Auch das Hausschwein wurde zuerst in Asien gezüchtet. Es gibt aber darüber hinaus viel, viel mehr Möglichkeiten, wie sich Pflanzen aus den nassen Mooren nutzen lassen. Bleiben wir zuerst bei den Tieren: In den Niederlanden wird versucht, dort Tierfutter zu gewinnen. Aber wahrscheinlich wird der Ertrag nicht so hoch sein wie der der Grünlandwirtschaft. Viel bessere Aussichten gibt es mit Baumaterialien. Wir kennen alle die Reetdächer in Norddeutschland, das ist ein Beispiel für ein Baumaterial aus nassen Mooren. Rohrkolben wird genutzt, zum Beispiel für Faserplatten für den Innenausbau. Weiterhin lassen sich viele unterschiedliche Verpackungsmaterialien aus diesen Pflanzen herstellen. Und dann kann man die Biomasse in Biogasanlagen nutzen oder zur Wärmeerzeugung verbrennen. Ich beobachte, wie da gerade viele unterschiedliche Wege von solchen sogenannten Paludikulturen ausprobiert werden.

ADN Von was?

Tanneberger So wie Agrikultur für Landwirtschaft und Silvikultur für Waldbau gibt es jetzt auch einen Begriff für Moorwirtschaft. *Palus* ist das lateinische Wort für Morast oder Sumpf. Mein Greifswalder Kollege Hans Josten hat den Begriff in die Welt gesetzt. Mittlerweile lesen wir ihn in indonesischen, russischen, englischen Fachpublikationen, bei der Welternährungsorganisation und beim Weltklimarat. Überall wird dieses Wort jetzt verwendet.

ADN Und es steht dafür, dass die Renaturierung von Mooren und ihre Wiedervernässung nicht zwangsläufig bedeutet, dass daraus Naturschutzgebiete werden müssen?

Tanneberger Nein, jedenfalls nicht generell. Für die Artenvielfalt und für den Klimaschutz ist jeder Schritt von einem trockenen Moor zu einem feuchten oder gar nassen ein Gewinn. Landwirtschaftsbetriebe sind nun mal Wirtschaftsunternehmen und keine Wohltätigkeitsvereine – deswegen sollten wir immer schauen, wie die Lage vor Ort ist.

ADN Wie steht es um das Tempo? In Ihrem Buch »Das Moor« rechnen Sie vor, in Deutschland müsse jährlich eine Fläche beinahe so groß wie Hamburg wieder vernässt werden, um das Ziel Klimaneutralität zur Jahrhundertmitte zu erreichen. Tatsächlich *sind* bis heute trockene Moorflächen von der Größe Hamburgs wieder renaturiert worden – aber das hat insgesamt vier Jahrzehnte gedauert.

Tanneberger Diese Zahlen sprechen für sich, da müssen wir viel schneller werden. In manchen Gegenden hat die Verwaltung 20 Jahre gebraucht, um die Regeln so zu verändern, dass das Moor endlich wiedervernässt werden konnte. Aber es gibt inzwischen viele Menschen, die wissen, wo man ansetzen muss. Und anders als beispielsweise bei einer Kohlegrube, die einfach zugemacht und der Betrieb eingestellt wird, können Moore weiter bewirtschaftet werden. Das heißt doch, dass auf unseren Mooren im Vergleich gar keine so große Umstellung notwendig ist, und direkt weiter wirtschaftliche Perspektiven bestehen! Daraus schöpfe ich auch die Zuversicht, dass wir in Zukunft schneller werden können.

DER BEAM

Friedland, Juli 2035. – Es ist ein heißer, zu heißer Sommertag. Die junge Wissenschaftshistorikerin Hannah recherchiert für ihre Doktorarbeit. Sie will wissen, was mit den vielen Mooren in Deutschland passiert ist, und warum ab Mitte der 2020er Jahre viele von ihnen plötzlich wiedervernässt wurden – und wie Deutschland so beim Natur- und beim Klimaschutz einen großen Schritt vorankam. Dafür besucht sie heute die Friedländer Große Wiese, ein gewaltiges zusammenhängendes Niedermoorgebiet zwischen Stettiner Haff und Brohmer Bergen, südlich der Stadt Anklam. Es trockenzulegen war in den 1960er Jahren ein sozialistisches Vorzeigeprojekt. Wie im Westen wurden auch im Osten eifrig Moore zerstört – Kapitalismus und real existierender Sozialismus unterschieden sich in dieser Hinsicht kaum. Hannah hat sich die Daten aus den Archiven besorgt und die Entwicklung über viele Jahrzehnte nachgezeichnet. Besonders wild ging es in den den 2000er Jahren zu, als der Energiemais für die Herstellung von Biogas in Mode kam. Damals entstanden riesige Monokulturen, oft auf Jahrzehnte früher trockengelegten Mooren. Energiepflanzen auf trockengelegten Moorflächen anzubauen, wurde damals sogar doppelt belohnt – beim Anbau durch Agrarsubventionen und bei der Verarbeitung zu Strom durch das Erneuerbare Energien Gesetz (EEG). Doch dann änderten sich 2026 die Gesetze und die Förderbestimmungen – es wurde nicht mehr die Zerstörung, sondern die Wiederherstellung von Naturlandschaften subventioniert, endlich. Damit lohnte sich plötzlich eine Landwirtschaft in Mooren, die in ihren ursprünglichen, feuchten Zustand zurückverwandelt worden waren. Einen wichtigen Impuls gab kurioserweise das Geschäft mit dem Biogas. Hannah kann das auf der Friedländer Großen Wiese überall sehen. Sie steht in Gummistiefeln am Rande einer riesigen Fläche, über der Schilf aufragt. Auch Seggen und Rohrkolben wachsen hier höher als die nicht eben kleine Wissenschaftlerin. Hanna steht nicht in einem Biotop, sondern auf einem »Nassfeld«: Einmal im Jahr werden diese Pflanzen geerntet und in einer nahen Anlage zu Biogas vergoren. »Paludikultur« nennt sich dieser Anbau, und er hat dazu beigetragen, Wiedervernässung für Landwirte finanziell attraktiv zu machen. Nebenbei hilft das so erzeugte Biogas dabei, dass Strom immer grüner wird.

DAS OUTRO

Das Frappierende an den Mooren ist ihr immenses Potenzial in die gute wie die schlechte Richtung. »Moore werden entweder Teil des Problems oder ein Schlüsselelement der Lösung«, fasst es das Umweltprogramm der Vereinten Nationen, UNEP, zusammen.

Ein intaktes Moor bietet unzähligen Arten ein Zuhause, oft gar eine Zuflucht, weil andere Landschaftstypen nicht die richtigen Bedingungen aufweisen. Und es nimmt eben in erheblichem Ausmaß Kohlenstoff aus der Luft auf und bindet diesen langfristig. Just deshalb sind trockene Moore auch so eine große Quelle von Treibhausgasen. Sie wiederzuvernässen müsste eigentlich als naheliegende Sofort-Klimaschutzmaßnahme ganz oben stehen. So rechnet die UNEP für die Europäische Union vor: »Trockengelegte Moore machen nur drei Prozent der landwirtschaftlich genutzten Fläche in der

EU aus. Sie wiederzuvernässen würde ein Viertel (!) der landwirtschaftlichen Treibhausgasemissionen vermeiden.«

Was für Dimensionen! Gleichzeitig zeigt das Gespräch mit der Moorforscherin Franziska Tanneberger, wie kompliziert und kleinteilig dieses Unterfangen ist. Bei jeder einzelnen Fläche geht es vor Ort um konkrete Nutzung, Bebauung, Besitzverhältnisse (und nicht zuletzt um das Engagement der Betroffenen). Paludikultur könnte da viele Kompromisse ermöglichen: Flächen wiedervernässen (und damit das Klima schützen) und sie gleichzeitig weiter nutzen. Längst ist die Produktion von Biogas und dessen Verstromung ein wichtiger Faktor in der deutschen Energiewende und zugleich eine wesentliche Einkommensquelle für viele landwirtschaftliche Betriebe. Auch erste Projekte zur Nutzung von Moorpflanzen gibt es bereits.

Selbst bei großem gesellschaftlichem Willen ist die Reparatur der Moore eine gewaltige Fleißarbeit und steht damit stellvertretend für den vielbeschworenen Bereich der naturbasierten Lösungen in der Zwillingskrise von Klima und Biodiversität.

6

DAS WETTER

Wie die Klimakrise funktioniert und uns Extremwetter bringt

DIE ZAHL

Heute gibt es **dreimal so viele Hitzetage** wie in den 1950er Jahren. An Hitzetagen liegt die Temperatur bei mindestens 30 Grad Celsius. Das wird vom Deutschen Wetterdienst erhoben und es stellt in zweifacher Hinsicht einen Mittelwert dar: Erstens ist er ein Durchschnitt für ganz Deutschland und zweitens über den gesamten Zeitraum von fast acht Jahrzehnten. Er birgt sowohl regionale Unterschiede (Süddeutschland erlebt mehr Hitzetage als der Norden) als auch zeitliche Ausreißer (in den vergangenen Jahren lagen die Zahlen deutlich über dem langfristigen Trend).

DAS INTRO

Wann hat das Wetter seine Unschuld verloren? Unmöglich zu sagen. Aber es ist offensichtlich, dass die Zeiten vorbei sind, in denen wir uns unbeschwert über eine wochenlange Sommerhitze gefreut haben. Die warmen Winter, in denen Schneeglöckchen schon im Januar aus dem Boden schießen, wecken ebenso Sorgen wie zu frühe Frühlinge und zu lange Herbste, die sich bis in den Dezember hineinziehen. Und dann sind da ja auch noch Unwetter, Extremwetter und die »Jahrhundertereignisse«. Die heißen so, weil sie statistisch gesehen nur einmal in 100 Jahren auftraten – früher einmal.

Wenn es wieder ein Hochwasser an der Donau gibt, die Böden in Brandenburg unter monatelanger Dürre leiden oder die Küsten Schleswig-Holsteins unter Sturmfluten: Immer steht der Beitrag der großen, globalen Klimakrise auf unser ganz konkretes Wetter vor Ort im Raum und damit die Frage: Wie ist das mit dem Wetter und dem Klima? Mit sogenannten Attributionsstudien (einem cleveren Mix aus Meteorologie, Klimaforschung und Statistik) können Fachleute heute berechnen, um wie viel Prozent wahrscheinlicher ein Extremwetterereignis in der Klimakrise geworden ist. Und um wie viel stärker. Dazu vergleichen sie die Messwerte der Wetterstationen und Satellitendaten des tatsächlichen Wetters mit einer digitalen Parallelwelt, in der keine Treibhausgase aus der Verbrennung von Kohle, Öl und Gas die Atmosphäre aufheizen.

Wie unwahrscheinlich eine Extremwetterkatastrophe in einer Welt ohne CO_2-Exzesse gewesen wäre, ist vor allem ein politisches Argument. Es führt uns in der Gegenwart vor Augen, wie tief wir bereits konkret in der Klimakrise stecken. Und es wirft natürlich die Fragen auf, wie sich die Gesellschaft auf die Zukunft einstellen will.

Die Daten interessieren inzwischen auch die Wirtschaft, allen voran die Versicherungswirtschaft, denn die Klimaveränderungen werden immer teurer, die Schäden, die sie verursachen, immer gewaltiger. Schon heute geht es um Summen, die auch ein reicher Staat wie Deutschland nur schwer schultern kann. Das dokumentieren zwei der jüngeren Unwetterkatastrophen.

Schäden von zwei Milliarden Euro hat das Hochwasser vom Juni 2024 in Baden-Württemberg und Bayern verursacht, und das ist nur der Wert, den die Versicherer angeben. Viele unversicherte Kosten bleiben an den Bürgerinnen und Bürgern, an Unternehmen und Kommunen hängen. 30 Milliarden Euro hatte der Bund den Betroffenen nach der katastrophalen Flut an Ahr und Erft im

Sommer 2021 zugesagt, über viele Jahre soll das Geld fließen. Doch schon heute stellt sich die Frage: Wie lange reicht die Solidarität, wie schnell schrumpfen die verfügbaren Mittel, wenn die Unwetter immer häufiger werden? Und wie viel Geld ist die Gesellschaft bereit, für eine bessere Krisenvorsorge auszugeben?

Um die Schwere der Klimakrise und ihre Folgen zu verstehen, muss man sich mit ihren konkreten Auswirkungen auf das Wetter in der Gegenwart befassen und auf das, was uns künftig bevorsteht.

DER EXPERTE

Özden Terli hat in Berlin Meteorologie studiert und seine Abschlussarbeit am Bremerhavener Alfred-Wegener-Institut geschrieben. Seit 2007 arbeitet er als Meteorologe, seit 2013 moderiert er als Redakteur beim ZDF in Mainz die Wettervorhersage. Die Branchenzeitschrift *medium magazin* setzte Terli im Jahr 2022 auf die Liste der »Journalisten des Jahres« in der Kategorie Wissenschaft. In Anerkennung seiner »eindringlichen Vermittlung des Ausmaßes der Klimakatastrophe« wurde er zum zweiten Mal für den Grimme-Preis nominiert.

DAS GESPRÄCH

Auch das noch Herr Terli, darf man Wetterfrosch zu Ihnen sagen?

Özden Terli Früher ist Wetterfrosch gängig gewesen, ja. Aber mittlerweile wird es auch sehr abwertend benutzt, zumindest in rechtskonservativen Kreisen. Darin steckt dann eine Botschaft, der Versuch, uns so einzugrenzen: Wir sollten bitte nur das Wetter präsentieren und sonst nichts! Aber das ist halt schwierig in der Klimakrise ...

ADN Gibt es denn überhaupt noch eine Grenze zwischen Klima und Wetter?

Terli Die zu ziehen, ist schwierig. Wir sehen ständig, wie die globale Erhitzung auf die Wetterlagen wirkt, und das sind immer häufiger verheerende Klimafolgen. Mein Hintergrund ist die Meteorologie und die fußt auf Physik, Mathematik und Chemie. Das ist hochkomplex; meine Kollegen und ich, wir brechen das herunter auf einfache, verständliche Karten, die jede Zuschauerin und jeder Zuschauer verstehen soll. Wir betreiben anspruchsvolle Wissenschaftskommunikation, deswegen finde ich die Bezeichnung Wetterfrosch doch sehr oberflächlich.

ADN Nicht jeder Zuschauer schätzt es, im Wetterbericht mit der Klimakrise konfrontiert zu werden. Könnte man sagen, es gibt linkes Klima und rechtes Wetter?

Terli Die meisten Rückmeldungen, die ich bekomme, sind positiv, sowohl von den Zuschauern als auch von den Kollegen hier im Haus. Mein Eindruck ist, es gibt da einige wenige Leute, die gegen mich agitieren, genauso wie gegen Klimaforscher oder Windräder. Es ist ja kein Geheimnis, wie viel Geld mit dem Verkauf von Öl und Gas verdient wird. Je eher dieses Geschäft endet, desto weniger verdient diese Branche. Seien wir nicht naiv, gegen den Weg zu einer post-fossilen Gesellschaft sind gewaltige Kräfte am Werk. Es gibt natürlich noch Leute, die wirklich die Klimakrise einfach leugnen. Aber denen ist eh nicht zu helfen, die haben ja offenbar – ganz vorsichtig ausgedrückt – eine schräge Wahrnehmung der Realität.

ADN Wie wird denn konkret die Klimakrise zu Wetter?

Terli Man erkennt sie in den extremen Wetterereignissen, also zum Beispiel wenn schon wieder ein Hitzerekord gebrochen wird. Im zurückliegenden Sommer wurden auf der ganzen Welt schon wieder massenhaft Rekorde übertroffen, die selbst noch nicht alt waren. Das Jahr 2024 war global das wärmste im Vergleich zur vorindustriellen Zeit und hat zum ersten Mal die 1,5-Grad-Marke überschritten. Anfang der 2030er Jahre wird das wahrscheinlich endgültig der Fall sein. Extremwetter werden weiter zunehmen. Das ist sicher, denn es steckt grundlegende Physik dahinter.

ADN Zu den Extremwerten kommt das Tempo. Wir erleben heute Szenarien, die der Deutsche Wetterdienst vor Kurzem erst für die Jahrhundertmitte erwartet hat.

Terli Das ist wirklich bedrückend. Ich muss auch sagen, ich habe als Meteorologe keine Fantasie mehr dafür, was in den nächsten fünf oder zehn Jahren passieren wird. Wenn ich mich zum Beispiel an das Jahr 2018 erinnere: Das schien damals absolut extrem, weil es so wenig geregnet hat. Da hatten wir wirklich in vielen Gegenden Deutschlands eine Dürre. Wenn man auf die Jahre seitdem schaut, dann sieht man aber, es fehlte in den tiefen Schichten im Erdboden lange Zeit das Wasser.

ADN Kann das Wasser nicht doch irgendwann zurückkommen?

Terli Die Projektionen des Deutschen Wetterdienstes zeigen, dass es immer wärmer wird in Deutschland. Also können wir davon ausgehen, dass es sowohl zu extremen Dürren kommen wird als auch zu extremen Niederschlägen. Wie jetzt die Temperaturen und der Regen jedes einzelnen Jahres werden, können wir nicht sagen. Aber wir müssen mit weiteren Extremen rechnen. Dazu gehören übrigens auch extreme, ja katastrophale Regenmengen, so wie in den letzten zwei Jahren. Allein im Jahr 2024 hatten wir drei Jahrhundertereignisse mit extremen Regenmengen. Die treten häufiger auf, weil Druckgebiete stecken bleiben. Früher hatten wir überwiegend Westwindlagen, in denen die Tiefdruckgebiete über den Kontinent gezogen sind. Mit ihnen kam und ging der Regen. Heute haben wir vermehrt Blockadewetterlagen mit enormen Regenmengen, manchmal die Mengen eines Jahres an wenigen Tagen.

ADN Kann man sagen, am Job eines Meteorologen zeigt sich exemplarisch, wie das Verhältnis der Gesellschaft zum Wetter ein anderes geworden ist?

Terli Ja, auf jeden Fall. Es wird immer klarer, was in unserer Atmosphäre passiert. Oder sagen wir besser, in unserer Umwelt, denn es wurden ja auch viele Wälder und andere Ökosysteme zerstört, die als Senken Kohlendioxid aufnehmen sollten. Eigentlich braucht man niemandem mehr zu erklären, dass es die Klimakrise gibt. Wir leben ja mittendrin.

ADN Es gab doch diese Faustregel, das Klima sei die Statistik des Wetters, aber einzelne Wetterereignisse könne man darauf nicht zurückführen, jedenfalls nicht im Sinne einer Ja-oder-Nein-Frage: War *das* jetzt der Klimawandel?

Terli Ja, das war tatsächlich lange Zeit so. Aber inzwischen leben wir definitiv in einer anderen Atmosphäre als vor 50 Jahren oder gar in vorindustrieller Zeit. Natürlich stimmt es formal, dass sich Aussagen über Klimaveränderungen auf den Durchschnitt eines gewissen Zeitraums beziehen müssen, also 30 Jahre. Das ist wichtig, wenn man Vergleiche anstellt über langfristige Temperaturtrends. Aber genauso richtig ist, dass wir mittlerweile viel kurzfristigere Klimafolgen erkennen. Zum Beispiel – damit befasst sich die Wissenschaft gerade viel – die Veränderung des Jetstream ...

ADN Was ist der Jetstream?

Terli Das ist ein Windstrom in etwa neun Kilometern Höhe, der von West nach Ost bläst und dabei Tiefdruckgebiete mitzieht. Heute mäandert der Jetstream stärker als früher, er macht Schlenker und bewegt sich manchmal gar nicht mehr richtig vorwärts. Worüber wir eben gesprochen haben, nämlich dass Tiefs und Hochs feststecken, liegt am veränderten Jetstream.

ADN Weshalb schwächelt dieser Luftstrom?

Terli Das hat mit der Arktis zu tun. Der Temperaturunterschied zwischen der Arktis und unseren Breiten hält den Jetstream am Laufen. Nun heizt sich die Arktis aber viermal stärker auf als der Rest des Planeten: der Temperaturunterschied wird geringer, der Jetstream wird schwächer.

ADN Und wir können uns sicher sein, dass das es so etwas nicht schon einmal gab?

Terli Es gibt Eisbohrkerne aus bis zu 800 000 Jahre altem Eis. Da sind Luftbläschen von damals eingeschlossen. Wenn Klimaforscher die analysieren, dann stellen sie fest: In den vergangenen 800 000 Jahren gab es nie so viel Kohlendioxid in der Luft wie heute. Das haben die Menschen innerhalb von weniger als 200 Jahren freigesetzt. Das ist ein Hammerschlag aufs Klimasystem.

ADN Wie genau sorgt die Erderwärmung eigentlich für anderes Wetter?

Terli Indem zum Beispiel wärmere Luft mehr Feuchtigkeit aufnehmen kann. Steigt mehr davon in eine bestimmte Höhe auf, kühlt dort ab und kondensiert, dann werden Gewitter massiver. Auch Hurrikans sind ein gutes Beispiel; wenn sie über wärmeres Wasser als gewöhnlich ziehen, können sie mehr Feuchtigkeit aufnehmen. Sie erreichen schneller größere Stärken und können größere Regenmengen an Land bringen. Ganz generell gilt überall auf der Welt, dass die Luft mit jedem Grad Erwärmung etwa sieben Prozent mehr Feuchtigkeit aufnehmen kann. Das ist alles reine Physik.

ADN Und rückgängig machen kann die Menschheit das schon lange nicht mehr, höchstens noch abmildern und verzögern?

Terli Man kann die Erderwärmung und ihre Folgen nicht umkehren, nein, jedenfalls nicht kurzfristig. Wir werden nicht zum Zustand aus vorindustrieller Zeit zurückkehren können. Die Menschen benutzen die Atmosphäre einfach schon viel zu lange als eine Mülldeponie, seit Jahrzehnten intensiv. Kohlendioxid bleibt Zehntausende Jahre in der Luft, wie soll man das wieder zurückdrehen? Wir können das Ganze dämpfen. Wir können versuchen, das Schlimmste zu verhindern, zum Beispiel dass auch noch Kipppunkte im Erdsystem überschritten werden.

ADN Können Sie ganz knapp erklären, was ein Kipppunkt ist?

Terli Das sind Prozesse in der Natur, im Meer, in der Atmosphäre, die, wenn man permanent auf sie einwirkt, irgendwann von einem Zustand in einen anderen Zustand kippen. Und die können dann nicht in den Ursprungszustand zurückkehren, nicht in unserer Lebenszeit und für viele künftige Generationen nicht.

ADN Welchen Kipppunkt fürchten Sie konkret?

Terli Da würde ich die Westantarktis nennen. Da gibt es den Thwaites-Gletscher, der auch Doomsday-Gletscher genannt wird, also Weltuntergangsgletscher. Teile vom Thwaites liegen im Wasser der Westantarktis und das Wasser ist so warm, dass der Gletscher dort von unten schmilzt. Das Abschmelzen würde bereits 0,6 Meter Meeresspiegelanstieg bedeuten. Nun wirkt Thwaites aber wie ein Korken für die anderen Gletscher drumherum. Hält er sie nicht mehr fest, dann rutschen die anderen Richtung Meer und das ist dann nicht mehr aufzuhalten – ein Kipppunkt. Nur ist diese Vorhersage mit großen Unsicherheiten behaftet. Michael Mann, der wahrscheinlich berühmteste Klimaforscher Amerikas, hat einmal gesagt: Diese Unsicherheiten sind nicht unsere Freunde! Sicher ist hingegen: Was wir da jetzt anstoßen, und sei es unbewusst, das beeinflusst das Leben der Menschen für sehr viele Generationen in der Zukunft ganz massiv.

ADN Einmal angestoßen, kann man das Kippen nicht mehr aufhalten?

Terli Nein, wir stoßen es an und dann läuft es von selbst. Es wird sogar in der Wissenschaft diskutiert, welche Kipppunkte womöglich miteinander verbunden sind, ob also ein Kippen ein weiteres Kippen auslösen könnte.

ADN Und was macht Ihnen in so einer Lage noch Mut?

Terli Es ist toll, sich mit anderen Menschen zu vernetzen, die sich für Aufklärung einsetzen und mit Wissenschaftlern und Kolleginnen zu sprechen. Die Scientists for Future sind super, die arbeiten auf hohem Niveau in ihrer Freizeit daran, auf die Fakten der Klimakrise aufmerksam zu machen. Das gibt Kraft. Ich kann jedem nur empfehlen, andere zu suchen, sich in Gruppen zusammenzutun, um etwas zu bewegen, aber auch, um sich auszutauschen. Über Freuden genauso wie über Ängste.

ADN Bloß ist nicht jeder Wettermoderator und erreicht ein Millionenpublikum.

Terli Was ich da in meinem begrenzten Zeitfenster sage, das ist ja keine Meinung, nichts, was ich mir ausgedacht hätte! Es sind unstrittige wissenschaftliche Fakten und ich vermittle diese als Multiplikator. Deshalb kann ich nur sagen, jeder ist ein Multiplikator in seinem Job. Mich interessiert zum Beispiel nicht, ob ein Manager mit dem Fahrrad in seine Firma fährt oder mit dem SUV. Hauptsache, er trägt dort dazu bei, dass die Treibhausgase reduziert werden. So kann jeder in seinem Bereich etwas tun, von Energiesparen bis Kommunikation.

DER BEAM

Osteifel im Frühjahr 2035. – Es ist laut und dreckig, als Hannes das Kamerateam durch seinen Betrieb führt. Im Hintergrund sieht man einen Steinbruch, im Vordergrund mehrere Förderbänder, Trichter und Steinmühlen. Der Basalt, der in Stücken in diese Anlage hineingeht, verlässt sie am anderen Ende wie verwandelt als Gesteinsmehl. Es ist zum wichtigsten Produkt geworden für Hannes und viele andere Steinbruchbetreiber hier im östlichen Zipfel des Mittelgebirges, das einst Vulkane geprägt haben. Deshalb sind die TV-Leute hier, sie wollen einen Beitrag aufnehmen über das Basaltwunder der Eifel. Dreimal muss Hannes in die Kamera sprechen, bis das Team mit der Aufnahme zufrieden ist: »Wir produzieren hier ausschließlich für die Landwirtschaft«, sagt er und erklärt dann, wie er sein Geld verdient – und dabei auch noch im Kampf gegen die Klimakrise hilft.

Bauern sind im Lauf der vergangenen Jahre zu Kohlendioxid-Fängern geworden, und dazu brauchen sie Basaltmehl. So wie sie früher Kalk auf ihren Äckern verteilt haben, machen sie es inzwischen auch mit dem gemahlenen Gestein. Dann passiert Folgendes: Reagieren Regenwasser und CO_2 aus der Luft zu Kohlensäure und treffen dann auf Gestein, so bilden sich Carbonate, in denen der Kohlenstoff fest eingeschlossen wird und nicht mehr in die Atmosphäre gelangen kann. »Verwitterung« heißt dieser Prozess in der Sprache der Geologen, seit Äonen spielt er sich auf der Erde ab. Jetzt wird nachgeholfen, das heißt dann im Technik-Neudeutsch »enhanced weathering«.

Gärtner und Ökolandwirte hatten schon lange Basaltmehl in ihre Böden gemischt, aber nicht, um CO_2 einzufangen. Das Material taugt auch als Düngerersatz, weil es die Menge von Mikroorganismen im Boden erhöht und dem Erdreich hilft, besser Wasser zu speichern. Damals war das ein Nischengeschäft für Hersteller wie Hannes. Er schildert der TV-Reporterin, wie er Ende der 2020er Jahre einmal beim Bauerntag war und für den Acker-Klimaschutz warb. »Die Skepsis konnte man mit Händen greifen. Die haben mich für einen durchgeknallten Öko gehalten!«

Heute gehört das Gesteinsmehl fest zur konventionellen, großflächigen Landwirtschaft zwischen Flensburg und Oberammergau. »Wir könnten hier sieben Tage die Woche produzieren«, sagt Hannes in die Kamera. Entscheidend für den Durchbruch des *enhanced weathering* war ein raffiniertes Dreieckssystem: Landwirtinnen und Landwirte werden für jede Tonne Kohlendioxid bezahlt, die sie durch Verwitterung auf ihren Äckern binden – sie erhalten dafür Zertifikate, die sie wiederum verkaufen können, etwa an Industrieunternehmen. Dieser streng kontrollierte Handel mit CO_2-Ausgleichen lohnt sich für die Bauern. Den Zusatzverdienst brauchen sie dringend, sind sie doch auch die Leidtragenden der Wetterextreme. Immer wieder kam es in den vergangenen Jahren zu erheblichen Ernteeinbußen durch ausgeprägte Hitzewellen und lange Perioden ohne jeglichen Niederschlag. Da ist das Basaltmehl auch eine Lebensversicherung für das allerwichtigste Gut jedes Landwirts, den Boden.

DAS OUTRO

»Kaum eine Branche ist so stark vom Wetter abhängig wie die Landwirtschaft«, schreibt der Deutsche Bauernverband. »Schon wenige extrem heiße Tage während der Getreideblüte können zum Beispiel die Kornanlagen irreversibel schädigen und den Ertrag erheblich schmälern.« Und davon – das ist heute unumstritten – wird es in Zukunft viel mehr geben. Trockenere Sommer und nassere Winter gehören fest ins Bild, das Fachleute von Deutschlands Klimazukunft zeichnen. Die Geschichte im Beam greift die Prognosen auf und extrapoliert sie ins nächste Jahrzehnt.

Auch die Idee, die natürliche Verwitterung von Gestein zu beschleunigen und damit zusätzliches Kohlendioxid zu binden, ist keine Erfindung. Es gibt sie längst. Die Fachzeitschrift *Nature* erkannte darin »das Versprechen, den Klimawandel abzumildern«.

Experten um den Agronomen David Beerling haben ein weltweites Potenzial von mehreren Gigatonnen CO_2-Bindung errechnet (zum Vergleich: Die Menschheit stößt pro Jahr insgesamt rund 40 Gigatonnen CO_2 aus) und sie betonen »mögliche Neben-Vorteile für Ernährungssicherheit, Bodengüte und verringerte Ozean-Versauerung«. Das alles klingt wirklich vielversprechend – im Prinzip.

Aber Landwirtschaft ist konkret und findet vor Ort statt. Verschiedene Böden sind unterschiedlich geeignet. In dem großangelegten Forschungsprogramm CDRterra erkunden Fachleute unter Koordination der Universität München neue Verfahren, um Kohlendioxid zu binden, auch per Verwitterung. Und die fränkische Initiative Carbdown untersucht in Start-up-Manier den heikelsten Punkt des Steinmehl-Einsatzes: Wie kann man messen, über welchen Zeitraum wie viel CO_2 in Carbonat umgewandelt wird? Diese Zahl und die Möglichkeit, sie zu kontrollieren, entscheiden darüber, ob aus einem vielversprechenden Prinzip auch ein überprüfbares Geschäft werden kann.

Das Beispiel steht noch für zwei weitere Einsichten, die den Bogen zum Gespräch mit Özden Terli schlagen. Die Stürme, Hitzewellen und Sturzfluten von morgen verhindern wird *enhanced weathering* sicher nicht, genauso wenig wie irgendein anderer Prozess – sei er nun natürlich oder technisch – zur Bindung von Kohlendioxid. Sie sind kein Ersatz dafür, radikal die Treibhausgasemissionen zu mindern. Sie stehen aber auch nicht im Widerspruch dazu, so wie zwei gegenteilige Optionen A oder B. Die Klimakrise ist längst so weit fortgeschritten, dass A *und* B nötig sind: Also Emissionsreduktion und CO_2-Bindung, um das Schlimmste abzuwenden.

So haben es im Mai 2021 hochkarätige Fachleute – unter ihnen Daniela Jacob, Hans Joachim Schellnhuber und Johan Rockström – in den *Environmental Research Letters* betont: Um die Klimaziele einzuhalten, benötige man »all options, not silver bullets«, also alle Optionen, keine Wunderwaffen.

Beschäftigt man sich mit den Wetterextremen von heute und mit den absehbaren klimatischen Eskalationen von morgen, dann wird aber noch etwas klar: Es gibt einen großen Nachhol- und Veränderungsbedarf auf vielen Feldern.

Von »Adaption« sprechen die Fachleute, das kann man als Anpassung übersetzen, aber treffender ist wohl zu sagen: Wir müssen uns dringend vorbereiten. Wenn verheerende Unwetter zur Regel werden, müssen sich nicht nur die Landwirte darauf einstellen. Es gilt ebenso für Städteplanerinnen, die für weniger Asphalt und mehr Grün sorgen müssen, weil wir sonst die sommerlichen Temperaturen nicht mehr ertragen. Es betrifft die Logistiker von Supermarktketten, Zugfahrpläne und Straßenmeistereien. Industriebetriebe werden erleben, dass ihre Lieferketten unterbrochen werden, wenn wegen Niedrigwassers auf dem Rhein mal wieder der Schiffsverkehr für Wochen ruht. Sportveranstaltungen unter freiem Himmel sollten womöglich grundsätzlich nicht mehr in den heißen Sommermonaten stattfinden … – es ist eine dieser Aufzählungen, die gar nicht enden mag. Annika Joeres, die Autorin des Buchs »Durstiges Land« hat uns im Krisenpodcast vor Augen geführt, worauf sich Deutschland allein im Hinblick auf Wasser (in der Regel wird das heißen: Wassermangel) einstellen muss. Und sie fasst das so zusammen: »Das geht an die Eingeweide«.

7

DIE ENERGIEWENDE

Warum sie so zentral ist und wie wir schneller vorankommen

DIE ZAHL

40 Prozent allen Stroms, der im Jahr 2024 weltweit erzeugt wurde, stammt aus nicht-fossilen Quellen. Er wurde durch Wind, Sonne oder Wasserkraft generiert und nicht durch die Verbrennung von Kohle, Öl oder Gas. Weil das Tempo des Ausbaus weiter zunimmt – trotz Donald Trump und Wladimir Putin –, gilt das Ziel als realistisch erreichbar, das beim Klimagipfel von Dubai beschlossen worden war: Im Jahr 2030 sollen drei Fünftel allen Stroms fossilfrei erzeugt werden.

INTRO

Morgens weckt uns der elektrische Wecker. Kurzer Blick auf das Handy, dann unter die heiße Dusche. In der Küche das Radio und die Kaffeemaschine anstellen, Brot in den Toaster stecken. Vielleicht schnell noch einen Smoothie mixen? Mit Bus oder Auto zur Arbeit, auf dem Weg dorthin per App die Heizung zuhause runterstellen. Im Büro den Computer hochfahren ... und so weiter und so fort. Was immer wir heute tun, wenig davon geht ohne Strom. Der Evolutionsbiologe Manfred Laubichler von der Arizona State University spricht sogar vom Energie-Stoffwechsel der Menschen, und davon, dass dieser immer größer wird. Schließlich brauchen wir nicht nur vom frühen Morgen bis zum späten Abend Energie, wir brauchen auch noch von Jahr zu Jahr mehr. Sie macht die Wohnungen warm, die Wege kurz und moderne Kommunikation überhaupt erst möglich. Ohne Energie wäre unser Leben kaum noch denkbar.

Was einst mit der Beherrschung des Feuers begann, hat sich im Laufe der Jahrhunderte zu einer der treibenden Kräfte der Moderne entwickelt. Man könnte also die komplette Menschheitsgeschichte als Energiegeschichte erzählen, in der der Hunger zunächst nach Kohle, Öl und Gas und inzwischen nach immer mehr Strom stetig wächst. Aber es gibt auch den Teil der Geschichte, der lange verdrängt wurde: Zu gern hat die Menschheit die Nebenwirkungen ihres Energiehungers unterschätzt. Und bis heute haben wir sie nicht im Griff, obwohl wir immer stärker unter den Folgen leiden: unter Stürmen und Überschwemmungen, Bränden und Dürren. Kurz: unter der Klimakrise.

Wie die Energiegewinnung mithilfe von Gas, Öl und Kohle zum Ausstoß von Kohlendioxid führt und was das wiederum mit dem Klima macht, haben Wissenschaftler auf Millionen Seiten dokumentiert, mit Zahlen, Grafiken und Fußnoten. Und auch, welche Folgen das genau für die Menschheit haben wird. Alle paar Jahre aktualisiert der Weltklimarat die Erkenntnisse. Sein jüngstes Werk erschien zwischen 2021 und 2023 und ist mehr als zehntausend Seiten dick, die Zusammenfassung immerhin noch 114 Seiten. Es geht aber auch knapper, fünf Zahlenbilder reichen. Wer sie kennt, weiß Bescheid über den Zustand des Klimas.

Erstens: In der gesamten Erdneuzeit (das ist die geologische Epoche, in der sich die menschliche Zivilisation entwickelte) gab es zu keinem Zeitpunkt annähernd so viel Treibhausgas in der Lufthülle wie gegenwärtig.

Zweitens stammt mehr als die Hälfte der von Menschen verursachten Emissionen aus den letzten 35 Jahren. Das ist genau der Zeitraum, in dem Experten gemahnt haben, Politikerinnen zu Klimagipfeln gereist sind, und die »Erderwärmung« (so nannte man die Klimakrise früher) schon ziemlich bekannt war. Wir wissen also, was wir tun – und tun es trotzdem weiter.

Drittens haben Forscher ausgerechnet, welche Mengen an Klimagasen noch ausgestoßen werden dürfen, wenn die Erwärmung bis zur Jahrhundertwende auf zwei Grad im Vergleich zu früher, vor der Industrialisierung, begrenzt werden soll. Beim heutigen Emissionsniveau ist dieses Budget in knapp zwanzig Jahren aufgebraucht. Die Emissionen müssten dann – sofort – auf Null gesenkt werden. Das würde jede Wirtschaft ruinieren, weswegen wir den Ausstoß besser ab sofort jedes Jahr kontinuierlich senken sollten.

Viertens sind die Macht und die Gewinnmargen der fossilen Industrie immer noch enorm groß, was den Ausstieg aus Öl- und Gas zusätzlich erschwert. Ausgerechnet in den besonders krisenhaften vergangenen Jahren (Russlands Invasion! Energiekrise! Inflation!) wurde mit Öl und Gas mehr Geld verdient denn je. Allein im Jahr 2022, als die russische Invasion in der Ukraine begann, machten die fossilen Multis weltweit 490 Milliarden Dollar Extragewinne. Trotzdem subventionieren viele Staaten die Brennstoff-Branche zusätzlich. Donald Trump hatte bei seiner Rückkehr ins Weiße Haus gleich am ersten Tag der Renaissance der Fossilen das Wort geredet – obwohl die USA schon längst der größte Öl- und Gasproduzent der Welt waren.

Fünftens aber gibt es einen Erfolg zu vermelden, der Hoffnung macht: Auch wenn bis heute rund vier Fünftel der weltweiten Energie auf Kohle, Gas, Öl oder Atomkraft entfallen – längst sind erneuerbare Energieträger überall auf der Welt unschlagbar günstig geworden. Deswegen wird zwar immer wieder mal die Renaissance der Atomkraft beschworen. Faktisch jedoch fließen 80 Prozent der Energie-Investitionen weltweit in die Erneuerbaren, der Anteil fossilfreien Stroms wächst rasant.

Damit sind wir bei der Energiewende. Die gibt es längst weltweit, und in vielen Ländern ist sie sogar schneller als in Deutschland. Eine Expertin, die sich damit bestens auskennt, ist Claudia

Kemfert. Die Ökonomin beschäftigt sich nicht nur mit der Frage, wie Länder den Ausstieg aus fossilen Energien und den Einstieg in Wind, Solarenergie, die Nutzung von Geothermie und andere umweltfreundliche Quellen schneller organisieren können. Sie sucht auch nach den Hindernissen, nach den Menschen, Unternehmen und Strukturen, die den schnellen Wandel ausbremsen. Sie weiß also, warum wir nicht schon längst weiter sind.

DIE EXPERTIN

Claudia Kemfert leitet am Deutschen Institut für Wirtschaftsforschung (DIW) in Berlin die Abteilung Energie, Verkehr und Umwelt. Die Energieökonomin ist außerdem Professorin an der Leuphana Universität Lüneburg. Sie erforscht die wirtschaftlichen Auswirkungen von Energie- und Klimaschutzpolitik und die Kosten, die entstehen, wenn diese vernachlässigt werden. Kemfert engagiert sich auch gesellschaftlich und beteiligt sich mit ihrer Expertise an öffentlichen Debatten. Sie unterstützt die Scientists for Future und ist Autorin vieler Sachbücher, zuletzt »Schockwellen – Letzte Chance für sichere Energien und Frieden«.

DAS GESPRÄCH

Auch das noch Wenn Sie öffentlich über das Klima und die Politik sprechen, schwingt inzwischen oft Ärger mit, als wollten Sie eigentlich rufen: Hey, wir haben es euch so oft gesagt, aber ihr nehmt das Problem einfach nicht ernst.

Claudia Kemfert Das trifft meine Stimmung gut. Ich bin erschüttert, fassungslos und kann auch immer noch nicht akzeptieren, was passiert – oder besser, was alles nicht passiert. Wir haben inzwischen so oft vor den Folgen der Klimakrise und dem Verschleppen der Energiewende gewarnt und so viele wissenschaftliche Erkenntnisse präsentiert. Trotzdem wird noch immer so unzureichend gehandelt. Diese Ignoranz und teilweise Wissenschaftsfeindlichkeit auch in der Politik stört mich mittlerweile sehr.

ADN Sie meinen damit, dass Politikerinnen und Politiker heute wissenschaftliche Erkenntnisse über die Klimakrise und die damit verbundenen Warnungen anzweifeln?

Kemfert Ja, und zwar nicht nur die der extremen Parteien, nicht nur Donald Trump und die Populisten. Auch Olaf Scholz hat sich schon abfällig über »die Wissenschaft« und deren Zahlen geäußert und dagegen »die Wirklichkeit« gestellt, die er angeblich bei Besuchen in Unternehmen und seinen Bürgersprechstunden gespiegelt bekommen habe. Ganz nach dem Motto: Die Wissenschaft hat keine Ahnung, besser fragt man die Wirtschaft.

ADN Was halten Sie dem entgegen?

Kemfert Wissenschaftliche Erkenntnisse sind keine Meinung. Seriöse Wissenschaftlerinnen und Forscher machen mit ihren Studien auch nicht selbst Politik, sie beraten. Sie stellen die Erkenntnisse zur Verfügung, damit Politikerinnen und Politiker besser handeln können. Um es noch einmal deutlich zu sagen: In der Wissenschaft können wir nicht einfach zusammenschreiben, was uns gerade in den Kram passt, und das tun wir auch nicht. Wir lassen unsere Erkenntnisse von Fachkollegen prüfen, und wir sind einem Ethos verpflichtet.

ADN Aber verschiedene Studien kommen oft zu sehr unterschiedlichen Ergebnissen – gerade in der Klimapolitik.

Kemfert Lassen Sie uns das am konkreten Beispiel besprechen. Wir haben vor einer Weile eine Studie erstellt, die folgende Frage beantwortet: Darf Deutschland die Kohle, die im Rheinischen

Revier unter dem Dorf Lüzerath liegt, noch abbaggern – sofern die Bundesrepublik ihre Klimaziele erreichen will? Wir kamen zu dem eindeutigen Ergebnis: Nein, beides geht nicht. Es gibt aber auch eine andere Studie im Auftrag der nordrhein-westfälischen Landesregierung. Die stellte die identische Frage und kam zu einer anderen Antwort. In der Studie steht, dass beides durchaus noch gehe. Schaut man dann genau nach, stellt man fest, dass die Kollegen, die im Auftrag der Landesregierung gearbeitet haben, andere Klimaziele genommen haben als wir, und zwar viel lockerere Ziele.

ADN Dann ist es kein Wunder, wenn der Eindruck entsteht: Man kann alles so oder so sehen, sogar in der Wissenschaft.

Kemfert Einem normalen Zeitungsleser mit einem anderen beruflichen Hintergrund fällt es schwer, zu urteilen, wie die Ergebnisse einzuordnen sind und welche Quellen seriös sind. Da hilft es manchmal, die Auftraggeber genau anzuschauen und deren Zielsetzung. Aber es gibt noch ein weiteres Problem: Die sogenannte falsche Balance (*false balance*). Häufig wollen Talkshows einer bestimmten Position noch eine Gegenposition gegenüberstellen, damit die Diskussion spannender wird. Was aber, wenn sich wie in der Klimawissenschaft alle seriösen Forschenden einig sind? Es gibt eine rasante Veränderung des Klimas, und die hat die Menschheit zu verantworten! Dann wird gern ein Fake-Experte eingeladen, der niemals zum Thema publiziert hat – aber wortstark eine Gegenmeinung vertreten darf. Natürlich ist das nicht bei allen Medien so. Aber es passiert zu oft.

ADN An dieser Stelle möchten wir einen Lesetipp einstreuen. »Merchants of the doubt« heißt ein Buch der Wissenschaftshistoriker Naomi Oreskes und Eric Conway. »Die Machiavellis der Wissenschaft« heißt es in der deutschen Übersetzung, wobei die wörtliche Übersetzung »Händler der Zweifels« es besser treffen würde. Die beiden Autoren zeigen, wie Lobbys durch Pseudo-Expertise für Unsicherheit sorgen, damit keine politische Entscheidung zustande kommt. Die Tabakindustrie hat das einst vorgemacht, indem sie die Schädlichkeit des Zigarettenkonsums durch gekaufte Studien infrage gestellt hat. Heute tun die fossilen Industrien das Gleiche. Sie stellen die Ergebnisse der seriösen Forschung in Zweifel, indem sie alternative Wahrheiten verbreiten.

Kemfert Selbst wenn solche Nebelkerzen-Argumente nicht mehrheitsfähig sind, sorgen sie bei vielen Leuten doch für ein Gefühl des Zweifels: So ganz genau weiß man es eben doch noch nicht ...

ADN Lassen Sie uns jetzt hier ohne falsche Balance und Fake News klarstellen, was richtig schiefgelaufen ist in der deutschen Klimapolitik der letzten Jahrzehnte.

Kemfert Erstens wurde der Ausbau der erneuerbaren Energien politisch viel zu lange gebremst. Zweitens wurde die Verkehrswende nicht angegangen und führt uns jetzt immer weiter in den Verkehrsinfarkt, in eine Mischung aus unterfinanzierter Bahn, Staus in den Städten und auf den Autobahnen, und eben viel zu viel Kohlendioxid-Ausstoß. Drittens hätten wir die Energiewende auch im Gebäudebereich viel früher starten müssen. Das sind die drei großen Baustellen.

ADN Die Folgen kennen wir auch: Wir verbrennen auch heute noch viel Öl, Gas und Kohle. Können Sie die Fehler bestimmten Regierungen zuordnen?

Kemfert Wenn wir im Eiltempo durch die letzten Jahrzehnte gehen, dann hat sich zwar enorm viel bewegt – bloß leider in Wellenbewegungen, also vor und zurück. Das erste Gesetz für den Ausbau der erneuerbaren Energien gab es bereits unter Bundeskanzler Helmut Kohl. Die eigentliche Energiewende hat dann aber im Jahr 2000 begonnen, mit der rot-grünen Förderung. Von da an wurden Windräder und Solarpanels schnell immer effizienter und es kam immer mehr grüner Strom ins System. Der SPD-Bundestagsabgeordnete Hermann Scheer war da ein Pionier, der sehr erfolgreich für den Start des Solarbooms gekämpft hat. Dann aber gab es im Jahr 2010 einen riesigen Rückschritt und die Förderung wurde stark reduziert.

ADN Das war zu Beginn der zweiten Regierungszeit von Angela Merkel.

Kemfert Peter Altmaier war damals ihr Wirtschaftsminister. Die CDU behauptet gern, sie sei die eigentliche Klimaschutzpartei, weil sie die Sache unter Helmut Kohl begonnen hat. Das stimmt, aber das Ausbremsen ab 2010 ist eben auch unter einer CDU-Regierung passiert – und darunter leiden wir noch heute. Die Solarindustrie ist in der Folge nach China abgewandert und erst unter der Ampelregierung, mehr als zehn Jahre später, hat der Ausbau der Erneuerbaren wieder an Fahrt gewonnen.

ADN Auch ein Moment aus der jüngeren Geschichte und vom Beginn der rot-grün-gelben Bundesregierung ist da entscheidend: die russische Invasion der Ukraine Anfang 2022, oder? Schließlich stoppte der Import von billigen russischen Erdgas nach Deutschland und bei uns explodierten die Preise. Wie viel weniger hätte uns die Erschütterung durch diesen Krieg getroffen, wären wir bei der Energiewende schneller gewesen?

Kemfert Viel weniger. Uns traf ja nicht nur die Explosion der Gas-, Öl und Strompreise. Die steigenden fossilen Energiepreise sorgten auch für eine Inflation, die wir ohne die massive Abhängigkeit von Öl und Gas so nicht gehabt hätten. Unser Leben wäre heute preiswerter, würden wir Autos fahren, die Ökostrom tankten, und in besser gedämmten Häusern wohnen, die keine Gasheizungen hätten. Oder wenn mehr Bäcker vom Gasofen auf Geothermie oder Ökostrom umgestellt hätten. All das wurde aber nicht gemacht oder ausgebremst, weil so viele Mythen und Fehlinformationen kursierten – bis heute noch. Wir waren von Russland abhängig wie kaum ein anderes Land der Welt, weil wir so viel fossile Energie dort kauften. Und wir haben diese Abhängigkeiten bis Kriegsbeginn noch absichtlich erhöht. Das schadet uns heute nicht nur ökonomisch und untergräbt unsere Sicherheit, auch die Kosten für die Demokratie sind enorm hoch.

ADN Trotzdem herrscht weiter Skepsis gegenüber sauberen Energiequellen wie Wind und Sonne. Die stehen nach wie vor im Verdacht, uns nicht sicher mit Energie versorgen zu können. Das Stichwort lautet hier Dunkelflaute.

Kemfert Das ist einer der vielen Mythen der Gegner der Energiewende, um die Energiewende zu diskreditieren. Die wenigen Wochen im Jahr, wo das Problem auftritt, lässt sich bewerkstelligen durch Biomasse- und Wasserkraftwerke, Speicher und mehr Flexibilität im System. Schauen Sie doch mal, wo es in der jüngeren Vergangenheit wirklich dramatische Versorgungsunsicherheiten gab. Mir fallen sofort die Atomkraftwerke in Frankreich ein und auch die Stromausfälle in den USA. Wir haben mal die enormen Ausfallzeiten der Atomkraftwerke zusammengezählt. Im Durchschnitt laufen die Atomkraftwerke über 40 Prozent ihrer Betriebszeit im Jahr gar nicht. Das sind enorme Dunkelflauten! Die Kraftwerke liefern eben doch nicht so sicher, wie sie liefern sollten, zum Beispiel weil im Sommer das Kühlwasser nicht ausreicht. Oder weil es technische Probleme gibt. In Frankreich waren im Sommer 2023 zeitweise die Hälfte aller Kraftwerke nicht am Netz, weil sie unentwegt gewartet werden mussten. Um die Stromversorgung der Nachbarn sicherzustellen, haben wir in Deutschland die Kohlekraftwerke mehr laufen lassen müssen.

Aber darüber wird viel zu selten gesprochen. Stattdessen warnen die Kritiker der Energiewende ständig vor der Dunkelflaute, also vor Zeiten, in denen kein Wind weht und keine Sonne scheint – und deswegen kein Ökostrom fließt. Die aber sind höchst selten, und sie werden noch seltener, je mehr wir die Erneuerbaren und die Netze ausbauen. Wir müssten viel öfter über die Dunkelflaute der Atomkraft reden.

ADN Sind hundert Prozent Versorgung aus erneuerbaren Energien in einem Industrieland heute möglich?

Kemfert Ja, wir können das mit unseren Studien belegen. Und auch dass unsere Sicherheit heute größer wäre, hätten wir *alle* erneuerbaren Energien schneller ausgebaut. Erneuerbare Energien sind Teamplayer, sie funktionieren schlecht allein. Wir brauchen also gleichzeitig mehr Solarenergie, Windenergie, Geothermie, Biomasse, Wasserkraft und wir müssen die Netze ausbauen und mehr Energie sparen. Wir brauchen mehr Batteriespeicher, Digitalisierung und eine schnellere Verkehrswende mit viel mehr öffentlichem Nahverkehr. In unseren Studien deklinieren wir das alles durch. Unsicher ist die alte Art der Energieversorgung, und extrem teuer ist sie obendrein.

ADN Könnten wir den Umbau noch rechtzeitig hinbekommen, um unsere Klimaziele zu erreichen?

Kemfert Dafür gibt es auf jeden Fall eine letzte Chance. Wir müssen sehr schnell möglichst viel elektrifizieren, um etwa per Ökostrom die Wärmepumpen anzutreiben und die Gebäude zu heizen. Wir müssen elektrisch Auto und Bus fahren. Die Industrie muss sich umstellen. Und wir brauchen auch grünen Wasserstoff, allerdings nur für bestimmte Prozesse, beispielsweise in der Industrie. Denn um Wasserstoff herzustellen, braucht man wiederum besonders viel Energie – für dieselbe Energiemenge etwa drei- bis fünfmal so viel Strom, als wenn man diesen direkt verbrauchen würde. Und deswegen ist es immer sinnvoller, Elektrizität sofort zu nutzen. Aber da wir sicher Zeiten haben werden, in denen die Sonne viel scheint und der Wind viel weht und es Stromüberschüsse gibt, können wir diese nutzen, um Energie entweder in Batterien zu speichern oder um Wasserstoff herzustellen.

ADN Die Bundesregierung hat mit viel Steuergeld den Bau neuer Gasterminals finanziert, durch die Flüssiggas aus der ganzen Welt importiert werden kann. Sie argumentierte, dass wir Gas noch lange als Brückentechnologie brauchen werden.

Kemfert Täglich grüßt das Murmeltier! Ich fühle mich manchmal wie in dem Film, in dem der Hauptdarsteller jeden Morgen wieder aufwacht und es beginnt so lange der exakt gleiche Tag, bis er endlich gelernt hat, sich klüger zu verhalten. Also noch einmal: Gas ist keine Brückentechnologie mehr, der Anteil muss sinken, wenn wir die Klimaziele erreichen wollen. Aber alte Geschäftsmodelle wollen möglichst lang überleben. Die Lobbyarbeit derjenigen, die mit alten Geschäftsmodellen weiter Geld verdienen wollen, ist einfach zu erfolgreich. Seit Beginn der Energiewende, seit über 25 Jahren also, wird behauptet, es gehe nicht ohne Atom oder ohne Fracking oder ohne Erdgas. Und weil diese Unternehmen damit sehr viel Geld verdienen, können sie viel für ihre Lobbyarbeit ausgeben.

ADN Können Sie das mit Zahlen belegen?

Kemfert Die fossile Lobby hat global für ihre Arbeit 30-mal so viel Geld zur Verfügung, wie die Umweltorganisationen. Man muss sich nur die Gewinne angucken! Die Shells dieser Welt verdienen unglaublich viel Geld, sie machen satte Gewinne, und das seit Jahren.

ADN Sie haben mal gesagt, es gibt MacGyvers der Energiewende, und dass sie sich mehr von dieser Sorte wünschen. Wer ist das?

Kemfert MacGyver? Ich dachte, jeder kennt den!

ADN Nö.

Kemfert Also, das ist ein junger Mann aus einer nicht mehr ganz neuen US-Fernsehserie, eine Art Privatdetektiv, der immer in brenzlige Situationen gerät. Er schafft es aber immer, da herauszukommen. Und das liegt an seinen guten physikalischen Grundkenntnissen. Er bastelt aus Streichhölzern oder Klebeband oder irgendwelchen Dingen, die gerade da sind, jedes Mal eine Lösung. Solche Leute wünsche ich mir in Deutschland mehr! Und es gibt sie ja auch, diese Tüftler und Erfinderinnen ...

ADN Wo denn zum Beispiel?

Kemfert Ein gutes Beispiel ist Feldheim in Brandenburg. Das Dorf ist mittlerweile weltberühmt, fast täglich kommen Menschen aus anderen Ländern dorthin und lassen sich erklären, wie man sich selbst mit Strom versorgt. Auch in Bayern gibt es Orte, die schon in den 1980er Jahren erste Windanlagen installiert haben, dann Biomasse- und Solaranlagen. Dort lachen die Leute jetzt müde über die Strompreise, die andere bezahlen müssen. Bräuchte es für viele dieser Innovationen nicht so viele Genehmigungen, hätten wir viel mehr solcher Beispiele.

ADN Interessant, dass Sie nur kleine Gemeinden nennen, wie sieht es in den großen Städten aus?

Kemfert Wenn Sie sich umschauen, finden Sie auch dort viele spannende Lösungen. In der Stadt können wir zwar keine Windräder aufstellen, aber Solarenergie auf die Dächer zu bringen geht immer. Oder eine gute Dämmung, eine Fernwärmeanlage und die Nutzung von Abwärme! Es gibt überall MacGyver-Lösungen – die Heldinnen von heute sind Techniker und Tüftlerinnen.

ADN Haben Sie selbst ein Solardach?

Kemfert Mittlerweile ja, seit Kurzem. Wir sind nun auch zu echten MacGyvers geworden!

DER BEAM

Stockholm, 6. Oktober 2035. – »Kungliga Vetenskapsakademien har beslutat utdela Nobelpriset i fysik till …« Immer noch wird die Ankündigung der jährlichen Nobelpreis-Würdigen zuerst auf Schwedisch verlesen, danach erst auf Englisch. Jedes Jahr gibt Anfang Oktober die königlich schwedische Akademie der Wissenschaft die Namen jener Menschen bekannt, die im Dezember den Nobelpreis verliehen bekommen sollen. So auch am ersten Montag im Oktober 2035. Den Physik-Nobelpreis bekommt ein Erfinder aus den Philippinen.

Sein Name ist Carvey Ehren Maigue, und er ist das Gesicht eines neuen Solarwunders. Im Jahr 2020 hat der damals 27-jährige Student der Elektrotechnik an der Universität von Maputo eine ganz besondere Folie zu einem Wettbewerb für Erfinder geschickt. Die hatte er selbst entwickelt, sie kann die UV-Strahlung, die im Sonnenlicht enthalten ist, in Energie verwandeln. Das Besondere daran: Die Folie mit dem Namen AuREUS funktioniert auch, wenn draußen der Himmel bedeckt ist. Man kann sie auf Fenster kleben und an Wände, sie ist also vielfältig verwendbar.

Maigues Erfindung gibt so den Startschuss für eine zweite Solarrevolution. Zusammen mit den Innovationen anderer Wissenschaftler ermöglicht sie eine neue Low-Tech-Technik. Sonnenenergie kann nun auch bei bewölktem Himmel genutzt werden, und zwar mit Hilfe sehr billiger Materialien, die leicht hergestellt werden können. Überall auf der Welt wird die neue Folie schnell in großen Mengen produziert, und schon bald hängt sie überall. Damit verändern sich auch die Energiesysteme radikal. Denn die Menschheit braucht kaum noch Großkraftwerke, auch entfernte Dörfer in armen Ländern haben bald Energie. So gut wie jeder Mensch kann nun fast überall mit kleinem Geld zum Stromerzeuger werden und Überschüsse produzieren.

Im Jahr 2035 begründet die Königlich Schwedische Akademie der Wissenschaften, genauer genommen ihr Nobelkomitee für das Fach Physik, die Auszeichnung für den Erfinder aus den Philippinen so: »Es ist eine Entdeckung, die die Welt verändert hat.«

OUTRO

Es gibt den jungen Mann tatsächlich, und er hat auch einen Preis bekommen, den James Dyson Award. Seine Folie verwandelt unsichtbares in sichtbares Licht, und das wiederum hat Wellenlängen, die herkömmliche Solarzellen verwerten können. Gleichzeitig entwickelt sich diese Technik heute an vielen Orten rasant weiter. Solarzellen werden aus immer neuen Materialien hergestellt, sie werden effizienter und billiger. Dass sie bald schon überall sehr billig produziert werden können, ist also durchaus plausibel. Und auch, dass sich damit die Energiesysteme radikal verändern, weil Konsumenten so überall zu Produzentinnen werden.

»In der Energiegeschichte gab es das Kohle- und das Ölzeitalter – und jetzt bewegen wir uns rasant ins Zeitalter der Elektrizität«, sagte im Herbst 2024 der Exekutivdirektor der Internationalen Energieagentur (IEA), Fatih Birol. Besser noch hätte er gesagt: Ins Solarstrom-Zeitalter. Tatsächlich musste die Agentur ihre Prognosen für den Zuwachs von Solarstrom wiederholt nach oben korrigieren.

Genau diese Entwicklung weckt aber auch den Widerstand der fossilen Multis. Wo plötzlich fast jeder Energie erzeugen kann, verlieren sie ihre Vormachtstellung. In vielen Ländern sind die großen

Konzerne entweder im Staatseigentum oder sie haben viel Einfluss auf die Regierungen. Claudia Kemfert hat im Interview die Folgen deutlich beschrieben: Diese Konzerne bremsen heute noch, wo immer möglich, den Zubau der Erneuerbaren. In Frankreich tut das die hochdefizitäre Atombranche – obwohl der Rechnungshof ihre Verschwendung von Milliarden an Euro immer mal wieder offenlegt. In Südafrika und in den USA wehren sich die Kohle-Konzerne oder ihre Eigner, in Russland die Gazprom, von den staatlichen Öl- und Gaskonzernen der Petrostaaten am Persischen Golf ganz zu schweigen …

Auch die bestehende, auf zentrale Großkraftwerke zugeschnittene Infrastruktur ist eine gewaltige Herausforderung: Wer auf Erneuerbare setzt, muss die Stromnetze ertüchtigen und große Speicher bauen. Ist das erstmal passiert, dann wird Strom so billig und verlässlich werden wie nie zuvor. Denn dann ist das Land nicht mehr von Putin oder Trump oder den Ölscheichs abhängig.

8

DIE GESUNDHEIT

Wie das Klima uns krank macht und was wir dagegen tun können

DIE ZAHL

Im Sommer 2022 starben in Europa **61 700 Menschen** an den Folgen der außergewöhnlichen Hitze. Am schlimmsten traf Italien, Spanien und Deutschland das, was die Statistiker »Übersterblichkeit« nennen, also mehr Sterbefälle als ohne die extreme Hitze zu erwarten gewesen wären. In Deutschland waren es mehr als 8000 Tote.

DAS INTRO

Lange war die Sache mit dem Klima für viele Menschen ein Problem des berühmten Eisbären auf der Scholle, der leider wegen der Schmelze in der Arktis aussterben wird. Oder sie sahen sie als etwas, das Menschen in Afrika oder Asien zwingt, ihre Bauernhöfe und Dörfer zu verlassen.

Die schablonenhaften, tausendmal gehörten Formulierungen der Klimaberichterstattung hatten sicher dazu beigetragen: Immer wieder wurde da über einen Temperaturanstieg von zwei, drei oder vier Grad bis zum Jahr 2100 gewarnt. Also vor einem Ereignis, das stattfinden wird, wenn die meisten heute Lebenden längst tot sind. Und dann ging es auch noch um vermeintlich niedrige Zahlen, hinter denen sich in Wirklichkeit gewaltige Eskalationen verbergen – in der Atmosphäre, in der Natur, in unserem Alltag. Der Klima*wandel* war damit jedenfalls zweierlei: weit weg und lange hin.

Dass die Klima*krise* auch für uns jetzt und hier in diesem Land zum Drama und künftig schlimmer werden wird, ist vielen Menschen wohl erst mit den Sturzfluten an Ahr und Erft 2021 klar geworden oder im Hitzesommer 2022. »Eine intensive Reihe von Hitzewellen über Europa in Verbindung mit ungewöhnlicher Trockenheit brachten einen Sommer der Extreme bezüglich Temperaturen, Dürre und Feuern in vielen Teilen Europas«, meldete der EU-Klimadienst Copernicus im September jenes Jahres in wissenschaftlich trockener Sprache. Er beschrieb damit etwas bis dato nie Dagewesenes. Niemals zuvor waren in Europa seit Beginn der Aufzeichnungen 1881 so heiße Temperaturen im Mittel der drei Sommermonate gemessen worden. Ein Sommer der Extreme blieb das Jahr jedoch nur kurz. Schon 2023 sollte die Werte von 2022 übertreffen, und 2024 jene von 2023.

Extreme sind das neue Normal. Das gilt heute nicht mehr nur für das Wetter, sondern auch für dessen Wirkung auf uns. Denn Hitze belastet Menschen, vor allem die Schwachen, die Kinder und die Alten. Die Klimakrise ist damit auch ein Thema für Ärztinnen, Pfleger und andere Menschen in Gesundheitsberufen. Doch diese Folge der globalen Erhitzung wird uns erst ganz allmählich bewusst. Die Zukunft prägen wird sie fraglos.

DER EXPERTE

Eckart von Hirschhausen ist Arzt, Journalist und Fernsehmoderator. Im Jahr 2019 beschloss er, seine Bühnenkarriere an den Nagel zu hängen und sich der Aufklärung über den Zusammenhang von Klimakrise und menschlicher Gesundheit zu widmen. Er gründete die Stiftung »Gesunde Erde – Gesunde Menschen« und gehört zu den präsentesten Mahnern für beides: mehr Klimaschutz und mehr Gesundheitsprävention. Sein Buch »Mensch, Erde!« trägt den Untertitel: »Wir könnten es so schön haben«. Beim ZEIT ONLINE Podcast-Festival lockte er so viel Publikum vor die Hauptbühne, dass viele auf dem Boden sitzen oder am Rand stehen mussten.

DAS GESPRÄCH

Auch das noch Herr von Hirschhausen, warum ist die Klimakrise ein Thema für einen Arzt?

Eckart von Hirschhausen Die Klimakrise ist die größte Gesundheitsgefahr im 21. Jahrhundert. Gesundheit beginnt nicht mit einer Tablette, einer Operation oder einem MRT. Gesundheit beginnt mit der Luft, die wir atmen, mit Wasser zum Trinken, Pflanzen zum Essen, erträglichen Temperaturen und einem friedlichen Miteinander. Jeden Tag sehen wir, dass alle fünf Lebensgrundlagen akut in Gefahr sind, und nichts davon wird von allein besser. Deswegen können Ärztinnen und Ärzte und alle anderen Menschen in Gesundheitsberufen dazu auch nicht schweigen. Wir haben einen planetaren Notfall. Deswegen spreche ich über dieses Thema.

ADN Gab es einen besonderen Anlass, der Sie dazu gebracht hat?

Hirschhausen Es gab mehrere Momente. Aber ganz wichtig war ein Interview, das ich als Wissenschaftsjournalist mit Jane Goodall führen durfte. Das ist die berühmte Schimpansenforscherin, die mit 26 Jahren in den Urwald ging, und die sehr viele Dinge über unsere nächsten Verwandten herausgefunden hat. Unter anderem, dass die uns viel näher und ähnlicher sind, als wir es lange vermutet haben. Mitten im Gespräch veränderte sie unsere Rollen plötzlich, indem sie mir eine Frage stellte. Sie schaute mich aus ihren damals 85-jährigen, weisen und etwas melancholischen Augen an und fragte mich: Wie kann das eigentlich sein, dass wir Menschen ständig betonen, dass wir die intelligenteste Spezies auf diesem Planeten sind, und dass wir gleichzeitig unser eigenes Zuhause zerstören? Da war ich erst mal sprachlos. Ich habe geschluckt und geschwiegen und gespürt: Das ist die wichtigste Frage, die wir uns alle früher oder später stellen müssen. Wenn wir so *fucking schlau* sind, warum machen wir so einen Scheiß?

ADN Wie lautet denn die Antwort darauf?

Hirschhausen Als Arzt habe ich gelernt, erst die Diagnose zu klären und dann über die Therapiemaßnahmen zu reden. Und auf eine kuriose Art und Weise sind wir uns in der Klimakrise noch nicht mal über die Dringlichkeit der Diagnose wirklich einig. Naturgesetze sind nicht verhandelbar. Die Physik gilt auch weiter, wenn man sie in der Schule abgewählt hat. Die Klimakrise ist real, aber wir diskutieren seit Jahrzehnten, als hätten wir noch ewig Zeit. Ich war 17 Jahre alt, als ich in der Schule mein erstes Referat über den Nutzen eines Tempolimits gehalten habe. Warum müssen wir fast 40 Jahre später noch Verkehrsminister ertragen, die lieber weitere Autobahnen bauen wollen, statt endlich CO_2 einzusparen?

ADN Die Gesellschaft ist also klimakrank, ohne es wahrhaben zu wollen?

Hirschhausen Ja. Jedes Fieberthermometer dieser Erde endet bei 42 Grad Celsius. Das ist kein Zufall, sondern es gibt eine biologische Ursache dafür. Steigt die Körperkerntemperatur eines Menschen über 42 Grad, stirbt er. Denn dann verändern die Eiweiße ihre Form, sie denaturieren. Jeder, der schon mal ein Ei gekocht hat, kennt das Phänomen. Legt man ein rohes Ei in heißes Wasser, wird das Ei hart. Kühlt das Wasser dann wieder ab, wird das Ei aber nicht wieder weich. Aus einem gekochten Ei wird also niemals mehr ein Küken, das hat irreversibel die Chance auf Leben vertan. Genau wie das Ei besteht auch unser Gehirn aus Wasser, Fett und Eiweiß. Wir unterliegen den gleichen biologischen Gesetzen wie das Ei. Ist das Gehirn erstmal gekocht, dann war es das.

ADN Es gibt Orte auf der Welt, an denen die Lufttemperaturen 42 Grad Celsius schon übertroffen haben ...

Hirschhausen ... das ist wie Sauna ohne Tür!

ADN Es gibt diesen einflussreichen Roman von Kim Stanley Robinson mit dem Titel »Das Ministerium für die Zukunft«. In dessen erstem Kapitel sterben in Indien Millionen Menschen, weil die Temperaturen dort für längere Zeit auf über 50 Grad steigen. In der Realität sterben zwar auch in Deutschland in Hitzemonaten zunehmend mehr Menschen. Trotzdem wird kein Arzt »Klimakrise« als Ursache auf den Totenschein schreiben, oder?

Hirschhausen Hitze ist *der* blinde Fleck im Gesundheitswesen. Die Sterblichkeit durch Hitze war bei uns im Jahr 2020 während des ersten Pandemie-Sommers höher als die durch Corona. Und das war längst nicht die erste Hitzewelle. Schon 2003 sind europaweit 70 000 Menschen durch zu hohe Temperaturen gestorben – man kann das statistisch erfassen, indem man die Zahlen der besonders heißen Monate mit dem Durchschnitt der vorherigen Sommer vergleicht. Übersterblichkeit nennt man den Unterschied in der Statistik. Besonders gefährdet sind Ältere, Menschen mit Herz- oder Kreislaufproblemen und alle, die schlecht wohnen.

ADN Die Armen, die Alten und die Kranken?

Hirschhausen Klima*un*gerechtigkeit existiert auch bei der Gesundheit! Manche Menschen haben eine Klimaanlage, gut gedämmte Wände und Fenster oder sie wohnen im Grünen. Andere können bei Hitzewellen nicht fliehen, sie haben nur ihre überhitzten Wohnungen. In Frankreich gibt es deswegen längst Hitzeschutzpläne. Jedes Altenheim muss dort inzwischen für die heißen Tage einen gekühlten Raum vorhalten. Es gibt Karten, in denen öffentliche Kühlräume verzeichnet sind. In Deutschland hinken wir da 20 Jahre hinterher.

ADN Was genau passiert in solchen Hitzeperioden mit den Leuten?

Hirschhausen Menschen sterben nicht automatisch an dem Tag, an dem plötzlich die Temperatur steigt. Da kollabiert zum Beispiel deren Herz-Kreislauf-System, dann kommen sie ins Krankenhaus und sterben später. Viele Menschen wohnen allein, da kriegt gar niemand mit, wie schlecht es denen an heißen Tagen geht. Deutschland hat traurigerweise in absoluten Zahlen weltweit eine sehr hohe Zahl an Hitzetoten.

ADN Kann es nicht auch sein, dass wir einfach besonders genau zählen?

Hirschhausen Nein, es liegt daran, dass wir eine ältere Bevölkerung als andere Länder haben und miserabel vorbereitet sind. Dazu kommt noch ein Problem, an das man erstmal gar nicht denkt, wenn man Klimakrise oder Hitze hört: Die Luftverschmutzung! Sie verschärft gesundheitliche Probleme noch einmal zusätzlich. Wir wissen das seit Corona. Dort, wo die Luftverschmutzung hoch war, gab es auch die schwersten Verläufe.

Ein besonderes Problem ist der Feinstaub, der überall in der Luft hängt. Der entsteht durch Verbrennung und Reifenabrieb. Seine superfeinen Teilchen gelangen durch die Lunge ins Blut und von dort aus in alle Organe, selbst ins Gehirn. Feinstaub verursacht chronische Entzündungen und seelische Erkrankungen bis hin zu Depressionen, Psychosen, Suiziden und, und, und ... – ich habe auf der Weltklimakonferenz in Glasgow eine Frau aus

London interviewt, deren neunjährige Tochter verstorben ist, laut Totenschein an einem Asthmaanfall. Die Mutter hat vor Gericht so lange gestritten, bis das geändert wurde. Nachdem der Pathologe nämlich den Leichnam geöffnet hatte, hat er gesagt: »Die Lunge des Kindes sah aus, als hätte es 20 Jahre lang geraucht.« Die Familie wohnte an einer vielbefahrenen Londoner Straße. Da war einfach zu viel Dreck. Und dann hat der Arzt noch bestätigt: Dieses Kind wäre ohne die Luftverschmutzung nicht gestorben. Deswegen ist die Mutter vor Gericht gezogen, sieben Jahre lang hat sie gekämpft. Und jetzt ist ihre Tochter der erste anerkannte Todesfall durch Luftverschmutzung. Das ist wichtig, denn Fakten allein berühren die Menschen nicht. Das schaffen nur Schicksale, auch tragische. Dann wird aus einer abstrakten Zahl etwas, das uns wirklich nahegeht.

ADN Fühlen Sie sich manchmal so, als mache allein die ständige Beschäftigung mit dieser Ballung von Krisen Sie krank?

Hirschhausen Ja.

ADN Und wie reagieren Sie darauf?

Hirschhausen Das Wichtigste, was man für sich selbst tun kann, ist nicht allein zu bleiben. Erstens sollte man sich gute Verbündete suchen, die sich ebenfalls engagieren. Zweitens sollte man sich Hilfe holen, wenn man nicht mehr kann. Und drittens hilft es, gemeinsam immer wieder neue Ideen zu entwickeln, wie man über diese furchtbaren Themen sprechen kann. Wir haben viel zu lange geglaubt: Wenn die Menschen die Fakten erst richtig kennen, dann werden sie schon alle vernünftig. Bullshit! Menschen werden durch diese permanente Angst und Hilflosigkeit seelisch krank. Deswegen ist es so wichtig, dass wir auch über die seelische Gesundheit reden. Und wir müssen uns auch vergegenwärtigen, warum so vielen Menschen die Klimadaten am

Arsch vorbeigehen: Erst dachten sie, dass das Problem weit weg sei und nichts mit ihnen zu tun habe. Heute hingegen macht es vielen Leuten so viel Angst, dass die einen krank werden und die anderen lieber wegschauen.

ADN Wenn Sie als Arzt darüber sprechen, hören die Menschen Ihnen dann zu, weil Ärzte beliebt sind?

Hirschhausen Noch beliebter sind Feuerwehrleute! Das erinnert mich immer an diese Geschichte, die in Australien viral ging. Da wollte sich der ehemalige Premierminister Scott Morrison, ein Klimaleugner, mit einem Feuerwehrmann im brennenden Wald fotografieren lassen. Doch der Feuerwehrmann hat ihm den Handschlag verweigert und gesagt: Herr Premierminister, Sie werden am Ende eines Feuerwehrschlauchs keine Klimaleugner finden. Dieser Satz ging viral. Und er ist ein Beispiel dafür, dass jemand, der nicht der Zugehörigkeit zu einem bestimmten Milieu, einer Ideologie oder einer politischen Agenda verdächtig ist, sofort für viele Menschen glaubwürdig ist. Dem glaubt man auf eine andere, tiefere Art und Weise, was die Klimawissenschaftler doch schon so oft gesagt haben: dass wir schnell viel ändern müssen. Deswegen finde ich es auch so wichtig, dass Menschen aus Gesundheitsberufen sich öffentlich äußern. Denn sie genießen großes Vertrauen. Dafür habe ich auch meine Stiftung »Gesunde Erde – Gesunde Menschen« gegründet, die mit vielen anderen NGOs und Stiftungen zusammenarbeitet. Wir brauchen eine viel größere Lobby für die Zukunft, schon weil die logischerweise nie so stark organisiert und finanziert ist wie die Lobbys der Vergangenheit. Die fossilen Konzerne haben auf die Regierungen mehr Einfluss als alle Ärzte der Welt – es ist ein Kampf wie David gegen Goliath.

ADN Genau deswegen fühlen sich auch viele in der Klimakrise so ohnmächtig.

Hirschhausen Aber wenn ganz viele Leute sich ohnmächtig fühlen, wo liegt denn dann die Macht? Warum überlegen sich nicht alle: Wer ist die mächtigste Person, die ich kenne? Mit wem bin ich zur Schule gegangen? Mit wem wohne ich in der Straße? Mit wem sind vielleicht die Kinder in der Schule? Mit wem habe ich mal Sport getrieben? Kenne ich deren Handynummer oder E-Mail-Adresse? Und wenn nicht, gibt es LinkedIn, Xing und Internet. Also kann doch jeder versuchen, einen anderen Menschen zu bewegen. Ich war bei einer der ersten Fridays-for-Future-Demos dabei, weil mir eine ehemalige Schulkameradin eine E-Mail geschrieben hatte. Bis dahin hatte ich davon noch nie etwas gehört und plötzlich war ich Teil dieser Bewegung. Und so kann jeder, der dieses Buch liest, jetzt gleich eine WhatsApp, eine SMS, eine E-Mail schreiben oder noch besser jemanden persönlich anrufen, um zu sagen: Mensch, ich mache mir Sorgen wegen der Veränderungen des Klimas, dem Verlust der Arten, und allem, was ein gutes Leben ausmacht! Eigentlich wollen wir doch weiter gesund leben auf der Erde. Lasst uns mal überlegen, was wir jetzt tun können. Was ist mit der Geldanlage? Was ist mit dem Essen in der Kantine? Was ist mit erneuerbaren Energien? Mit dem öffentlichen Personennahverkehr? Jeder kann an irgendeiner Stelle Teil der Lösung werden. Heute.

BEAM

Deutschland im August 2035. – Der Sommer ist heiß, aber das ist ja längst keine Nachricht mehr. Ein kühler Sommer, das wäre mal eine Nachricht! Die vergangenen Jahre haben Mitteleuropa mehrere schlimme Hitzesommer gebracht, deren traurige Auswirkungen sich in den nüchternen Zahlen der sogenannten Übersterblichkeit zeigen.

Aber inzwischen dokumentiert die amtliche Statistik da – trotz weiter steigender Temperaturen! – einen rückläufigen Trend. Er ist ein Indiz dafür, dass die Menschen endlich gelernt haben. Viele Hitzeschutz-Versprechen der vergangenen beiden Jahrzehnte sind inzwischen umgesetzt worden. So haben die Kommunen in öffentlichen Gebäuden kühle Räume eingerichtet (um das missverständliche »Kühlräume« zu vermeiden, nennt man sie lieber *»cool spaces«*), und empfindliche Bevölkerungsgruppen wie ältere Menschen werden automatisch vor Hitzewellen per Handy gewarnt (mittlerweile haben auch die Hochbetagten fast alle ein Smartphone, und die paar übrigen werden von Nachbarn oder Sozialarbeiterinnen persönlich alarmiert). Zudem gibt es in den Stadtzentren weniger versiegelte Flächen, mehr Grün, mehr Schatten und Befeuchtung. Kommunale Klimaschutzbeauftragte würden das wohl alles stolz als Adaption aufzählen, als Anpassungsmaßnahmen.

Aber auch die Bürgerinnen und Bürger selbst haben in den Hitzesommern dazugelernt. Sie verhalten sich anders, nehmen die hohen Temperaturen als Gesundheitsgefahr ernst. Und so hat sich eine neue Höflichkeit durchgesetzt, eine kleine sorgsame Aufmerksamkeit. »Vivaqua« nennen die Leute es inzwischen, zusammengesetzt aus vivere und aqua, Leben und Wasser: Seit Anfang der 2030er Jahre gehört es einfach zum guten Ton, während der Sommerwochen kleine Flaschen gekühlten Wassers griffbereit zu haben. (Die müssen nicht unbedingt neu gekauft sein. Wiederaufgefüllte Plastikfläschchen tun es genauso und verursachen weniger Verpackungsmüll.) Sie stehen da, wenn die Post kommt oder der Paketbote, für Handwerkerinnen und für Gärtner oder einfach um der älteren Nachbarin mal eins rüberzubringen und bei diesem Anlass ganz nebenbei zu schauen, ob es ihr noch gut geht: »Haben Sie es schön kühl, Frau Ateş?« Vivaqua eben. Diese gegenseitige sommerliche Wasserflaschen-Höflichkeit mag kitschig erscheinen, hat aber ganz nüchtern betrachtet gleich doppelte Wirkung: Es kühlt die Menschen und macht gleichzeitig die Gesellschaft ein wenig wärmer.

DAS OUTRO

Im Jargon der Fachleute ist es ein erheblicher Unterschied, von Gefahr zu sprechen oder von Risiko: Während eine Gefahr alles ist, was schaden *kann*, bezeichnet ein Risiko die Wahrscheinlichkeit, dass eine Gefahr auch *tatsächlich* einen Schaden verursacht. Insofern sind viele Auswirkungen der Klimakrise eine Gefahr für die menschliche Gesundheit – das gilt für Extremwetter jeder Art genauso wie beispielsweise für den Temperaturen folgende invasive Tierarten, die Krankheitserreger in ihre neuen Lebensräume mitbringen.

Ob und wie daraus Risiken für die Gesellschaft und die Einzelnen entstehen, lässt sich durch gute Vorsorge erheblich beeinflussen. Hitzeschutzpläne könnten dabei eine große Rolle spielen, das hat die Wirklichkeit bereits bewiesen. Die Pläne aus unserem Beam sind nämlich keine Erfindung, es gibt sie in Frankreich bereits seit vielen Jahren. Dort waren bereits 2003 in der ersten *canicule* – so der französische Name für Hitzewelle – tausende Menschen gestorben. »Aus diesem Schockerlebnis heraus hat Frankreich dann einen nationalen Aktionsplan gemacht, mit sehr starkem Fokus auf die Gesundheitsprävention«, schilderte der Münchner Arzt Martin Herrmann im Krisenpodcast und ergänzt: »Diese Reaktion ist in Deutschland ausgeblieben.« Schuld war nicht zuletzt das Wetter. In Deutschland war der Sommer 2002 eher feucht und nur durchschnittlich warm. Und die Erfahrungen des Nachbarlandes wirkten weit weg. War Frankreich nicht eines dieser südeuropäischen Länder mit ganz anderen klimatischen Bedingungen?

Entsprechend wurden hier in den Folgejahren keine Hitzeschutzpläne entworfen, keine öffentlichen Kühlräume bereitgestellt und kein Benachrichtigungssystem für ältere Menschen organisiert. Herrmann gehört zu jenen Medizinern, die hierzulande seit Langem und lange auch vergeblich für mehr Hitzeprävention werben. Im Jahr 2017 gehörte er zu den Gründungsmitgliedern des Vereins KLUG e. V., das steht für Klima und Gesundheit.

»Wir erleben einen medizinischen Notfall«, warnte Hermann noch 2023 im Krisenpodcast. Zeitgleich – und damit zwanzig Jahre nach der französischen Katastrophe – legte der damalige Gesundheitsminister Karl Lauterbach (SPD) einen ersten konkreten Bundeshitzeschutzplan vor. Seitdem beschäftigen sich auch die Kommunen, Krankenhäuser, Kitas und Altenheime ernsthafter mit dem Problem.

Wer fragt, wie sich die Klimakrise auf die Gesundheit der Menschen auswirkt, sieht unweigerlich auch die vielfachen Verbindungen mit anderen Krisen. Immer heißere Temperaturen werden den Stromverbrauch im Sommer emporschießen lassen. Denn immer mehr Menschen werden sich elektrische Klimaanlagen anschaffen und immer mehr Büros werden klimatisiert sein. Wird der Strom dafür nicht grün produziert, treibt das wiederum die Klimakrise weiter an. Die Sommer stellen unsere Infrastruktur auf die Probe – wenn der Asphalt auf den Straßen weich wird, die Züge zu heiß und die Schiffe bei Niedrigwasser nicht mehr fahren können. Also müssen sich beispielsweise die Bauvorschriften ändern und ICE-Klimaanlagen leistungsfähiger werden. Doch die Krise wird auch die soziale Spaltung in der Gesellschaft verschärfen, wenn niemand gegensteuert. Denn für Arme, Alte und Obdachlose birgt die Hitze ein viel größeres Risiko. Schon heute sterben beispielsweise arme Männer neun Jahre früher als reiche. Hitzewellen, vor denen sie sich in ungedämmten Wohnungen kaum schützen können, werden diese Ungleichheit noch vergrößern, wenn niemand gegensteuert.

Klimaanpassung wird so ganz konkret und lebensnah: Sie bedeutet neben griffbereiten Wasserflaschen auch gedämmte Wohnungen und mehr Bäume in den Städten. Zugleich ist klar, wo die Grenzen liegen – denken wir an die Beispiele vom Fieberthermometer und vom Ei! Wenn die roten Linien der Biologie erreicht werden, wenn es zu heiß wird, dann geht nichts mehr.

9

DER KAPITALISMUS

Warum er süchtig nach Wachstum ist und wie man ihn begrenzen kann

DIE ZAHL

1,3 Billionen US-Dollar an direkten Subventionen gewährten die Staaten der Welt im Jahr 2022 den Kohle-, Öl-, und Gaskonzernen. Im selben Jahr, das wegen Russlands Invasion der Ukraine rekordhohe Energiepreise sah, sprang der Gewinn der Petrobranche auf 4 Billionen US-Dollar. Gewiss sind das unvorstellbar große Zahlen (eine Billion entspricht tausend Milliarden und ist eine Eins gefolgt von zwölf Nullen). Aber noch frappierender ist doch der Vergleich: In der gleichen Größenordnung wie der Gewinn liegt die staatliche Unterstützung für die Fossilindustrie.

DAS INTRO

Ach, der Kapitalismus. Wohl kein anderes Wirtschaftssystem ist so oft totgesagt worden und hat doch immer wieder jede Krise überlebt, oft machtvoller als zuvor. Längst umspannt er die ganze Welt, kaum ein Land entzieht sich ihm heute noch. Unstrittig ist auch, dass er so viele Menschen so reich und wohlhabend gemacht hat wie kein anderes System. Wohnung, Auto, Urlaub, Krankenkasse – der Lebensstandard der westlichen Mittelschichten ist heute so hoch wie nie zuvor in der Geschichte. Zugleich hungern weltweit hunderte Millionen Menschen, und ihre Zahl wächst wieder. Trotz oder wegen des Kapitalismus?

Und wie ist es mit der Natur? Klar ist jedenfalls, dass die ökologischen Folgen dieses Wirtschaftssystems immer gravierender werden. Immer mehr Materie, Tiere und Pflanzen werden verbraucht, um den Konsum der Menschen zu befriedigen. Lange wird das nicht mehr gut gehen, weil die negativen Nebenwirkungen immer häufiger die positive Wirkung zunichtemachen: wenn beispielsweise eine Hochwasserkatastrophe das Haus wegschwemmt, oder die heißen Sommer das Apartment im Obergeschoss des Hauses unbewohnbar machen.

Drei Denkschulen streiten sich deswegen zunehmend heftiger: Die erste glaubt, dass die Menschheit die Mittel des Kapitalismus, vor allem das Preissystem, nur intensiver nutzen und auf die Umwelt anwenden müsse – und schon löste sich das Problem fast von allein: Wenn nämlich der Verbrauch von Natur etwas koste, werde sie weniger verbraucht. Deswegen sollte schnell ein hoher Preis für den Ausstoß von CO_2 her und auch das Bauen auf der grünen Wiese sollte teurer werden.

Die zweite Schule setzt darauf, den Kapitalismus zu zähmen und durch Regeln zum Schutz von Natur und Menschen stark einzudämmen. Also durch harte Umweltgesetze, beispielsweise ein schnelles Verbot von Verbrennern oder ein Lieferkettengesetz, das jedes Produkt und seine Herstellung nachverfolgbar macht und so die Menschen in armen Ländern davor schützt, ausgebeutet zu werden.

Die dritte Schule sagt schlicht: In diesem System gibt es keine Rettung. Oder, um das Problem mit den Worten von Charles Darwin auszudrücken (der zwar kein Kritiker des Kapitalismus war, aber dennoch eine fundamentale Erkenntnis sehr früh formuliert hat): »Alles, was gegen die Natur ist, hat auf Dauer keinen Bestand.«

Ist der Kapitalismus also nur Teil des Problems oder kann er auch Teil der Lösung sein? Bevor wir uns der Antwort nähern, muss die Sache (kurz) noch etwas komplizierter werden. Und zwar durch eine Zusatzfrage: Gibt es ihn überhaupt, *den* Kapitalismus? In jedem Land ist das Zusammenspiel von Markt und Staat doch anders. Zudem hat die reale Welt wenig mit der Kindergarten-Idee gemein, die in ökonomischen Lehrbüchern manchmal noch vertreten wird und die behauptet: Auf der einen Seite steht der Staat und auf der anderen der Markt – also kann man beide unabhängig voneinander analysieren und regeln.

In Wirklichkeit waren und sind beide immer untrennbar verbunden, die meisten Märkte funktionieren nicht ohne staatliche Regeln. Und der Staat wiederum wird durch jene Unternehmen, die im Markt besonders viel Macht haben, viel stärker beeinflusst als durch den Rest. Ganz deutlich ist das beispielsweise in der Energiebranche. Jahrelang haben die großen fossilen Energieversorger die Wende hin zu erneuerbaren Energien verzögert, und sie tun es in vielen Ländern bis heute. Jahrzehntelang haben ihre Lobbys mit viel Geld und viel Einfluss die politischen Regeln immer wieder zu ihren Gunsten verändert. Bis heute bringen sie beispielsweise die Regierungen weltweit immer noch dazu, die Förderung von Kohle, Öl und Gas auf die eine oder andere Weise zu subventionieren. Und die Zahlen am Kapitelanfang zeigen: Aufsummiert liegen diese Subventionen in der Größenordnung von Billionen US-Dollar – ähnlich wie die Gewinne der Branche. Und das mitten in der Klimakrise.

Wo also liegt das Rettende – falls es so etwas überhaupt gibt?

DER EXPERTE

Jens Beckert ist Direktor am Max-Planck-Institut für Gesellschaftsforschung in Köln und Professor für Soziologie an der dortigen Universität. Beckerts Forschungsgegenstand ist der Kapitalismus. Ökonomisches Handeln betrachtet er eingebettet in einen sozialen und politischen Rahmen und als Ergebnis historischer Entwicklungen. Zu seinen vielen Büchern zählen Titel wie »Unverdientes Vermögen« (2004) über das Erbrecht, »Imaginierte Zukunft« (2018) und »Verkaufte Zukunft« (2024) über die Klimakrise.

DAS GESPRÄCH

Auch das noch Herr Beckert, beginnen wir mit dem Grundsätzlichen. Was ist der Kapitalismus?

Jens Beckert Der Kapitalismus ist ein Wirtschafts- und Gesellschaftssystem, das sich über die letzten 500 Jahre entwickelt hat. Es prägt, wie wir wirtschaften und auch wie wir leben. Und den *einen* Kapitalismus gibt es gar nicht, sondern viele verschiedene Varianten. In allen sind bestimmte Kennzeichen ganz wichtig: Wirtschaftsbeziehungen werden über Märkte organisiert. Zentral ist der Wettbewerb, also eine Konkurrenz sowohl zwischen Anbietern als auch zwischen Nachfragern. Und ganz wichtig für den Kapitalismus ist, dass er auf Privateigentum basiert. Das heißt, dass die Erträge aus wirtschaftlichem Handeln privat angeeignet werden können.

ADN Stört es Sie manchmal, was so alles über den Kapitalismus behauptet wird?

Beckert Manchmal ist nur von der Privatwirtschaft die Rede, manchmal werden auch Staat und Wirtschaft gegeneinander ausgespielt. Beides ist Quatsch, weil der Staat ganz erheblich die Voraussetzungen dafür schafft, dass eine kapitalistische Gesellschaft überhaupt funktionieren kann. Das fängt bei einfachen Dingen an. Noch heute kann man an historischen Hauswänden in Paris sehen, dass der französische Staat 1799 eine neue Maßeinheit festgelegt und ausgestellt hat: So lang ist ein Meter! Das galt dann für alle, so wie heute die Umweltgesetzgebung oder Vorschriften zum Arbeitsschutz. Und es gehört auch dazu, dass Staaten Märkte militärisch erschlossen und verteidigt haben, denken Sie an den Kolonialismus.

ADN Braucht der Kapitalismus unbedingt Hoffnung auf Fortschritt und Aufstieg? Sind die sozusagen eingebaut?

Beckert Beides sind ganz zentrale Momente des Kapitalismus. Der Ökonom Joseph Schumpeter hat im frühen 20. Jahrhundert den Begriff der schöpferischen Zerstörung geprägt. Die ungeheure Dynamik, die sich in diesem Wirtschaftssystem entfaltet, hängt auch damit zusammen, dass die Akteure sich die Zukunft immer als etwas Verändertes vorstellen, als eine bessere Zukunft. Die Zukunft wird als offen betrachtet, Dinge werden als möglich erachtet, die bis dato nicht gemacht werden konnten. Das beflügelt die Suche nach Wegen, wie man diese Vorstellungen erreichen könnte. Man könnte sagen, der Kapitalismus erzeugt Imaginationen, er regt die Fantasie an.

ADN Können wir also darauf hoffen, dass die Aussicht auf Profit und auf eine bessere Zukunft für die Innovationen sorgt, die uns dann beispielsweise vor der Klimakatastrophe bewahren werden?

Beckert Ich halte das weitgehend für Wunschdenken, schon wegen der knappen Zeiträume, die der Klimawandel uns lässt. Nehmen wir beispielsweise die attraktive Vorstellung, Treibhausgase einfach wieder aus der Luft zu filtern und sie dann irgendwo endzulagern. Die Daten sagen, wir müssten mehrere Milliarden Tonnen Kohlendioxid pro Jahr herausfiltern, damit das wirklich eine Wirkung auf die Atmosphäre hätte. Die Anlagen, die es bislang gibt, filtern ein paar zehntausend Tonnen, das sind die Emissionen von ein paar tausend Kraftfahrzeugen. Die Kapazitäten müssten also enorm hochgefahren werden, und so weit ist die Technik nicht. Außerdem müsste die wirtschaftliche Frage geklärt werden, wer das bezahlt. Im Moment kostet die direkte Entnahme von CO_2 aus der Atmosphäre ungefähr 1000 US-Dollar pro Tonne CO_2. Natürlich kann man sich beides vorstellen; dass die Preise sinken und die Kapazitäten zunehmen – nur wird das wohl sehr viel länger dauern, als wir Zeit haben.

ADN Große Hoffnung weckt auch der CO_2-Preis. Jeder, der für den Ausstoß von Klimagasen verantwortlich ist, soll dafür zahlen – und zwar jedes Jahr mehr. Das Argument lautet: Preise sorgen effizienter für Klimaschutz als Verbote. Was halten Sie davon?

Beckert Die Verschmutzung der Umwelt teuer zu machen und so Anreize zu schaffen für ein Wirtschaften, das eher mit dem Erhalt der Natur kompatibel ist, ist ein Instrument, das schon in den 1970er Jahren entwickelt wurde. Theoretisch ist vorstellbar, dass CO_2-Bepreisung ein Mechanismus zur Reduzierung von Treibhausgasemissionen sein kann. Nur klappt das in der Praxis nur sehr bedingt. Im Jahr 2024 war weltweit gerade einmal ein Fünftel aller Emissionen mit einer Abgabe belegt. In der Europäischen Union waren es mehr, aber auch nur etwas über zwei Fünftel der Emissionen. Außerdem sind die festgelegten Preise bislang nicht hoch genug. In Deutschland zahlt man an der Tankstelle und beim Heizöl 55 Euro pro Tonne ausgestoßenen Kohlendioxids. Fachleute gehen davon aus, dass es mindestens 200 Euro sein müssten, um Verhaltensänderungen im größeren Stil zu bewirken. Und die Schäden, die eine Tonne CO_2 anrichtet, liegen noch viel höher, genannt werden da tausend Euro. Eine solche Erhöhung lässt sich aber politisch nicht durchsetzen, sie würde am Widerstand der Wählerinnen und Wähler scheitern. Tatsächlich haben ja viele Menschen in unserer Gesellschaft kein überschüssiges Einkommen, das sie mal eben für solche Preissteigerungen einsetzen könnten. Es müsste also einen sozialen Ausgleich geben, ein Klimageld. Dessen Einführung ist aber nicht absehbar. So bleiben wir weit hinter dem zurück, was nötig ist.

ADN Trotzdem hat der Kapitalismus uns immer wieder überrascht, auch weil in ihm soziale Innovationen erkämpft werden konnten. Hätte ein Mensch vor 150 Jahren geglaubt, dass es heute keine Kinderarbeit mehr in Deutschland gibt und dass Frauen die gleichen Rechte haben wie Männer? Da hat doch die Arbeiterklasse irrsinnige Erfolge gehabt. Könnte nicht eine ökologische Klasse im kapitalistischen System so etwas für die Natur erkämpfen?

Beckert Es stimmt, wir können uns ungeheuer schwer vorstellen, was in Zukunft geschehen wird. Ich will nicht ausschließen, dass die Menschen im Jahr 2100 lachen werden über die Bücher, die im Jahr 2025 geschrieben worden sind, und sich fragen werden: Wie konnten die damals nicht sehen, wie sich das Problem innerhalb weniger Jahrzehnte lösen lässt? Die Natur- und Ingenieurswissenschaften haben ja meist einen solchen grundsätzlichen Optimismus der generellen technischen Lösbarkeit schwieriger Probleme. Doch oft scheitern technologische Visionen auch, entweder an der Technik selbst oder an der Umsetzung, etwa, weil sie nicht wirtschaftlich sind. Deswegen können wir uns nicht zurücklehnen, weiter fossile Energieträger verbrennen und darauf vertrauen, dass die Technik es schon lösen wird!

ADN Was müsste stattdessen passieren?

Beckert Ich argumentiere nicht dagegen, in neue Technologien zu investieren. Aber blind darauf zu vertrauen, wäre ein großer Fehler. Alle Klimawissenschaftler sind sich darüber einig, dass wir zur Lösung der Klimakrise schnell von fossilen Energien wegmüssen, weil sonst unumkehrbare Klimaveränderungen eintreten. An dieser Stelle hinkt auch der Vergleich mit den sozialen Errungenschaften des vergangenen Jahrhunderts: Bei Sozialreformen kann man zur Not immer noch sagen, wenn es jetzt nicht gelingt, dann eben zu einem späteren Zeitpunkt. Bei Natur und Klima geht das nicht, da sind die Schäden unumkehrbar. Wir haben nur einen sehr begrenzten Zeitrahmen, um zu handeln. So zu tun, als gäbe es den nicht, halte ich für unverantwortlich. Aber das ist leider die Politik, die wir gerade sehen.

ADN Natur und Klima – Sie haben jetzt beides gemeinsam genannt. Wir erleben da mehr als nur eine Krise gleichzeitig. Wie würden Sie den Zusammenhang beschreiben?

Beckert Es gibt verschiedene Naturkrisen, von denen der Klimawandel nur eine ist. Teilweise werden die Naturkrisen von unseren Reaktionen auf die Klimakrise noch verstärkt. Denken Sie daran, dass die Rohstoffe wie Silizium und Kobalt für Batterien und Elektromobilität extrem umweltverschmutzend abgebaut werden, hauptsächlich in Ländern des globalen Südens! Wir müssen uns also fragen: Ist eine Wirtschaft möglich, die klimafreundlich wächst, aber insgesamt weniger Ressourcen verbraucht?

ADN Ist sie möglich?

Beckert Wenn man allein aufs CO_2 schaut und ein Land wie Deutschland nimmt, dann sieht man schon eine Entkopplung, ja. Es ist heute möglich, die gleiche Wirtschaftsleistung mit deutlich weniger Emissionen zu erzeugen als noch vor 40 Jahren. Bei der Entwicklung des Ressourcenverbrauchs auf der Erde sieht man eine solche Veränderung aber nicht. Seit 1990 hat er sich mehr als verdoppelt. Das ist gemeint, wenn gesagt wird, eigentlich bräuchten wir zwei Erden und zukünftig sogar vier Erden. Und das führt uns zur Frage des Wachstums, das die Einsparungen oft wieder zunichtemacht.

ADN Kann der Kapitalismus ohne Wachstum auskommen?

Beckert Ich glaube nicht. Man kann sich alle möglichen Transformationen des Kapitalismus vorstellen, einschließlich des Abschieds von fossiler Energie und der Umstellung auf Erneuerbare. Aber das Wachstumsprinzip infrage zu stellen, das geht wirklich an die Grundlagen dieses Wirtschaftssystems.

ADN Trotzdem sind »Degrowth« oder »Postwachstum« oder gleich Schrumpfung und Verzicht – also eine Umkehr im Wirtschaften – populäre Forderung unserer Zeit. Was erwidern Sie darauf?

Beckert Schauen wir uns eine einfache Investition an, bei der ein Geldgeber sein Kapital einsetzt und erwartet, am Ende einen Gewinn zu erzielen. Dies kann für das Wirtschaftssystem insgesamt nur funktionieren, indem ständig mehr Wertschöpfung erzeugt wird. Und diese Immer-mehr-Logik gibt es nicht nur auf der Herstellerseite. Auch wir Konsumenten haben uns daran gewöhnt, dass wir nicht etwa beständig gleich viel konsumieren, sondern dass unser Lebensstandard wächst. Der Wohnraum pro Kopf etwa nimmt ständig zu und auch der Flugverkehr. Es wird erwartet, dass der Flugverkehr sich von heute bis zum Jahr 2040 weltweit noch einmal verdoppelt, nachdem er sich in den vergangenen fünfzig Jahren bereits verzehnfacht hat. Die Funktionslogik von Investitionen und das stete Mehr beim Konsum treiben unser Wirtschaftssystem an – beides verträgt keine Schrumpfung.

ADN Selbst John Maynard Keynes, der bei Linken hochgelobte Vordenker des Keynesianismus, demzufolge der Staat in Rezessionen gezielt das Wachstum ankurbeln müsse, hat doch argumentiert: Irgendwann sind Gesellschaften gesättigt, dann beschäftigen sich die Menschen mit dem Schönen und Guten und vielleicht lernen sie Geige zu spielen.

Beckert Das ist wohl eher eine utopische Vorstellung. Normativ kann ich dieser Zukunftsvorstellung einiges abgewinnen. Nicht nur für den Naturschutz, sondern auch aus kulturellen Gründen. Zumindest ab einem bestimmten Lebensstandard ist es ja nicht unbedingt die befriedigendste Lebensform, vor allem materiellen Bedürfnissen nachzugehen. Aber was beobachten wir empirisch? Menschen mögen etwas weniger Fleisch essen oder häufiger mal das Fahrrad benutzen. Aber dafür fliegen sie mehr in den Urlaub, gehen auf Kreuzfahrt oder ziehen in eine größere Wohnung. Nur ganz wenige Menschen reduzieren konsequent ihren Konsum, auch wenn dies, zumindest bei vielen Menschen im globalen Norden, recht einfach ginge. Vergessen dürfen wir aber nicht, dass auch im globalen Norden viele Menschen wenig haben! Aber denken wir vor allem an den globalen Süden, wo ja noch riesige Bevölkerungsteile in Armut leben. Natürlich erwarten diese Länder, zukünftig am Wohlstand teilzuhaben. Nur auf Ressourcenverbrauch verengt müsste man eigentlich den Indern oder den Indonesiern sagen: Nein, ihr dürft eure Wirtschaft nicht weiterentwickeln! Aber das wäre politisch nie durchzusetzen und das könnte doch auch niemand moralisch vertreten. So wird uns das Prinzip des Wachstums weiter dominieren – mit allen Schäden für die Natur.

ADN Über all diese Widersprüche des globalen Kapitalismus haben Sie ein Buch geschrieben. Es heißt »Verkaufte Zukunft«. Wer verkauft unsere Zukunft? An wen? Und wofür?

Beckert Wir alle verkaufen die Zukunft für unser gegenwärtiges Leben, und zwar sowohl für gegenwärtige Gewinne als auch für gegenwärtigen Konsum und auch für politische Macht. Wir zerstören die Gemeingüter der Natur, für wirtschaftlichen Nutzen und Bequemlichkeit in der Gegenwart. Und was wir heute zerstören, steht künftigen Generationen nicht mehr zur Verfügung.

ADN Sie gehen davon aus, dass der Kampf gegen die Klimakrise zu scheitern droht?

Beckert Zumindest halte ich es für Wunschdenken, dass wir die Klimaziele von Paris auch nur annähernd einhalten werden. Daraus ergibt sich, dass wir uns darauf einstellen müssen, bis zum Ende des Jahrhunderts eine Temperaturerhöhung von zweieinhalb oder drei Grad zu erleben. Und daraus wiederum leite ich den Appell ab, dass sich Gesellschaften auf entsprechend veränderte Naturbedingungen einstellen müssen.

ADN Was sollen wir denn tun?

Beckert Das Thema Klima viel wichtiger nehmen, als es momentan im politischen Diskurs geschieht. Im Jahr 2021, als die Regierung auf das Urteil des Bundesverfassungsgerichts hin das deutsche Klimaschutzgesetz verschärft hat, war mein Eindruck, jetzt wird es ernster genommen. Aber inzwischen ist der Impuls in der Politik wieder sehr viel stärker, doch alles auf die lange Bank zu schieben. Dabei müssen wir uns sowohl in Anpassung als auch im Klimaschutz ungeheuer anstrengen, um den Temperaturanstieg so niedrig zu halten wie irgend möglich. Es macht einen Riesenunterschied, ob die Temperaturerhöhung bei 2,3 Grad gestoppt wird oder bei 2,8 Grad.

ADN Sie klingen insgesamt pessimistisch. Was macht Ihnen Hoffnung?

Beckert Die Unvorhersehbarkeit von gesellschaftlichen und technischen Entwicklungen! Wir haben ja vorhin darüber gesprochen, wie ungeheuer schwer der Blick in die Zukunft ist. Und möglicherweise gibt es Entwicklungen, die wir heute gar nicht verstehen, von denen wir gar nichts wissen oder die wir für unbedeutend halten – und die letztendlich doch wichtig sein werden.

ADN Ist das eine Ausflucht ins Prinzipielle? Oder fallen Ihnen Beispiele aus der Vergangenheit ein für solche überraschenden Entwicklungen, die niemand auf dem Schirm hatte und die doch alles verändert haben?

Beckert Revolutionen natürlich! Aber auch der Fall der Berliner Mauer, da hätte doch bis in die Mitte der 1980er Jahre kaum ein Sozialwissenschaftler und kaum ein Politiker sich vorstellen können, wie fragil die Länder Osteuropas tatsächlich waren. Und plötzlich zerfällt das. Es gibt da viele Beispiele auch aus dem Themenbereich unseres Gesprächs. Mein Liebstes ist das Folgende: Noch vor 120 Jahren gab es große internationale Konferenzen zu der Frage, wie man in den Städten mit dem Pferdedreck umgehen könne. Die Städte haben gestunken, weil überall Mist herumlag. Niemand konnte sich vorstellen, dass binnen weniger Jahre Pferde quasi aus dem Straßenverkehr verschwinden würden. Und so gab es damals statt Klimagipfeln Pferdeäpfelgipfel.

DER BEAM

Venedig, Mai 2035. – Es ist Architekturbiennale, aber im deutschen Pavillon der *Mostra Internazionale di Architectura di Venezia* gibt es nichts Greifbares zu sehen. Statt eines Pavillons voller Exponate finden die Besucher nur Klebeband auf dem Boden vor, das den Grundriss einer Wohnung andeutet. Unterschiedliche Farben von Klebeband zeigen, dass er immer wieder überarbeitet worden sein muss: Da wurden Wände verschoben, Räume zusammengelegt, wieder getrennt, umgebaut. Für diejenigen Besucher, die selbst noch keine der angesagten Enhanced-Reality-Digitalbrillen tragen, haben die Veranstalter Leihgeräte parat. Setzt man sich eines auf, wird digital ins Sichtfeld eingeblendet, was hinter dem Immer-wieder-Umbau steckt. Eine immer wieder veränderbare, digitale Wohnung – die ganz unterschiedliche, aber sehr reale Wohnsituationen aus ganz Deutschland zeigt.

Tatsächlich hatte man Ende der 2020er Jahre in Deutschland endlich ernst gemacht mit einem Schlagwort, das lange eher Stoßgebet gewesen war: mit der Circular Economy, der Kreislaufwirtschaft. Schon die damalige Bundesumweltministerin Steffi Lemke hatte sie Anfang des Jahrzehnts beschworen. Aber es dauerte noch ein paar Jahre, bis gute Beispiele auch Schule machten. Und bis die Bauwirtschaft ernst machte. Weit vorne war dabei die Stadt Wuppertal, wo im Jahr 2020 die Bewegung »Circular Valley« ihren Anfang genommen hatte.

In Venedig erfahren architekturaffine Besucher nun viel über das zirkuläre Bauen und wie kreativ das sein kann. Wie Räume schrumpfen und wieder wachsen können, je nach Bedarf der Bewohner. Kommen Kinder, wird die Wohnung in mehr und kleinere Zimmer aufgeteilt oder es kommen aus der Nachbarwohnung noch welche dazu – wo die jungen Erwachsenen gerade ausgezogen sind. Schrumpft der Zimmerbedarf, können Wände wieder entfernt werden. Ein wichtiges Element dieser Bauweise sind Materialien, die man wiederverwerten, umwidmen und recyceln kann.

Die virtuelle Wohnung steht für einen Trend in der Bauwirtschaft, der drei Gründe hatte: Zum einen wurden Rohstoffe wie Sand oder Steine, Eisen und Kupfer immer teuer, das Wiederverwerten lohnte sich also immer mehr. Zum Zweiten wurden die Deponiegebühren fast prohibitiv teuer; ein Haus abreißen und auf den Müll mit den Fenster, Türen und Steinen – das gibt es heute nur noch sehr selten. Und zum dritten setzte die Bundesregierung strenge Recyclingregeln durch, die dafür sorgten, dass Architekten und Bauherren seither nicht mehr an Verbauen und Entsorgen denken, sondern in Kreisläufen. Dass »die« Politik im Bauwesen durch neue Regeln etwas verändert, hat eine lange Tradition. Selten war dieser Bereich der Volkswirtschaft allein dem Markt überlassen worden. Bauen wurden im Gegenteil schon immer stark vom Staat reguliert, etwa durch Baugenehmigungen, durch Regeln fürs Heizen und durch all die vielen Vorschriften für jedes einzelne Gewerk: für die Schornsteinfeger, die Klempner und Maurer. Jetzt gelten eben nur zusätzlich für alle auch noch die Regeln der Kreislaufwirtschaft – und wie Fachleute erleichtert anmerken: Tatsächlich sind dafür einige alte Vorschriften auch gestrichen worden. Das Bauen ist heute einfacher und billiger als in der Vergangenheit.

Die Besucher in Venedig sehen das auch an der Ästhetik. Architektinnen und Architekten setzen die vielen unterschiedlichen Materialen jetzt bedachter ein. Wände und Decken sind dünner als früher – aber trotzdem schalldicht. Türen und Fugen können leicht ein- und ausgebaut werden. Fliesen werden so verklebt, dass sie wieder ablösbar sind. Jeder weiß, dass nur auf Zeit geplant und gebaut wird, dass die einzelnen Wohnungen in der Hülle des Hauses noch viele andere Nutzungen erleben werden.

Und die Bundesregierung erreicht so mittlerweile auch ihre neuen, strengeren Klimaschutzziele im Gebäudesektor.

OUTRO

Ist umweltfreundliches Bauen ein gutes Beispiel für die Innovationsfähigkeit des Kapitalismus oder ein schlechtes? Schließlich funktioniert der Markt beim Wohnungsbau traditionell nur bedingt, schon allein, weil das Angebot an Boden begrenzt ist – eine steigende Nachfrage also kein steigendes Angebot produziert (wie bei Schokolade), sondern vor allem steigende Preise. Und dann ist die Baubranche mit ihren vielen Regeln, den konservativen Akteuren, dem hohen Kostendruck nun auch nicht gerade ein Paradebeispiel für den »freien« Markt. Aber wir haben ja von Beckert gelernt, dass »der freie Markt« sowieso fast nirgends existiert. Immer kommt es auf eine kluge Verbindung von staatlichen Regeln, Markt und privater Initiative an – damit die Ergebnisse gut werden.

Der Beam aus der Bauwirtschaft zeigt also exemplarisch, was gehen könnte und was nicht: Sicher kann man durch neue Regeln der Kreislaufwirtschaft den immer rasanter wachsenden Verbrauch von Rohstoffen eindämmen und damit auch einen Teil der ökologischen Probleme. Zugleich aber bleibt die Frage nach dem Immer-mehr ungelöst: Werden Menschen in immer größeren Wohnungen und Häusern leben wollen, dann nützt das beste Recycling wenig. Denn dann sorgt die steigende Nutzung von Land und Materialien dafür, dass trotz der Kreislaufwirtschaft immer mehr von der Welt verbraucht wird. Und auch die Verteilungsfrage ist weiter offen: Werden aus wiederverwerteten Materialien vor allem große Luxus-Apartments gebaut – und nicht preiswerte Wohnungen für jedermann –, dann ist die schöne neue Welt zwar grün, aber mitnichten fair. Womit sich automatisch die noch viel grundsätzlichere Frage stellt: Wie verteilen wir in einer Welt der schrumpfenden Ressourcen den Wohnraum gerecht? Über den Markt, über den Staat – oder über eine gute Kombination von beiden, also über eine soziale Marktwirtschaft?

Die aber müsste dann sicher anders funktionieren als bisher in Deutschland. Denn zuletzt wurde hier die Wohnungsnot in den Städten immer größer – obwohl statistisch der Wohnraum pro Kopf gestiegen ist. Es wohnen also ganz offensichtlich die reichen Menschen auf immer mehr Platz und die ärmeren müssen immer mehr zusammenrücken. Und auch bei den Klimazielen sah es zuletzt nicht gut aus, die Art, wie wir heizen, sorgt immer noch für viel zu viel CO_2. Das wird sich nicht ändern, solange nicht jedes Jahr die Öl- und Gas-Heizungen in einer großen Zahl von Häusern gegen klimafreundliche Alternativen ausgetauscht werden. Wie schwer das wiederum ist, hat die Debatte um das Gebäudeenergiegesetz (besser bekannt als »Heizungsgesetz«) von Robert Habeck in der vergangenen Legislaturperiode gezeigt. Die Folgen hat der jüngst verstorbene Umweltminister Klaus Töpfer einmal so sehr grundsätzlich zusammengefasst: »Massiv werden Kosten aller Art unseres heutigen Wohlstands auf die Zukunft verschoben.« Töpfer hat das Problem der Gegenwart so beschrieben: »Wir leben in einer Zeit, in der wir immer kurzfristiger handeln, immer schneller entscheiden. Wir leben unter dem Diktat der Kurzfristigkeit – das ist überhaupt keine Frage. Viele unserer Krisen sind Offenbarungseide der Kurzfristigkeit.«

Wäre die Kreislaufwirtschaft die richtige Übung in langfristigem Denken? Schon in den frühen 1990er Jahren galt sie einmal als ein Wundermittel. Damals sollte sie helfen, die wachsenden Berge an Verpackungsmüll abzubauen. Also verabschiedete der Bundestag ein »Kreislaufwirtschaftsgesetz«, das tatsächlich für eine Reihe von Recycling-Anlagen sorgte, das bis heute allerdings auch erlaubt, dass große Mengen des Müll »thermisch recycelt« werden. Was eine freche Umschreibung davon ist, dass wir Plastik einfach verbrennen. Kritiker sagen sogar: Weil wir so viel Müll vermeintlich (!) im Kreislauf nutzen, haben wir uns bei der Müllvermeidung nie wirklich angestrengt. Wir können ja alles in irgendwelche Tonnen werfen, und uns dann gut fühlen, in der irrigen Annahme, dass der Müll ja doch noch irgendwo nutzt. Dass das Hemd jemanden in Afrika kleidet, die Plastikflasche zerkleinert und dann erneut genutzt und das Papier zu Karton verarbeitet wird. Stimmt manchmal, aber eben viel zu selten.

Und trotzdem ist der Gedanke, möglichst viele Materialien wiederzuverwerten, natürlich weiter richtig. Man müsste es nur klüger anstellen – und die Dinge so zusammenschrauben, dass sie wieder auseinandergebaut oder repariert werden können. Lange haben sich viele Hersteller gegen so etwas gewehrt. Doch seit Anfang Juli 2024 gibt es in der EU das »Recht auf Reparatur«. Die entsprechende EU-Richtlinie muss nun in nationales Recht umgesetzt werden. Deutschland hat dafür bis Ende Juni 2026 Zeit. Die Zukunft naht.

Der Teufel liegt im Detail: Das ist möglicherweise die wirkliche Botschaft, wann immer man sich mit dem Kapitalismus und den Krisen beschäftigt. Seine Abschaffung zu fordern ist ebenso leicht, wie ihm unglaubliche Kräfte zuzuschreiben. In Wirklichkeit aber kommt es darauf an, *wie* das System ausgestaltet ist. Wie innovativ nicht nur der Markt ist, sondern auch der Staat. Wie schnell er seine Regeln den neuen Notwendigkeiten anpasst und die Kreativität seiner Menschen fördert. Wie viel Räume für neue Ideen er jenseits der kapitalistischen Verwertung und Immer-mehr-Logik schafft. Wie viel Freiheit jenseits des Marktes.

Wobei diese Freiheit dann anders genutzt werden müsste, als es viele Menschen heute tun. Denn auch das ist ja eines der heutigen Probleme: Dass Freiheit für viele Menschen vor allem bedeutet, »dass ich sozusagen immer auf dem jeweils neuesten Stand sein darf, auf dem die Konsumwelt ist, dass ich ein immer schnelleres Auto habe, dass mein Kind auf noch mehr Quadratmetern lebt usw. usf.« Die Historikerin Hedwig Richter hat das gesagt, in einer Episode des Krisenpodcast, in dem es um »Demokratie und Revolution« ging, aber vor allem auch darum, wie wir mit der Welt besser umgehen können. »Ein ganz zentraler Punkt dieser Krise ist, dass wir inzwischen eine Vorstellung von Freiheit haben, die sich eben letzten Endes gegen die Demokratie richtet, und damit auch gegen die Freiheit. Weil wir so einfach die Ökologie zerstören.«

Man könnte auch sagen: Je mehr sich die Menschen nur noch der Logik des Kapitalismus unterwerfen, desto schlechter können sie die Früchte genießen, für die er unzweifelhaft sorgt.

10

DIE GERECHTIGKEIT

Wie auch eine Welt voller Krisen gerechter werden kann

DIE ZAHL

34 Prozent der Menschen sagen: Das Einkommen in Deutschland ist gerecht verteilt. Gibt es genug Generationengerechtigkeit? Ja sagen da nur 27 Prozent. Gibt es Verteilungsgerechtigkeit? Ja sagen da noch weniger, nur 17 Prozent. Die Mehrheit der Bürgerinnen und Bürger findet also, dass es in Deutschland ungerecht zugeht.

DAS INTRO

Stellen Sie sich vor, eine ferne Tante würde Ihnen 100 Millionen Euro vererben. Wie viel davon sollten Sie behalten dürfen, wie viel der Allgemeinheit abgeben? Stünde Ihnen das Geld überhaupt zu? Ist es vertretbar, ein so großes Vermögen zu besitzen – geschweige denn, es zu erben?

Menschen kämpfen seit Jahrhunderten für eine gerechte Welt. Im Namen der Gerechtigkeit wurden Kriege geführt und Revolutionen ausgerufen. Und dennoch ist die Frage, wann Ungleichheit zur Ungerechtigkeit wird, bis heute umstritten. Ebenso lang wird diskutiert, was wie verteilt oder umverteilt werden sollte, und welche Politik dafür wohl die richtige sei. Dass die Debatte über die richtige Verteilungspolitik heute wieder aktueller denn je ist, hat einen einfachen, materiellen Grund: Nicht nur besitzen wenige Reiche immer mehr von der Welt. Auch in Deutschland sind die Vermögen immer ungleicher verteilt. Das liegt auch daran, dass kleine Gruppen ihre Interessen besser durchsetzen können als große Gruppen – wie einst der US-amerikanische Wirtschaftswissenschaftler Mancur Olson belegte.

Heute ist allerdings zu den klassischen Dimensionen der Gerechtigkeit eine weitere hinzugekommen und verändert die Debatte grundsätzlich: Die Frage, wie man die Erde gerecht zwischen den Generationen verteilen kann. Erst die Tatsache, dass wir ständig mehr von der Erde verbrauchen, als sich regenerieren kann, hat dieses Problem geschaffen. Dass wir heute jedes Jahr stärker an die planetaren Grenzen stoßen, schmälert nicht nur die Chance der kommenden Generation auf ein gutes Leben. Die Zerstörung der Natur kostet das Gemeinwesen heute schon Milliarden Euro, die damit nicht mehr für die kommenden Generationen zur Verfügung stehen, weil Dämme gebaut, Flutschäden repariert und Ernteausfälle durch Dürren kompensiert werden müssen.

Die Chancen künftiger Generationen zu rauben – auch das ist eine Dimension von Gerechtigkeit. Oder von Ungerechtigkeit.

Lange konnten Bundesregierungen hierzulande die Gerechtigkeitsfrage dadurch umgehen, dass sie einfach mehr verteilten, weil es immer mehr zu verteilen gab. Durch neue Ideen, Verfahren und Produkte wurde mehr Geld verdient. Also stiegen die Löhne, Gehälter und auch die Steuereinnahmen, und ein Teil davon wurde umverteilt. So wuchs der Wohlstand für (fast) alle. Regierungen mussten niemandem etwas nehmen, während viele mehr bekamen. Gefüttert wurde diese Immer-mehr-Maschinerie (außer von kräftiger Nachfrage der Amerikaner und Chinesen nach deutschen Produkten) durch einen steten Zufluss billiger fossiler Energie (aus Russland) und billiger Rohstoffe (aus dem globalen Süden). Dieser Naturverbrauch aber kann in einer endlichen Welt nicht mehr unendlich funktionieren, das spüren wir immer stärker: Ganze

Ökosysteme geraten an den Rand ihrer Belastbarkeit und die Atmosphäre kann nicht unendlich als Müllkippe für Kohlendioxid benutzt werden.

In der Klimapolitik ist eine Lösung der Preis. Wer CO_2 in die Luft bläst, muss dafür bezahlen. In Deutschland und in der EU gibt es so ein System, auch wenn die Preise längst nicht hoch genug sind, um die Naturzerstörung zu verhindern. In vielen anderen Ländern aber gibt es bisher keinen Preis für den Ausstoß von Treibhausgasen, und eine internationale Regelung liegt heute, nach der Rückkehr von Donald Trump, ferner denn je. Schon bisher scheiterte sie doch daran, dass sie den Westen, die reichen Länder, sehr viel Geld kosten würde. Global gerecht wäre es nämlich, wenn Industrieländer, die schon sehr lange und viel mehr Treibhausgase als arme Länder emittieren, schneller reduzieren und mehr für ihre CO_2-Emissionen bezahlen würden. Mehr Gerechtigkeit würde in diesem Fall also Umverteilung zwischen den Nationen bedeuten. Und das wäre erst der Anfang.

Gerechtigkeit muss in Zeiten begrenzter Ressourcen auch innerhalb von Gesellschaften neu gedacht werden. Was von der Welt steht den Reichen in Deutschland zu, wie viel den Armen? Wie viel Gleichheit ist zu viel, wann wird sie zur Gleichmacherei? Wie viel Umverteilung ist fair, wie viel davon ist für die Stabilität einer Gesellschaft sogar notwendig? Noch komplizierter wird es, denkt man auch an eine gerechte Verteilung zwischen den Generationen. Welche Teile der Welt dürfen wir noch benutzen und verbrauchen, was sollte für unsere Enkel, was für die Ururenkel übrig bleiben?

Inzwischen beschäftigen solche Fragen nicht mehr nur die Wissenschaft, sondern auch die Politik. Sie sind beispielsweise Teil der Diskussion über eine Energiewende. Wer soll die Kosten des Umbaus von Industrie, Autos und Heizungskellern tragen? Wie kann man verhindern, dass die Reichen noch reicher werden und die Armen ärmer – auch weil das irgendwann die Demokratie gefährdet. »Toxischen Reichtum« hat das der Start-up-Gründer Sebastian Klein genannt, der sein Millionenvermögen in eine gemeinwohlorientierte Stiftung steckte und seitdem für eine gerechte Besteuerung eintritt. Die Milliardäre, die in den USA gemeinsam mit Trump die Politik bestimmen, würden über so eine Idee wahrscheinlich nur müde lächeln.

In den USA ist im Januar ja nicht nur ein reicher Immobilienunternehmer im Kreise von Milliardären vereidigt worden. Die ganz besonders Superreichen aus dem Silicon Valley waren dabei auch so platziert, dass das neue Kabinett des Präsidenten zu ihnen hochschauen musste. Doch was diesmal so überdeutlich demonstriert wurde, war nichts wirklich Neues. Steuergeschenke für die Reichen und Superreichen hatten schon Donald Trumps erste Präsidentschaft geprägt. Während seiner zweiten dürfte sich die Schere zwischen armen und reichen Amerikanern noch weiter öffnen. Aber auch in Deutschland müsste es ein Alarmzeichen sein, wenn (siehe oben) bei drei Fragen nur zwischen einem Drittel und einem Sechstel der Bevölkerung sagt: »Ja, da geht es hier gerecht zu.« Wie lange mag es da noch dauern, bis sich die anderen, die Ungerechtigkeit spüren, vom Gemeinwesen abwenden?

DER EXPERTE

Norbert Walter-Borjans war von 2019 bis 2021 Co-Vorsitzender der SPD. Deutlich länger, von 2010 bis 2017, war er Finanzminister des Bundeslandes Nordrhein-Westfalen. Damals wurde er durch einen sehr konkreten Streit um Gerechtigkeit bundesweit bekannt. Walter-Borjans hatte nämlich einen Datensatz gekauft, der Informationen über Bürgerinnen und Bürger enthielt, die sich der Steuerpflicht entzogen hatten. Als Co-Parteichef zählte Walter-Borjans zu den Parteilinken in der SPD. Sein Blick darauf, was gerecht ist und was nicht, geht aber längst hinaus über klassische Verteilungsfragen, wie sie zwischen Arbeitgebern und Arbeitnehmern herrschen. Heute denkt er auch darüber nach, wie die Welt trotz Polykrise gerechter werden kann.

DAS GESPRÄCH

Auch das noch Herr Walter-Borjans, wenn auf einer Skala von eins bis zehn die Eins für sehr ungerecht steht und die Zehn für sehr gerecht, wo ordnen Sie die Bundesrepublik ein?

Norbert Walter-Borjans Im weltweiten Vergleich gibt es sicher schlimmere Fälle als Deutschland, aber wir sind definitiv weit vom Ideal entfernt. Deshalb würde ich sagen, wir liegen etwa bei einer Sechs, also im Mittelfeld.

ADN Wir haben zwei große und teure Krisen hinter uns, die Pandemie und die Energiekrise infolge des russischen Angriffs auf die Ukraine. Hat der Staat die Lasten dieser Krisen gerecht verteilt?

Walter-Borjans Vieles wurde gut gemeistert. Allerdings bietet die Unübersichtlichkeit von Krisen immer Raum für schamlose Profiteure. Der Umgang damit war mir zu nachlässig. Auch das schafft Ungerechtigkeit.

ADN In einer Marktwirtschaft geht es letztlich immer ums Geld – darum, wer wie viel hat. Also messen Menschen Gerechtigkeit sehr wohl daran, wie viel sie vom Kuchen abbekommen.

Walter-Borjans Das ist aber nicht alles. Bei der Frage, was gerecht ist, bleibt es wichtig, auch Werte zu betrachten, die für eine Gesellschaft im Gleichgewicht ausschlaggebend sind, beispielsweise der Zugang zu Bildung. Oder ob alle in der Lage sind, ein anständiges Leben zu führen – nicht nur im Inland, sondern auch da, wo unsere Güter herkommen. Bekommen Kinder die richtige Förderung, wenn sie über Talente verfügen, oder hängt alles davon ab, wie dick das Portemonnaie der Eltern ist? Gerechtigkeit ist kein objektives und rein materielles Kriterium. Ich kann sie nicht einfach messen und in Euro umrechnen und sagen: Erreicht oder nicht erreicht.

Gerechtigkeit ergibt sich nicht von selbst. Der ehemalige NRW-Ministerpräsident und spätere Bundespräsident Johannes Rau, dessen Regierungssprecher ich war, hat einen Satz gesagt, den ich immer mit mir trage: Wer alles dem Markt überlässt und keine Regeln, keinen Rahmen setzt, der kennt am Ende von allem den Preis, aber von nichts den Wert.

ADN Zumindest in der politischen Debatte wird dennoch Geld als Indikator für Ungerechtigkeit genommen. Oft mit dem Hinweis auf die Statistik, dass die Vermögen immer ungleicher verteilt sind. Ist diese Analyse korrekt?

Walter-Borjans Ja, weil das, was wenige zunehmend anhäufen, eben nicht allen nutzt, sondern am anderen Ende vielen fehlt. Fünf Prozent der Bevölkerung in Deutschland besitzen so viel vom Gesamtvermögen wie die übrigen 95 Prozent. Die vererben ihre großen Vermögen von Generation zu Generation. Rund 400 Milliarden Euro werden jedes Jahr vererbt oder vor dem Tod verschenkt. Die Hälfte dessen wurde vorher schon geerbt. Die Kinder derer, die viel hatten, haben also auch wieder viel und können daraus noch mehr machen. Auf der anderen Seite erbt gut die Hälfte der Bevölkerung gar nichts. Dadurch wird unser Land immer ungleicher und – was die Chancen angeht – auch ungerechter. Das kann eine ganze Weile gut gehen, solange es noch eine stabile Mitte gibt, aber irgendwann wird es gefährlich.

ADN Könnte es jetzt gerade gefährlich werden?

Walter-Borjans Ja, in vielerlei Hinsicht. In Bezug auf den finanziellen Wohlstand befinden wir uns an einem kritischen Punkt. Denn wir haben gerade eine Inflation erlebt, die den kleinen, wohlhabenden Teil der Bevölkerung in seinem Lebensstandard nicht beeinträchtigt hat. Ein großer Teil der Menschen leidet aber stark darunter. Hinzu kommt die Krise der Migration. Weltweit gibt es wieder mehr kriegerische Konflikte und soziale Unruhen – übrigens nicht selten in Gegenden, die billig für die hiesige Wirtschaft produzieren. Und wir durchleben die Klimakrise. Ein großes Problem ist, dass wir zu lange viel zu wenig auf die Welt als Ganzes und die Zukunft geachtet haben. Wir haben unsere Stabilität und den Wohlstand in der Mitte unserer Gesellschaft mit Ignoranz erkauft. Wir waren und sind viel zu ignorant gegenüber der globalen Ungerechtigkeit und auch gegenüber der im eigenen Land. Und auch gegenüber der Natur.

ADN Lassen Sie uns das ins echte Leben übersetzen: Sie sagen, dass die Bedürfnisse der Mittelschicht erstens durch Ausbeutung in armen Ländern befriedigt werden? Zweitens dadurch, dass hierzulande eine Unterschicht schlecht bezahlter Menschen für wenig Geld die Wohnungen und Büros putzt und unliebsame Jobs macht? Und drittens, weil wir die Natur ausbeuten?

Walter-Borjans Würde Fleisch mit mehr Rücksicht auf das Tierwohl produziert, wäre es teurer. Würden Textilien fairer hergestellt, wären sie teurer. Nähmen wir die Klimakrise ernst, müssten wir anders fahren, anders heizen, auch anders produzieren. Vieles würde teurer, zahlten wir die wirklichen Kosten. Ohne Ausgleich gäbe es also Einschränkungen. Ließe man das allein den Markt über Preise regeln, träfe das vor allem Klein- und Durchschnittsverdiener. Die Ungleichheit würde also noch größer. Wenn die oft zitierte Mitte ihren Lebensstandard nicht weiter auf dem Rücken der Natur und der Schwachen hierzulande und anderswo sichern will, müssen die wahren Profiteure der Schieflage für den Ausgleich sorgen.

ADN Das klingt wie ein Plädoyer für eine höhere Besteuerung von Reichtum und Vermögen.

Walter-Borjans Die steuerliche Belastung der höchsten Einkommen und erst recht der Megavermögen in Deutschland war noch nie so niedrig wie heute. Lassen wir das so, gefährden wir den sozialen Zusammenhalt.

ADN Das Argument gegen eine höhere Besteuerung der Reichen lautet, dass die dann einfach auswandern würden.

Walter-Borjans Ich bin nicht naiv und verstehe, dass die Mächtigen und Superreichen diese Freiheiten haben. Insofern ist ein Politiker in seinen Entscheidungen nicht völlig frei. Dazu kommt: Diese Leute kennen kurze Wege in die Politik und können ihre Interessen besser vertreten als die meisten Bürger. Davor muss man aber nicht kapitulieren.

ADN Der Ökonom Mancur Olson hat bewiesen, dass kleine Gruppen einen viel größeren Einfluss auf die Politik haben als große, weil sie ihre Interessen viel zielgenauer formulieren können. Man kann das so übersetzen: Ein paar Konzernchefs sitzen schnell im Kanzleramt, sechs Millionen Gewerkschaftsmitglieder eher nicht. Wie kann denn in so einer Lage eine gerechtere Verteilung von Wohlstand gelingen?

Walter-Borjans Durch eine breitere Debatte darüber, wo und durch wen Wohlstand eigentlich entsteht. Und dann: Wie kann dieser Wohlstand gerechter verteilt werden? Zwischen Arbeitgebern und Arbeitnehmern zum Beispiel. Die Umverteilung über Steuern wird ja besonders deshalb notwendig, weil Arbeit immer ungleicher entlohnt wird. Aber eben auch international. Dass wieder über Zölle geredet wird, hat ja auch mit einem als ungerecht empfundenen internationalen Lohngefälle zu tun.

ADN Unter anderem die USA werfen uns vor, mit Hilfe von Dumpinglöhnen zu billig zu produzieren. Ihre Antwort?

Walter-Borjans Wir bilden uns ein, wir produzieren für die Welt und werden dadurch zu Recht immer reicher. Das ist aber Unsinn. Wenn ein Staat so dramatische Exportüberschüsse hat wie Deutschland, dann macht er Jahr für Jahr mehr Umsatz im Ausland als andere bei ihm. Der Exportüberschuss sorgt damit für Jobs hierzulande, aber im Grund geben wir anderen Ländern Kredit – die kaufen quasi auf Pump bei uns. Dauerhaft kann die Weltwirtschaft so nicht funktionieren, oder besser: Das lassen die anderen nicht zu.

ADN Un*ausgeglichen* ist das ohne Frage, aber auch un*gerecht*? Das Ausland bekommt doch einen reellen Gegenwert dafür.

Walter-Borjans Wie toll die anderen unser jahrzehntelanges Erfolgsmodell finden, erleben wir gerade in China und den USA gleichermaßen. Beide versuchen auf ihre jeweils eigene Art, Produktion, Arbeitsplätze und Gewinne ins eigene Land zu holen. Zugleich schließen sich rohstoffproduzierende Staaten zusammen, um einen besseren Preis für ihre Produkte zu erhalten. Dass wir das jetzt ungerecht finden, ist fast ein bisschen zynisch. Noch mal: Wenn diese unausweichliche Korrektur bei uns nicht allein unten und in der Mitte hängen bleiben soll, müssen die da oben etwas abgeben.

ADN Der Begriff »Exportweltmeister« ist bei uns sehr positiv besetzt. Aber so, wie Sie darüber sprechen, wirkt es, als sei das über Jahrzehnte falsch gewesen: Wir profitieren von globaler Ungerechtigkeit und fühlen uns zugleich zu Unrecht reich. Wie passt in dieses komplizierte Bild jetzt noch das Ökologische hinein?

Walter-Borjans Die Ruhe in der Mittelschicht ist dadurch bewahrt und erkauft worden, dass die Lasten, die eigentlich wir alle hätten tragen müssen, nach woanders verschoben worden sind – in die restliche Welt und in die Zukunft. Das eine ist nicht unabhängig vom anderen: Wir konsumieren billig, weil wir die Lasten in andere Länder verschieben. Dort aber kann oft nur deswegen so billig produziert werden, weil auf Menschen, Umwelt und Klima weniger Rücksicht genommen wird als bei uns. Aber das geht auf Dauer nicht gut, weil die Folgen des Klimawandels auch uns treffen. Die klimatischen Veränderungen werden Teile der Welt bald schon so stark betreffen, dass daraus das nächste große Problem erwächst: noch mehr Migration, wenn viele Millionen Menschen ihre Heimat verlassen müssen und dann zu uns wollen.

ADN Was wäre die Lösung?

Walter-Borjans Es gab viel Streit darüber, ob diejenigen, die für mehr Klimaschutz auf die Straße gingen oder sich dort gar festklebten, im Recht oder im Unrecht waren. Ich glaube, dass diese Leute einen wichtigen Impuls gegeben haben. Sie haben uns vor Augen geführt, dass wir zu behäbig sind. Gleichzeitig fürchte ich, dass bei zu radikalen Veränderungen ein großer Teil der Gesellschaft nicht mitspielen würde. Wir müssen aber beispielsweise die Energiewende beschleunigen, brauchen schnell mehr Windräder und Stromtrassen. Dafür muss sich der Föderalismus ändern. Wie wollen wir erneuerbare Energien dort hinbekommen, wo wir sie brauchen, wenn jeder Gartenbesitzer jahrelang prozessieren darf, weil eine Stromtrasse in seiner Nähe verläuft?

ADN Haben sich die Regierenden davor gedrückt, den Menschen zu sagen, dass es viel kosten wird, unser Klima und damit die Zukunft besser zu schützen?

Walter-Borjans Mehr Umweltschutz, mehr soziale Gerechtigkeit und mehr internationale Gerechtigkeit wird etwas kosten. Das

Leben wird teurer, Essen, Heizen, Reisen und Kleidung werden teurer. Die Frage ist eben: Geht das zwangsläufig zu Lasten der großen Mehrheit, während sich der gesellschaftliche Reichtum immer mehr auf die Profiteure der Schieflage konzentriert? Wir müssen durch eine Korrektur der Verteilung des gesellschaftlichen Reichtums sicherstellen, dass ehrliche Preise nicht ausschließlich zu Einschränkungen bei kleinen und mittleren Einkommen führen, während sich für andere nicht einmal dann etwas ändern würde, wenn die Lebenshaltung doppelt so teuer wäre wie bisher. Die Begründung für Umverteilung ist nicht Neid, sondern die Erkenntnis, dass nur eine Gesellschaft stabil bleibt, die allen ein auskömmliches Leben sichert. Wir sind in Deutschland verglichen mit dem Rest der Welt nach wie vor ziemlich reich. Deswegen bin ich auch sicher, dass wir die Kosten so verteilen könnten, dass sie für alle Menschen und die Wirtschaft tragbar bleiben – und dass es sich gerade deshalb weiter lohnt, hier zu forschen, zu entwickeln und zu produzieren.

ADN Schon bei der Einführung eines Mindestlohns warnten viele Arbeitgeber und Ökonomen, das sei der Untergang des Wirtschaftsstandorts Deutschland.

Walter-Borjans Es wurde behauptet, dass durch die Einführung des Mindestlohns massenhaft Arbeitsplätze verschwinden würden. Aber was ist das für ein Verständnis von Marktwirtschaft? Warum sollte der Staat mit dem Geld der Steuerzahler da einspringen, wo Arbeitgeber nicht angemessen entlohnen? Wir haben den Mindestlohn gegen heftigen Widerstand durchgesetzt und er funktioniert. Heute stellt ihn kaum noch jemand infrage. Es ist gerechter, für angemessene Bezahlung von Arbeit zu sorgen, als die Allgemeinheit dafür zahlen zu lassen.

ADN Was fällt Ihnen zum Wort Verzicht ein?

Walter-Borjans Das ist ein Begriff, den man nicht grundsätzlich negativ sehen sollte. Natürlich können einige Menschen leichter verzichten als andere. Für mich, der ich in einer finanziell guten Lage bin und in der Großstadt genügend Alternativen habe, ist es leicht, auf das Auto zu verzichten. Ich kann umweltfreundlich reisen und mir eine Bahncard kaufen. Aber wir dürfen nicht vergessen, dass es Menschen gibt, die keine andere Möglichkeit haben, als mit dem Auto zur Arbeit zu gelangen, und die einen kleinen Urlaub als kleine Flucht aus ihrem Arbeitsleben brauchen. Verzicht kann eine positive Sache sein. Aber es kann auch schnell arrogant werden, wenn jemand anderen vorschreibt, worauf sie verzichten sollen.

ADN Hilft Verzicht denn im Kampf gegen die Klimakrise oder lenkt er nur vom Eigentlichen ab?

Walter-Borjans Bei der Klimakrise wissen wir, dass weniger Energieverbrauch oft effektiver ist als die Erzeugung von Energie auf andere Weise. Wir werden also zwangsläufig über Verzicht nachdenken müssen. Wir brauchen ein schärferes Bewusstsein dafür, wo weniger am Ende mehr für uns und unsere Kinder ist als die brüske Ablehnung jeder Form von Verhaltensänderung. Damit das nicht erst nach bitteren Erfahrungen passiert, muss die Politik den Mut aufbringen, Regeln zu setzen – und ihre Notwendigkeit zu erklären.

DER BEAM

Berlin, 12. März 2035. – Der Bundestag hat heute die größte Steuerreform der vergangenen Jahrzehnte umgesetzt. Die Reform erregt weltweit Aufsehen, denn die Bundesrepublik hat als erster Staat der Welt ihr Steuersystem komplett ökologisiert. Ab sofort wird es keine umweltschädlichen Subventionen mehr geben, keine steuerlichen Anreize für Schädliches. Mehr als 65 Milliarden Euro spart der Staat ab sofort jedes Jahr allein durch das Ende dieser Zuschüsse. Wichtiger aber ist die neue Lenkungswirkung der Steuern. Künftig werden Produkte und Dienstleistungen entsprechend ihrer CO_2-Intensität und ihres Naturverbrauchs besteuert. Das verändert den Alltag und den Konsum sofort: Fleisch wird deutlich teurer. Hafermilch kostet künftig nicht wie bisher mehr, sondern weniger als Kuhmilch, und Bio-Hafermilch ist noch einmal billiger als konventionell produzierte. Dicke Autos werden sehr viel teurer, und zwar nicht nur im Betrieb. Da schon bei der Herstellung viel Natur verbraucht wird, kostet auch die Anschaffung sehr viel mehr. Der öffentliche Nahverkehr hingegen wird in vielen Orten kostenlos. Eine kluge Ökonomin bringt die Veränderung auf die Formel: »Alles Schonende wird sich auch lohnen!«

Zunächst hatte es viel Kritik an der Reform gegeben, vor allem grundsätzlich an der vermeintlichen »Bevormundung« durch den Staat. Und konkret daran, dass oft mit Näherungswerten gerechnet werden muss. Naturverbrauch lässt sich in vielen Fällen nicht ganz genau in Kosten übersetzen. Wie viel die Zerstörung einer Streuobstwiese wert ist, kann man nur schätzen. Die Regierungskoalition argumentierte, dass der Nutzen der neuen umweltgerechten Besteuerung mögliche Ungenauigkeiten bei der Berechnung wettmache.

Initiiert hat den fiskalpolitischen Realitätscheck ausgerechnet eine junge Frau, die amtierende liberale Finanzministerin. Nach dem Rückzug von Christian Lindner aus der Politik hatte die studierte Volkswirtin in der FDP schnell Karriere gemacht. In kleinen Parteien fällt das immer noch deutlich leichter als in großen.

Sie hatte neues Denken in die Mitte der erschütterten Liberalen hineingetragen, das marktwirtschaftlichen und ökologischen Pragmatismus miteinander kombiniert. Es müsse nicht nur umweltschädliches Verhalten teuer und umweltfreundliches billig werden, so die Ministerin: Der Staat müsse dabei auch für Tempo sorgen, und zwar durch ein »ökoliberales Steuersystem«. Ein Jahrzehnt zuvor hätte man so etwas höchstens als Gedankensplitter bei den Grünen gefunden.

Doch nicht nur die Liberalen haben sich modernisiert. Auch beim Koalitionspartner, den Sozialdemokraten, ist nun eine Generation an der Macht, die die Klimakrise neu betrachtet – als soziale Frage, und damit als ein Problem ihrer potenziellen Wählerinnen und Wähler. Denn erstens treffen Wetterextreme und Umweltverschmutzung die Menschen mit niedrigem Einkommen besonders. Zweitens sind diese viel weniger für die Zerstörung verantwortlich. Und drittens wurden sie bisher für die Folgekosten überproportional zur Kasse gebeten – beispielsweise dadurch, dass die umweltbedingten Gesundheitskosten von den gesetzlichen Krankenkassen getragen werden mussten. Auch das ändert sich jetzt. Kosten für Krankheiten, die beispielsweise durch Luftverschmutzung verursacht wurden, werden nun auf die Verursacher umgelegt: auf diejenigen, die für Abgase und Feinstaub verantwortlich sind. Durch die Digitalisierung geht das immer genauer. Mithilfe von KI lassen sich Schäden sehr genau den Verursachern zurechnen.

»Steuern steuern endlich«, sagt die Finanzministerin. So wird im Jahr 2035, acht Jahrzehnte nach dem legendären CDU-Wirtschaftsminister Ludwig Erhard, ausgerechnet eine rot-gelbe Bundesregierung zur Mutter einer »ökologisch-sozialen Marktwirtschaft«.

OUTRO

Die Gerechtigkeitsfrage ist in der Polykrise weder leichter noch schwerer als früher zu beantworten. Sie stellt sich anders. Um noch einmal auf das Eingangsbeispiel der reichen Erbtante zurückzukommen: Diesen Fall hätte man wohl früher im Präteritum und im Präsens verhandelt. Die Vergangenheit hätte man befragen können, wie die Tante zu ihrem sagenhaften Reichtum gekommen ist, ob sie von Ausbeutung oder gar Unrecht profitiert hat. (Hatte etwa der Großvater der Tante gute Verbindungen zum NS-Staat?) In der Gegenwart hätte sich der Vergleich zwischen dem Geld der Tante und der Armut in der Gesellschaft aufgedrängt. (Leistete die Tante einen ihrem Vermögen angemessenen Beitrag? Oder hat sie vielmehr Steuerdiebstahl begangen?) Neben dem *juristischen* Befund, dass dem beispielhaften Erbe in dieser Geschichte der tantige Nachlass fraglos zusteht, wäre man da womöglich zu einem anderen *moralischen* Urteil gelangt.

Heute aber reichen all diese Gedankenspiele nicht mehr, um zu einem zeitgemäßen Urteil zu kommen. Heute ist keine Gerechtigskeitsdiskussion ohne jene zeitliche Dimension denkbar, auf welche die Polykrise andauernd verweist: die Zukunft. Immer klarer wird uns mit jeder Flutkatastrophe, jeder Hitzewelle, jeder Hungersnot und jeder Dürre, dass wir für die künftigen Folgen des heutigen Handelns verantwortlich sind. Wenn also die Freiheiten künftiger Generationen durch die heutigen Fehler bedroht sind, wenn nur entschiedenes gemeinsames Handeln das Überleben der Enkel sichern kann, dann kann das nicht ohne Bedeutung für den grotesken Reichtum der Wenigen bleiben.

Schlechte Karten für den Erben der Tante wären also gute Nachrichten für die Erben der Erde.

11

DER VERKEHR

Wie wir das War-schon-immer-so infrage stellen können

DIE ZAHL

49 Millionen Autos sind in Deutschland zugelassen. Das sind 580 Autos pro 1000 Einwohnerinnen und Einwohner, und das bedeutet: Jeder Deutsche kann statistisch gesehen auf dem Vordersitz eines Autos Platz nehmen. Gleichzeitig entstehen im Verkehrssektor rund ein Fünftel aller Emissionen der Bundesrepublik, und dieser Sektor ist (neben den Gebäuden) auch derjenige, in dem regelmäßig die deutschen Klimaschutzziele verfehlt werden, und zwar deutlich. Hier wurde seit 1990 erheblich weniger reduziert als in anderen Bereichen. Und den größten Anteil an den Verkehrsemissionen hat – der Pkw.

DAS INTRO

Verkehr ist eine merkwürdige Angelegenheit. Jeder ärgert sich darüber, und das fast jeden Tag. Dennoch ändert sich nur sehr, sehr wenig daran – jedenfalls in Deutschland. Was vielleicht damit zu tun hat, dass viele Menschen zwar im Stau stehen, sich aber dabei nicht selbst als Teil des Staus, also als Teil des Problems fühlen. Verkehrshindernisse sind immer die anderen, die einem mit ihrem Auto oder eben per Rad, Bus oder zu Fuß den Weg versperren.

Und noch etwas ist merkwürdig: Zwar wird viel über Staus, Abgase und die Mengen an Autos geschimpft, immer wieder wird in der Politik über die Verkehrswende debattiert, ein Tempolimit, die Klimaschädlichkeit der vielen Autos oder den immensen Platzverbrauch. Am Kaufverhalten hat sich jedoch wenig geändert. Die Zahl der zugelassenen Pkw ist in den vergangenen zehn Jahren durchgehend gestiegen. Längst geht der Trend in so mancher Familie zum Zweit- oder Drittwagen. Und anders als in anderen europäischen Ländern fahren auf deutschen Straßen heute noch über 90 Prozent der Autos mit Diesel oder Benzin, was ein riesiges Problem fürs Klima ist.

Ein Fünftel der deutschen CO_2-Emissionen geht auf das Konto des Verkehrs. Der Expertenrat Klima, ein Beratungsgremium der vergangenen Bundesregierung, hat berechnet: Wollte die Politik ihre eigenen Klimaziele erreichen, müsste sie ihre Anstrengungen verdreißigfachen. Die nötigen politischen Maßnahmen sind bekannt: Die Politik müsste dafür sorgen, dass sich die Konsumenten beim Kauf eines neuen Wagens viel häufiger für ein E-Auto entscheiden, sei es durch Kaufprämien, sei es durch den Ausbau des Ladenetzes. Sie müsste das Bahnnetz zuverlässiger machen und das Bahnfahren billiger. Sie müsste Menschen dazu bringen, in großer Zahl vom Auto auf Bus, Bahn oder Rad umzusteigen. Und sie müsste das Fliegen viel, viel teurer machen – schließlich ist kein anderes Fortbewegungsmittel so schlecht fürs Klima wie das Flugzeug. All das passiert jedoch in Deutschland nicht oder nur sehr langsam. Nur, warum ist das so? Eine, eigentlich sogar zwei Erklärungen dafür hat uns Belit Onay gegeben, der Oberbürgermeister von Hannover. Nach dem Zweiten Weltkrieg habe der damalige Stadtbaurat Rudolf Hillebrecht die zerstörte Metropole nach neuen Vorstellungen wieder aufgebaut. »Es war klar, das Auto steht im Fokus jeglicher städtischer Planungen. Das hat man brutalst durchgesetzt«, sagte Onay im Krisenpodcast. Und das längst nicht nur in Hannover. In Köln wurde die Nord-Süd-Fahrt durch die Innenstadt geschlagen, in Hamburg die sechsspurige Ost-West-Straße, die heute

Willy-Brandt-Straße heißt. Und in Berlin wird heute am teuersten Autobahnabschnitt der Republik gebaut, der A100 von Berlin-Neukölln nach Prenzlauer Berg. Eine aktuelle Schätzung geht von umgerechnet rund 246 000 Euro pro Meter Straße aus. Breite Verkehrsschneisen, zugeschnitten auf die Bedürfnisse des Individualverkehrs, prägen bis heute so manche Stadt, und nur hier und da versuchen sich mutige Menschen in der Kommunalpolitik an einem Rückbau der Infrastruktur, um mehr Raum für Menschen zu schaffen, die zu Fuß unterwegs sind oder mit dem Rad. So wie Onay, er war Ende 2019, auf dem Höhepunkt der Fridays-for-Future-Bewegung, gewählt worden mit dem Versprechen, die Innenstadt nahezu autofrei zu machen, dafür neue Radwege und besseren Nahverkehr bis ins Umland zu schaffen. Aber zwischen seinem Besuch in unserem Podcast-Studio Ende 2023 und der Veröffentlichung der Episode Anfang 2024 kam ihm dann die Koalitionspartnerin abhanden und damit die Mehrheit: Die SPD hatte die Koalition mit Onays Grünen im Streit um die Verkehrspolitik verlassen. Sie hatte wohl schlicht Angst, es sich mit der Autolobby zu verderben – und auch vor dem möglichen Erfolg des Grünen.

Einen weiteren Grund für Deutschlands Schneckentempo bei der Verkehrswende formulierte der Präsident des Umweltbundesamtes (UBA), Dirk Messner, im Krisenpodcast: Ein Land, dessen auf Verbrennermotoren fußende Autoindustrie »Weltklasse« sei und die quasi eine »Gelddruckmaschine« darstelle, habe vielleicht einfach kein so starkes Interesse daran, die Elektrifizierung des Verkehrs voranzubringen. »Die Vergangenheitsinteressen sind immer besser organisiert als die Zukunftsinteressen«, sagte Messner, schließlich müssten die Akteure der Zukunft ja überhaupt erst einmal entstehen und sich organisieren.

Dabei zeigen andere Länder längst, dass da etwas geht. In Norwegen kann man lernen, wie der Umstieg aufs E-Auto funktioniert. Österreich und die Schweiz zeigen, dass Bahnen pünktlich und zuverlässig sein können – was den Umstieg leichter macht. Städte wie Paris, Kopenhagen, London, Tallinn und Luxemburg werden immer schöner, seit sie den öffentlichen Raum weniger für Parkplätze und Autostraßen nutzen – und die Menschen trotzdem schnell (dank Bussen, Rädern und Straßenbahnen) vorankommen. Hat Deutschland also ein besonderes Problem?

DER EXPERTE

Andreas Knie ist Soziologieprofessor an der Technischen Universität Berlin und erforscht am Wissenschaftszentrum Berlin für Sozialforschung (WZB), wie Verkehr modern organisiert werden sollte. Er gehört zum Rat des ThinkTanks Agora Verkehrswende. Knie selbst hatte einst, wie er sagt, ein »fast libidinöses Verhältnis« zu seinem Ro 80, einem Oldtimer der Marke NSU. Knie findet aber auch, dass die Städte einfach zu verschwenderisch mit ihrem Raum umgehen, solange sie so viel davon für Autos reservieren. Seine Arbeit umfasst Sharing-Konzepte, die Interkonnektivität von Verkehrsmitteln und postfossile Mobilität.

DAS GESPRÄCH

Auch das noch Herr Knie, im Straßenverkehr ärgern sich alle über alle. Die auf dem Fahrrad über jene im Auto und umgekehrt. Für Fußgänger kommen noch die nervigen Elektrorollerfahrer auf dem Gehsteig hinzu. Und auch politisch wähnt sich jeder rasch benachteiligt. Lässt sich das irgendwie auflösen?

Andreas Knie Es geht bei all diesen Konflikten immer um eins, um Platz. Früher war klar: Den beanspruchten die Autofahrer für sich. Die Straße gehörte ihnen und alle anderen hatten sich zu arrangieren. Wer zu Fuß ging, ist beiseite gesprungen, wenn ein Auto kam. Das hat sich in den letzten 15 Jahren geändert, weil viel mehr Fahrradfahrerinnen und Fußgänger unterwegs sind. Und als Gesellschaft wird uns klar, dass den Autos zu lange zu viel Platz gegönnt wurde.

ADN Für den Pkw als Fahrzeug haben Sie einmal dieses schöne, irritierende Wort erfunden, Stehzeug.

Knie Ja, weil ein Auto etwa 96 Prozent der Zeit, in der es fahren könnte, herumsteht. Und es stehen *sehr viele* davon herum. Selbst in einer Stadt wie Berlin, die ein enges Bus- und Bahnnetz hat, gibt es mehr als 1,2 Millionen Autos.

ADN Das klingt bei dreieinhalb Millionen Einwohnern jetzt nicht nach so viel ...

Knie Ist es aber! Wenn ein Auto denn mal fährt, dann sitzen durchschnittlich 1,01 Personen drin. So etwas kann sich eine moderne Stadt nicht mehr leisten. Dazu kommt: Auf das Auto entfallen 40 Prozent der Verkehrsleistung, also der überbrückten Entfernung. Dafür beansprucht es aber 80 Prozent der Verkehrsfläche. Es ist also ein sehr, sehr ineffizientes Verkehrsmittel.

ADN Wieso ist es dann so dominant?

Knie Ich gehöre noch zu einer Generation, die mit dem Auto groß geworden ist, so wie viele andere auch. Machen wir uns nichts vor, viele finden das Auto einfach wunderbar.

ADN Was für eins hatten Sie denn?

Knie Ich hatte einen Opel Kadett. Das war früher ein populäres Modell, wenn ich das für die jüngeren Leser so sagen darf. Den habe ich eigenständig mit Rallystreifen beklebt. Hübsch. Und ich muss klar sagen, diejenigen von den Jungs, die früher das größere Auto hatten, hatten auch bessere Chancen bei den Mädels. Verkehrsmittel waren ganz entscheidend für die Reputation eines Jungen.

ADN Spontan könnte man annehmen, dass das heute nicht mehr so ist. Aber wahrscheinlich kommt es darauf an, in welchem Milieu man sich bewegt?

Knie Es gibt schon eine Säkularisierung, eine Versachlichung. So eine libidinöse Bedeutung wie früher hat das Auto heute für viele nicht mehr. Aber im Kopf sind eben doch noch viele Leute Autolobbyisten. Gegen jeden Fahrradbügel, der irgendwo aufgebaut wird und für den ein Parkplatz weichen muss, protestiert jemand. Meine Blumenhändlerin hat mir gesagt, wenn jetzt hier die ganzen Fahrstreifen neu angelegt werden und da keine Autos mehr abgestellt werden können, dann sei das ja *für die deutsche Autoindustrie* ganz schlimm ... Und dabei hat die Frau nicht mal ein eigenes Auto!

ADN Wir wollen über die Rolle von Verkehr und Mobilität in der Klimakrise sprechen und haben intuitiv beim Personenkraftwagen angefangen. Ist das falsch oder richtig?

Knie Beides. Das Auto ist der weiße Elefant bei jeder Verkehrsdebatte. Sie können über den öffentlichen Personennahverkehr reden, Sie können Fahrradwege planen, aber die entscheidende Frage bleibt: Wie halte ich es mit dem Auto? Es gibt Kommunen, die lassen dem Auto auch heute den Platz, den es seit 50 Jahren hat. Da ist dann schnell Ende mit jeder modernen Planung, denn die findet im Platzmangel statt. Deshalb müssen wir über das Auto reden! Leider gibt es in Deutschland bislang nur wenige Städte – Berlin, Hamburg, ein bisschen auch München, Leipzig, vielleicht noch Freiburg –, in denen man komfortabel lebt ohne ein eigenes Auto.

ADN Die Hälfte der Bevölkerung lebt an Orten, so sagt es die Statistik, an denen ein öffentliches Verkehrsmittel höchstens einmal pro Stunde fährt.

Knie Deutschland ist leider völlig zersiedelt, das ist auch eine Folge der Automobilgesellschaft. Da kann der Bus nichts mehr retten. Wir müssen einen völlig neuen öffentlichen Verkehr haben, der einfach zu verstehen und preiswert ist. Wie attraktiv so etwas ist, hat schon das 9-Euro-Ticket gezeigt, das es vom Juni bis August 2022 gab.

ADN Das Ticket hat aber die Taktzahl der Busse auf dem Land auch nicht erhöht. Ist dort ein guter öffentlicher Verkehr überhaupt möglich?

Knie Wir haben für eine Studie die Menschen gefragt, was sie sich wünschen. Herausgekommen ist ein 29-Euro-Ticket nicht nur für Busse und Bahnen im Nahverkehr, sondern auch für den Fernverkehr, sodass man niemals mit dem falschen Ticket im falschen Zug sitzt oder in die falsche Tarifzone fährt.

ADN Praktisch eine Art Bahncard 100 für alle?

Knie Ja, aber als wirkliches Schnäppchen-Angebot! Und jetzt kommt der springende Punkt: Da wäre dann auch die letzte Meile mit dabei. Das heißt, jeder Mensch könnte von seiner Haustür zur nächsten Bushaltestelle oder zum nächsten Bahnhof mit einem Sammeltaxi fahren. Denn die Betreiber des öffentlichen Personennahverkehrs vergessen immer zu gerne, dass die letzten Kilometer für viele Leute ein großes Problem darstellen.

ADN Haben Sie denn auch berechnet, was so etwas kosten würde?

Knie Die öffentliche Hand müsste noch mal 14 bis 16 Milliarden Euro drauflegen! Das klingt nach viel, es ist auch viel. Aber es wäre zu finanzieren, wenn man das Dienstwagenprivileg auf elektrische Autos beschränkt, die Entfernungspauschale für Pkw

streicht und keine sieben Milliarden Euro mehr zahlt, mit denen wir Steuerzahler jedes Jahr den Diesel subventionieren.

Was bei Knie so leicht klingt, scheint in der Realität ungeheuer schwer – etwas grundsätzlich zu ändern. Vielleicht muss man dafür auch gedanklich einen Schritt zurücktreten und *noch* grundsätzlicher fragen: Worüber sprechen wir hier eigentlich? Welcher Fehlschluss im kollektiven Unterbewusstsein führt dazu, dass beim Wort »Verkehr« sofort alle übers Auto sprechen und damit bis heute in aller Regel Personenkraftwagen im Privatbesitz meinen? (Also jene »Stehzeuge« im Sinne von Andreas Knies Wortschöpfung: anderthalb oder mehr Tonnen schwere Stahl- und Blechklumpen, die die meiste Zeit des Tages irgendwo herumstehen.) Wie viel Wende steckt in der Verkehrswende, solange man die vor allem als Austauschprogramm betrachtet: Autos mit Diesel- und Benzinantrieb ersetzen durch solche mit Elektromotoren, sonst ändert sich nichts (weder die Besitzverhältnisse noch die Infrastruktur oder das Nutzerverhalten)? Solange diese Fragen unbeantwortet bleiben, ist es wohl gar kein Wunder, dass all die Veränderungen nicht vorankommen, und dass wir so sehr eine Autogesellschaft bleiben. Wie eine Verkehrswende in den Köpfen stattfinden könnte, und woran es da hakt, haben wir mit Katja Diehl gesprochen.

DIE EXPERTIN

Katja Diehl ist wohl Deutschlands bekannteste Kritikerin der gegenwärtigen Mobilitätsverhältnisse. Die Hamburgerin hat in einem großen Logistikunternehmen, bei den Stadtwerken von Osnabrück und in einem regionalen Nahverkehrsunternehmen gearbeitet, zuletzt in leitender Funktion. Im Jahr 2017 machte sie sich selbstständig als Beraterin für eine inklusive, ökologisch und sozial gerechte Verkehrswende. Ihr Buch »Autokorrektur« (2022) machte sie bekannt, als *shedrivesmobility* veröffentlicht sie Newsletter und Podcasts. Ihr zweites Buch, »Raus aus der Autokratie«, erschien 2024. Man könnte sagen: Sie ist eine Verkehrswenderin.

DAS GESPRÄCH

Auch das noch Frau Diehl, was macht eine Verkehrsaktivistin?

Katja Diehl Ich erzähle die Geschichten derjenigen, die zur Automobilität gezwungen sind, weil sie von unserer Gesellschaft nichts anderes bekommen. Ich erzähle aber *auch* die Geschichten derjenigen, die von Automobilität ausgeschlossen sind. Etwa die Leute, die im ländlichen Raum auf das Auto angewiesen sind, sich aber keines leisten können. Das sind zum Beispiel auch Menschen, die aufgrund von Behinderung keinen Führerschein machen können, oder natürlich die 13 Millionen Kinder, die nicht selbst Auto fahren können. Und ich spreche *auch* über Menschen, die Angehörige an Autounfälle verlieren. Beinahe acht Tote sind das Tag für Tag und über tausend Verletzte. Ich erinnere daran, dass die *vision zero*, die Vision von einem Alltag ohne Verkehrstote, kein Traum bleiben muss. Und nicht zuletzt erinnere ich daran, dass unsere Automobilgesellschaft kein Naturzustand ist. Im Gegenteil, dieser Zustand wurde geschaffen und er kann auch überwunden werden.

ADN Wenn Sie sich öffentlich so äußern, dann werden Sie massiv angefeindet. Können Sie sich erklären, warum dieses Thema manche Leute so triggert?

Diehl Für viele bin ich heute die Frau, die Autos hasst. Dabei stimmt das einfach nicht. Ich habe selbst einen Führerschein und fahre Auto im ländlichen Raum, wo meine Eltern leben und mich als Chauffeurin brauchen. Es sind übrigens vor allem Männer, die ausfallend werden. Wenn sich Dinge ändern sollen, müssen Menschen auch ihr Verhalten ändern. Denken wir an die Zeit vor dem Rauchverbot: Da gab es vorher heftige Debatten über den Nichtraucherschutz, wie weit der gehen dürfte, ob das nicht alles übertrieben sei, jeder könne doch selbst entscheiden ... Und heute? Da kann sich doch niemand mehr vorstellen, beim Arzt oder im Restaurant zu sitzen, während nebenan jemand eine Zigarette raucht. Auch in der Mobilität erleben wir gerade die klassische Eskalation vor der Veränderung. Und da wird eben auch die Botschafterin gern mal beschimpft.

ADN Das klingt, als sei die Veränderung ausgemacht. Aber was, wenn die Mehrheit der Menschen gar keine Verkehrswende will? Immerhin kaufen die Leute bis heute immer mehr Autos.

Diehl Die Mehrheit wird immer für den Status quo stimmen, schon weil sie sich nichts anderes vorstellen kann! Auch das Frauenwahlrecht wurde nicht durch eine Mehrheit nach vorne gebracht, sondern von entschlossenen Frauenrechtlerinnen, den Suffragetten. Die waren viel härter drauf als die Letzte Generation heute. Oder nehmen wir ein Beispiel, das näher an unserem Thema ist: Stoppt den Kindermord, so hieß in den 1970er Jahren eine Bewegung in den Niederlanden. Sie ging aus von einem Vater, der seine Tochter an den Autoverkehr verloren hatte. Aus Protest haben sich dort bald Tausende Menschen auf die Straßen gelegt. Deswegen haben die Niederlande heute auch so eine gute Fahrradinfrastruktur. Dass eine Mehrheit eine Veränderung erst mal nicht will, ist für mich also noch kein Argument dafür, dass diese falsch ist. Übrigens gibt es ja immer mehr Politikerinnen und Politiker, die das offenbar ähnlich sehen. Sie machen eine andere Verkehrspolitik und überzeugen die Menschen davon.

ADN Wer zum Beispiel?

Diehl Anne Hidalgo, die Oberbürgermeisterin von Paris. Auch sie erfährt dafür übrigens Hass bis hin zu Morddrohungen. Aber Hidalgo baut ihre Stadt trotzdem konsequent weiter um, begrünt die Autoabstellflächen und gibt sie den Menschen zurück. Mittlerweile ist sie in ihrer zweiten Amtszeit, sie wurde dafür wiedergewählt. Ich mag auch das Beispiel von Filip Watteeuw. Das ist der Bürgermeister, der Gent in Belgien autofrei gemacht hat. Watteeuw hat gesagt: Ich stelle mich für eine Mission zur Wahl und nicht für meine Wiederwählbarkeit. An solchen Leuten fehlt es uns. Wir haben dafür Markus Söder, der uns von Technologieoffenheit und von E-Fuels und von ich weiß nicht was erzählt ...

ADN Würde sich denn in der Verkehrspolitik nachhaltig etwas ändern, wenn sie nicht wie bisher fast ausschließlich von Männern eines bestimmten Alters gemacht würde und wenn wir stattdessen eine Verkehrsministerin mit einem Beirat aus Kindern und älteren Menschen hätten?

Diehl Zumindest müsste die Verkehrspolitik ein Abbild der Gesellschaft sein. Schon beim Bundestag haben wir da ein Problem, wie soll es ausgerechnet bei diesem Thema anders sein? Aber ich glaube, speziell hier kommt noch etwas viel Grundsätzlicheres dazu, und zwar bei vielen von uns: Die Sehnsucht nach einem grün lackierten »Weiter so« ist unglaublich groß. Ich kann das verstehen, es schmerzt einfach anzuerkennen, wie privilegiert wir hier im globalen Norden sind und wie sehr die Klimakatastrophe auf unser Verhalten und unseren Konsum zurückzuführen ist. Dazu gehört auch, wie sehr unsere Art des Verkehrs anderswo die Natur zerstört.

ADN Also über die Belastung der Atmosphäre mit Treibhausgasen hinaus, wegen der unser Verkehr ja elektrifiziert werden soll?

Diehl Ja, wer erst einmal bereit ist, das globale Bild zu betrachten, sieht auch die E-Mobilität nicht mehr als Lösung aller Probleme. Sicher ist: Elektroautos retten vielleicht die Autoindus-

trie, aber bestimmt nicht die Umwelt. Denn sie führen in fernen Ländern beispielsweise zum Abbau von Lithium, von Kobalt, von Nickel, was ökologisch und sozial eine ziemlich dreckige Angelegenheit ist. Bisher fehlt es uns allen an der Demut, das anzuerkennen und dafür die Verantwortung zu übernehmen.

DER BEAM

Bad Birnbach, 1. Februar 2035. – Die Älteren unter den Schaulustigen werden sich noch an die Anlässe erinnern, bei denen früher gewichtige Honoratioren dabei zuschauten, wie Bürgermeister breite rote Bänder mit überdimensionierten Scheren theatralisch durchschnitten. Und wie dann am nächsten Tag ein schönes Bild in der Zeitung gedruckt wurde und darunter stand: »Die neue Schnellstraße feierlich eröffnet!« Oder eine Umgehungsstraße, ein mehrspuriger Ausbau, gar ein neuer Autobahnabschnitt. Je größer und teurer, desto höher die Wahrscheinlichkeit, dass auch der Bundesverkehrsminister zum Fototermin auftauchte und selbst die Schere in die Hand nahm, zumal in Bayern.

Heute ist auch in Bad Birnbach Besuch aus Berlin angereist. Aber sonst ist alles anders als früher. Die Schere hält eine Frau in der Hand, es ist die Chefin einer gemeinnützigen GmbH, die Städten und Gemeinden dabei hilft, ihre Bürgerinnen und Bürger mobil zu machen. Und das Band ist zwar rot, sperrt aber nicht symbolisch irgendeine Straße ab – vielmehr leint es ein Auto an einer Ladesäule an. So wie einen Hund. »So, jetzt kannst du fahren«, sagt die Frau mit der Schere und schneidet das Band durch. Die Szene sorgt für einige Lacher. Jetzt hätte der Wagen nur noch bellen müssen. Das Fahrzeug ist der 100 000. Pool-Pkw Deutschlands. Und das ausgerechnet hier, mehr als hundert Kilometer von München entfernt, abseits aller Metropolen!

Individuell mobil ohne eigenes Fahrzeug – es hatte lange gedauert, bis dieses Versprechen der Verkehrswende auch eingelöst wurde. Klar, in den großen Städten gab es schon viel früher Car Sharing.

Mit ihm setzte sich das Prinzip durch, dass man sich ein Auto ohne viel Aufwand nehmen kann, wenn man eben mal eins braucht. Wo viele Menschen auf engem Raum lebten, lohnte es sich für die Anbieter, diese Autos aufzustellen. Es war und ist die perfekte Ergänzung zum öffentlichen Nahverkehr.

Anders auf dem Land. Bei allen Appellen, für Umwelt und Klima (und den eigenen Geldbeutel!) doch bitte auf öffentliche Verkehrsmittel umzusteigen, blieb dort das Problem der letzten Kilometer: Von und bis zur S-Bahn zu Fuß oder mit dem Rad nach Hause? Für viele war das einfach zu weit, zu unkomfortabel oder gar zu gefährlich, etwa im Dunkeln.

Lange hatte es Versuche mit Rufbussen und Sammeltaxen gegeben. Doch selbst wenn die praktisch und nutzerfreundlich waren, der Betrieb blieb prohibitiv teuer, schon weil die Kommunen dafür ja Fahrerinnen oder Fahrer beschäftigen mussten. Es war schließlich die Technik des autonomen Fahrens, die dieses Problem löste. Sie verbreitete sich so rasch, dass es Anfang der 2030er schon unterschiedliche Pkw-Modelle in Serie gab, die Verkehrsverbünde und Kommunen einsetzen konnte: Einmal (beinahe wie ein treuer Hund, allerdings per Smartphone) herbeigerufen, kommen sie nun menschenleer angefahren, um die Passagierin oder den Passagier zu befördern – über die letzten Kilometer von der Endhaltestelle, zur nächsten Arztpraxis oder einfach zwei Dörfer weiter zum Kaffeeklatsch.

So viel geht aus den Nutzerdaten nämlich schon hervor: Die Pool-Pkw sorgen nicht nur dafür, dass Menschen auf ihr bisheriges Privatauto verzichten können. Nein, sie machen auch jene mobil, die nie einen Führerschein besaßen, nie einen eigenen Wagen hatten.

OUTRO

Bad Birnbach gibt es wirklich und auch ein deutschlandweit beachtetes Pilotprojekt zur neuen Mobilität hat es dort schon gegeben. Bis Ende 2024 verkehrte hier ein fahrerloser Mini-Bus, den die Bürgerinnen und Bürger sich rufen konnten. Es war allerdings ein sehr spezielles Fahrzeug, das nur in Kleinserie produziert wurde. Auch in anderen Kommunen vom Allgäu bis Franken wurden ähnliche Projekte durchgeführt. Lehrreich waren sie wohl, ein landesweiter Regelbetrieb liegt aber noch in weiter Ferne. Deswegen liegt unserem Beam die Annahme zugrunde, dass erst mehr und billigere Fahrzeugmodelle (elektrisch, selbstfahrend, leicht zu bedienen) den Durchbruch bringen werden. Dann können Pool-Systeme für die letzte Meile einfach mit Serien-Pkw ausgestattet werden, so wie die Car-Sharing-Anbieter es vorgemacht haben.

Jedenfalls entwickelt sich die Technik rasant. »2025 wird ein Wendepunkt mit möglichen Durchbrüchen beim autonomen Fahren«, hat das Wirtschaftsmagazin *Forbes* die erwartungsvolle Stimmung zu Jahresbeginn zusammengefasst. Vielerorts entwickeln Hersteller Modelle, die ohne Fahrer auskommen sollen, nirgendwo sind es mehr als in China. Aber auch Deutschland ist erstaunlich weit vorne – einerseits technologisch, andererseits bei der Diskussion über Regeln, Sicherheit und den rechtlichen Rahmen künftiger Auto-Autos.

Klar ist aber auch: Technik ist nur eine Zutat, egal um welche künftige Mobilitätslösung es geht. Rund um neue Fahrzeuge muss es ein funktionierendes, menschlich ansprechendes System geben – leicht zu bedienende Apps, saubere Fahrzeuge, einfache Abrechnungssysteme. Aber vielleicht hilft ja die Politik doch irgendwann dabei, durch die richtigen Regeln. Vorbild könnte das deutsche Erneuerbare-Energie-Gesetz sein. Das verpflichtete die Netzbetreiber seit Langem dazu, auch grünen Strom in ihr Netz zu lassen und zu den Kunden zu bringen. Über die sogenannte Einspeisevergütung konnte, wer Geld investierte, um Solaranlagen oder Windräder in Betrieb zu nehmen und damit Strom zu erzeugen, sicher kalkulieren. Die Bundesrepublik hat es einst vorgemacht, viele andere Länder haben es übernommen. Wenig hat die Macht der fossilen Branche so geschwächt wie dieses Gesetz.

Dass sich die gesellschaftliche Stimmung heute auch bei der Mobilität verändert, ist jedenfalls unstrittig. Manchmal ist es auch ein

Ringen darum, wer welche Regeln für die Zukunft setzen darf: So kämpfen heute beispielsweise schon über 1100 deutsche Kommunen gegen eine Passage in der Straßenverkehrsordnung und dafür, dass sie auf ihren Straßen ein generelles Tempolimit von 30 km/h einführen dürfen. Fortschritt ist manchmal eine Schnecke, aber auch die bewegt sich ja.

12

DIE POLARISIERUNG

Wie gespalten wir sind und welche Rolle Social Media spielt

DIE ZAHL

84 Prozent der Menschen in Deutschland halten Desinformation für ein großes oder sehr großes Problem. »Verunsicherte Öffentlichkeit« heißt die repräsentative Studie der Bertelsmann-Stiftung, aus der diese Zahl stammt. In ihr geht es um Desinformation und Polarisierung im Netz. Veröffentlicht wurde diese Zahl schon im Frühjahr 2024, also vor der jüngsten Selbstradikalisierung der Social-Network-Chefs Elon Musk und Mark Zuckerberg. Beängstigend an dem Umfrageergebnis ist, dass 70 Prozent der Befragten zugleich sagten, Desinformation sei nicht für sie selbst problematisch – sondern für die *anderen.*

DAS INTRO

Wut war immer eine politische Währung. Auch im vergangenen Jahrhundert haben Populisten schon Demokratien zerstört, indem sie diese Emotion mehrheitsfähig gemacht haben. Schlimmstes Beispiel: Hitlers Agitation gegen die Weimarer Republik. Einige Jahrzehnte lang hatte die Erfahrung der dann folgenden Nazi-Barbareien den Westen gegen diese Art von Populismus weitgehend immunisiert. Ein Völkermord und ein Krieg, der hunderte Millionen Menschen das Leben kostete: Diese Lehre zähmte die Politik in der zweiten Hälfte des 20. Jahrhunderts, dimmte die Emotionen und sorgte dafür, dass Wut, Hass und Hetze auf die anderen – auf Minderheiten, Frauen und Fremde – meist nur an den weitgehend geächteten politischen Rändern der Demokratien eine Rolle spielten. Handlungsleitend für Regierungen wurden sie nicht.

Doch in jüngerer Vergangenheit scheint ein Damm gebrochen. Hass scheint sich geradezu inflationär auszubreiten. Immer mehr Menschen sind wütend. So jedenfalls kann man viele Wahlergebnisse interpretieren, so drängt es sich beim Blick in die sozialen Netzwerke geradezu auf. Und seit die USA sich dafür entschieden haben, nicht mal mehr die wildeste Hetze auszusortieren, scheint es kein Halten mehr zu geben.

Schon während Donald Trumps erster Präsidentschaft hatte sich dessen zeitweiliger Berater Steve Bannon mit der zynisch-strategischen Einschätzung zitieren lassen, die Demokraten seien egal: »Die Medien sind die wahre Opposition. Und der richtige Weg, mit denen umzugehen, ist sie mit Scheiße zu fluten.« (Im Original heißt es »to flood the zone with shit«.) Das Ziel ist immer, die Öffentlichkeit zu verunsichern!

Oft ist der Blick in die USA von der Sorge begleitet, was heute dort geschieht, komme morgen auch nach Europa und Deutschland. So wie die USA sich seit Jahren immer mehr in mindestens zwei Öffentlichkeiten spalten, eine linke und eine rechte, so drohe auch uns die »Polarisierung«. Eine Öffentlichkeit, die die Wirklichkeit komplett unterschiedlich wahrnehme, die die gleichen Fakten grundsätzlich verschieden deute oder sogar alternative Fakten kenne: Seit Jahren wird vor der Polarisierung gewarnt und vor ihren Folgen für die Demokratie, die sich in den Vereinigten Staaten bereits beobachten ließen. Nämlich dass gegnerische politische Lager bald nur noch über-, aber nicht mehr miteinander sprechen, ja, dass sie zu Feinden werden. Zu Gruppen, die ihre Meinungsunterschiede nicht mehr ausdiskutieren, sondern sie im Zweifel sogar mit Waffen austragen würden. Wobei man immer sagen muss: Bisher geht die Gewalt in überwältigendem Maße von einer aufgepeitschten rechtspopulistischen Menge aus, jedenfalls in den USA. Rechtsradikale Nationalisten stürmten dort das Kapitol, töteten einen Polizisten und verletzten weitere 140 (und wurden von Präsident Trump nach dessen Amtsübernahme von ihren teils hohen Haftstrafen begnadigt).

Doch auch wenn Trends aus den USA immer wieder nach Europa und Deutschland geschwappt sind, droht der Bundesrepublik nicht zwangsläufig ein ähnliches Schicksal. Ja, auch hier hat ein Mob 2020 versucht, den Reichstag zu stürmen, wenngleich erfolglos. Aber noch stehen wir nicht vor Weimarer Verhältnissen! Geschichte wiederholt sich nicht einfach so. Zudem sind die sozialen und ökonomischen Unterschiede zwischen dem heutigen Deutschland und dem einstigen Deutschen Reich riesig. In der Episode des Krisenpodcast zur Zukunft der Demokratie war es der Historikerin Hedwig Richter wichtig, das zu betonen. »Es gibt ganz viele Gründe, warum Weimar untergegangen ist. Aber einer ist bestimmt auch, dass die Armut wirklich vollkommen überhandgenommen hat«, sagte sie und warnte vor zu schnell gezogenen Parallelen, »es ist überhaupt nicht zu vergleichen mit dem, was wir heute haben.«

Nur, besorgniserregend scheint diese Stimmungslage dennoch: Populismus, Polarisierung und ein *populus*, also ein Volk, in dem zumindest Teile die anderen für un- oder desinformierte Verblendete hält. Und dann legen derzeit Populisten ja auch bei den Wahlen zu. Was unweigerlich zu der Frage führt: Warum?

Der Stuttgarter Philosoph Felix Heidenreich beantwortete die Frage im Krisenpodcast so: »Die Probleme werden immer größer und die Problemlösungskompetenzen unseres demokratischen Gemeinwesens werden kleiner. Wir werden eher schlechter darin, Kompromisse zu finden. Wir werden schlechter darin, langfristig zu handeln.« Was zu einer weiteren Frage führt: Warum ist das so? Könnte es nicht auch an der inhaltlichen Schwäche der Parteien der Mitte liegen? Wäre das der Fall, dann würde sich jedenfalls ein Teil der frustrierten Wählenden durch eine bessere Politik wieder zurückgewinnen lassen. Allerdings nur dann, wenn diese Menschen überhaupt noch zu erreichen sind, wenn sie nicht längst in alternativen Welten mit komplett alternativen Fakten leben. Kurz: Wenn die Trennung der deutschen Öffentlichkeit eben doch nicht so tief ist, wie die Aufregungswellen hoch, die in immer kürzeren Abständen durch die sozialen Medien schwappen. Wie also steht es um die kollektive Gemütslage in Deutschland und um die Öffentlichkeit, besonders im Digitalen?

DER EXPERTE

Steffen Mau, gelernter Schiffselektroniker aus Rostock, ist seit 2015 Professor für Makrosoziologie an der Humboldt Universität in Berlin und hat gemeinsam mit Thomas Lux und Linus Westheuser ein viel beachtetes Buch geschrieben: »Triggerpunkte. Konsens und Konflikt in der Gegenwartsgesellschaft.« Es ist das Ergebnis einer einzigartigen empirischen Befragung, der Triggerpunkte-Studie, die Mau aus einem Preisgeld finanzierte. Das hatte er im Jahr 2021 zusammen mit dem Leibniz-Preis erhalten, der höchstdotierten wissenschaftlichen Auszeichnung in der Bundesrepublik. Zwischen Mai und Juli 2022 waren für die Studie mehr als 2500 Menschen in Deutschland befragt worden.

DAS GESPRÄCH

Auch das noch Herr Mau, gibt es eine Polarisierung? Driften wesentliche Teile der Gesellschaft auseinander? Entfernen diese sich in ihren Werten und kommen gar nicht mehr miteinander in Berührung?

Steffen Mau Ein klares Nein! Es gibt längst nicht so viel Polarisierung, wie gerne behauptet wird. Nehmen wir die beiden Beispiele der Migration oder der sexuellen Diversität. Da existieren keine zwei klar getrennten Lager. Es stehen also nicht auf der einen Seite die urbanen, toleranten, migrationsoffenen Akademiker – und auf der anderen Seite nicht die konservativen, migrationsskeptischen Landeier. Das sind nur Klischees. Empirische Studien zeigen: Die allermeisten Leute stehen irgendwo in der Mitte, und zwar recht konstant.

ADN Gleichzeitig wirkt die öffentliche Debatte bei manchen Themen immer heftiger, es wird sehr zugespitzt diskutiert. Wie passt das zusammen?

Mau Das klingt tatsächlich nach einem Widerspruch. Auf der einen Seite hat der Großteil der Leute relativ ausgeglichene Positionen bei großen Fragen – egal ob es um die soziale und ökonomische Umverteilung geht, um Migration, sexuelle Diversität oder den Klimawandel. Öffentlich aber hört man die extremen Positionen. Eine Erklärung findet sich in sozialen Medien, und dort in den Algorithmen. Das weiß jeder, der einmal einen Tweet abgesetzt hat. Positioniert man sich dort extrem, bekommt man unglaublich viele Retweets und Likes. Die Ränder werden dadurch sozusagen übersteuert, und die Mitte wird immer stiller.

ADN Zentral für Ihre soziologische Forschung ist das Wort Triggerpunkt. Was genau sind das, gesellschaftliche Triggerpunkte?

Mau Ich habe mich gefragt, welche Themen ähnlich wie Verhärtungen in den Muskeln wirken, also bei der Berührung einen besonderen Schmerz triggern – und in den sozialen Medien für besonders viele Retweets und Likes sorgen.

ADN Zum Beispiel?

Mau Die Lastenräder haben viele Leute getriggert.

ADN Na ja, es gab ein staatliches Förderprogramm, durch das die Anschaffung solcher Räder und damit umweltfreundliche Mobilität für kleine Unternehmen und Freiberufler bezuschusst wurde ...

Mau ... und das bei so manchen vermuten ließ, da würden spezifische Milieus bevorteilt!

ADN Konkreter gesprochen, hier werde mal wieder die akademische Mittelschicht aus den Altbauwohnungen im Berliner Prenzlauer Berg subventioniert?

Mau Es gibt ja noch andere Viertel, die man da nennen könnte, zum Beispiel in München oder in Hamburg. Jedenfalls ging es um eine Gruppe, von der viele Leute annehmen, dass es ihr sowieso schon gut geht, und die nun noch mal einen obendrauf bekommt.

ADN Die Summe, die der Staat dafür zur Verfügung stellt, ist klein – beispielsweise im Vergleich mit dem Förderprogramm, dass es kurz für Leute gab, die im Eigenheim wohnen und sich zusätzlich eine Solaranlage auf dem Dach und eine Wallbox für das E-Auto an der Wand montieren wollten. Warum hat diese Förderung nicht genauso viel Wut getriggert?

Mau Vielleicht, weil sie nicht so Prenzlauer-Berg-haft daherkommt? Viele der Triggerpunkte vereint Folgendes: Wir alle leben mit der Vorstellung, dass es so etwas wie einen impliziten Gesellschaftsvertrag gibt. Den können wir zwar nicht immer gut ausbuchstabieren, aber er ist tief im Alltagsverstand verankert. Wird der durch die Bevorzugung einer Gruppe vermeintlich verletzt, reagieren wir stark.

ADN Man denkt also nicht: Lastenfahrrad ist gut fürs Klima. Sondern man denkt: Wieder mal ein Goodie für die Besserverdienenden?

Mau Ja, Triggerpunkte entstehen, wenn Gleichheitsvorstellungen verletzt werden.

ADN Gerade in der Klimapolitik scheint das häufiger der Fall zu sein. Warum?

Mau Wir Soziologen sprechen vom Gefühl der Verhaltenszumutung. Das ist der Eindruck, dass der Staat dem einzelnen Menschen etwas vorschreiben will. Klimaschutz wird bei uns häufig als Frage des individuellen Lebensstils verhandelt. Dadurch steht ein spezifisches Milieu besser da, nämlich die Leute, die ökologisch konsumieren, ein E-Auto fahren oder ein Lastenfahrrad. Andere Gruppen, die das nicht tun oder nicht tun können, sehen ihre eigene Lebensweise dadurch abgewertet. Der Veggie-Day ist deswegen auch so ein typischer Triggerpunkt gewesen. Da sagen viele Leute: Ich möchte selbst entscheiden, was ich auf den Grill lege – ohne dass man auf mich herabblickt.

ADN Aber es gab doch nie ein Würstchen-Grillverbot.

Mau Viele Leute haben in ihrem Arbeitsalltag sehr geringe Autonomie. Ihnen wird gesagt, was sie zu tun haben. Sie können wenig widersprechen und leben ständig mit der Angst, den Job zu verlieren. Diese Menschen beharren verständlicherweise auf ihren privaten Freiheiten. Überspitzt formuliert: Wer den ganzen Tag gehorchen muss, möchte sich nicht am Feierabend auch noch schlecht fühlen müssen, wenn er ein Schnitzel isst.

ADN Trotzdem wäre es für unser Überleben auf diesem Planeten eindeutig besser, wenn die Menschen weniger Schnitzel essen würden. Wie kann man das denn sagen, ohne dass es jemanden triggert?

Mau Vielleicht durch Nudging?

ADN Nudging bedeutet, dass man positive Anreize für ein bestimmtes Verhalten setzt. Ein Beispiel ist das Treppenhaus, das groß und einladend ausgeleuchtet wird, während der Aufzug in der Ecke versteckt wird. Dann laufen mehr Leute freiwillig die Treppe hoch. Aber ist Nudging nicht auch eine Art Bevormundung, bei der ich als Betroffener gar nicht so genau verstehe, was mich jetzt zu einem Verhalten bewegt?

Mau Nicht unbedingt. Ein Beispiel für funktionierendes Nudging ist, wenn man in dieser Woche schon entscheiden muss, ob man in der Kantine in der kommenden Woche einen Schokopudding essen möchte oder einen Apfel als Nachtisch. Da kreuzen 80 Prozent den Apfel an.

ADN Und ärgern sich dann in der Folgewoche?

Mau Manche sicher. Könnten sie direkt zwischen Obst und Süßspeise wählen, würden 80 Prozent vielleicht den Schokopudding nehmen. Trotzdem ist die Sache fair, denn die Leute haben ja frei entscheiden können. Für Frust würde es hingegen sorgen, wenn jemand diktierte: Es gibt für alle nur noch Äpfel!

ADN Nutzen Parteien heute Triggerpunkte häufiger, um Aufmerksamkeit zu erzeugen?

Mau Ja, wir nennen das jetzt Affektpolitik. Statt den Verstand spricht man die Gefühle an. Das wird immer wichtiger, weil viele Menschen in der gesellschaftlichen Mitte in gewisser Weise entideologisiert sind, sich also nicht mehr automatisch und dauerhaft an eine Partei gebunden fühlen. Unter solchen Bedingungen müssen Parteien ganz anders auf sich aufmerksam machen. Deswegen nutzen sie Triggerpunkte. Die Gendersprache wird deswegen so prominent diskutiert. Bei CDU und CSU hat man irgendwann bemerkt, dass drei Viertel der Bevölkerung das Gendern skeptisch sehen, in allen Milieus. Selbst unter Frauen ist eine Mehrheit dagegen. Also haben die Konservativen das Thema genutzt, um die Leute emotional auf ihre Seite zu ziehen. Nach dem Motto: Die Grünen machen Gender-Gaga und wir sind die Einzigen, die einen klaren Kopf behalten haben.

ADN Noch einmal zurück zu Triggerpunkten beim Klima. Welche gibt es da noch?

Mau Wir erleben da so etwas wie einen neuen Klassenkonflikt. Fast alle Leute sagen, dass der Klimawandel besorgniserregend ist und die Politik sich kümmern muss. Der eigentliche Konflikt liegt bei den Maßnahmen. Da sagen die einen: Meine Güte, es ist fünf nach zwölf, es geht alles viel zu langsam! Andere fordern: Bitte etwas langsamer.

ADN Aber die Ablehnung aller Maßnahmen wird bei vielen Leute doch inzwischen ganz grundsätzlich.

Mau Der Grund ist der folgende. Es gibt so etwas wie eine Ökologie der Mittelschicht, und es gibt eine Ökologie der Arbeiterklasse. Beide unterscheiden sich stark. Bei der Ökologie der Mittelschicht dreht sich vieles um den Begriff der Wahlfreiheit, um den richtigen Konsum und um Fragen von Lebensstil. Darum, wie ich die ökologische Krise irgendwie abmildern kann, indem ich meinen Lebensstil verändere. Wer zu dieser Schicht gehört, kann hin und wieder im Bioladen einkaufen und sich dann Lametta umhängen.

ADN Dabei haben Menschen aus der Mittel- und Oberschicht einen viel größeren CO_2-Fußabdruck als die ärmere Schicht, weil sie mehr fliegen, größer wohnen ...

Mau Stimmt. Die Unterschicht hat außerdem viel weniger Möglichkeiten, ihren geringen Konsum zu verändern. Dort fragen die

Menschen deshalb viel schneller: Was bedeutet Klimaschutz für mein Portemonnaie? Leute, die kaum wissen, wie sie bis zum Monatsende kommen sollen, bekommen eben keine Solardachförderung. Oder sie wohnen in sehr einfachen Immobilien, die wenig wert sind, und sie können sich weder eine energetische Sanierung leisten noch eine tolle neue Wärmepumpe. Also schlägt die ökologische Frage sofort in eine soziale Frage um.

ADN Richten sich also Proteste, wie man sie bei den französischen Gelbwesten beobachten konnte, gar nicht unbedingt gegen mehr Klimaschutz, sondern drehen sich im Kern um mehr Gerechtigkeit?

Mau Ja, die Gelbwesten sind tatsächlich zum großen Teil keine Klima-Ignoranten. Sie haben auf ihre prekären sozioökonomischen Existenzbedingungen aufmerksam gemacht. Aber das nimmt man in der Mittelschicht häufig nicht so wahr. Da denken die Leute dann: Sollen sie doch Fahrrad fahren! Genau hier setzt meine Forschung an. Ich will zeigen, wo die wirklichen Konfliktlinien verlaufen.

ADN Ein Ergebnis Ihrer Befragungen zu den Triggerpunkten und auch zu den Unterschieden zwischen Ost und West war, dass viele Menschen veränderungsmüde sind. Und das, obwohl wir ja Veränderung brauchen! Spielt das den Parteien in die Hände, die versprechen, es könne alles wie früher werden und damit alles wieder gut?

Mau Im Moment hat das rechtspopulistische Lager einen ungeheuren Aufwind, weil es diese veränderungserschöpften Menschen einsammelt. Da sind reaktionäre, nationalistische Gruppen dabei, aber auch viele Leute, die irgendwie das Gefühl haben, vom sozialen Wandel abgehängt zu sein, wirtschaftlich, aber auch kulturell. Da kommen die Populisten und sagen: Du musst dich nicht verändern, die Welt muss sich an dich anpassen. Das ist deutlich attraktiver als die Botschaft der Progressiven, die sagen: Ja, du musst dich an eine sich wandelnde Welt anpassen.

ADN Ist folglich ein progressiver Populismus die Lösung, der Triggerpunkte bedient – um die Populisten zu kontern?

Mau Das wird sicher nicht einfach, aber denken wir es mal an einem Beispiel durch. Friedrich Merz hat doch einmal darüber geschimpft, dass Geflüchtete eine Zahnbehandlung erhielten – und wir Bürger deswegen keinen Termin mehr beim Facharzt bekämen.

ADN Recherchen haben dann gezeigt, dass diese Behauptung falsch war. Menschen müssen zu lange auf Termine warten, aber die Gründe dafür liegen ganz woanders.

Mau Trotzdem, Merz' Behauptung hatte ja erstmal ein Bauchgefühl angesprochen. Da konnte man seinen Ärger auf eine Gruppe von Personen projizieren, die hieß Geflüchtete. Ich drehe das gerne um und argumentiere: 28 Prozent der Ärzte und Ärztinnen in Deutschland haben einen Migrationshintergrund. Wenn wir also keine Migration mehr haben, gibt es bald noch viel seltener Termine beim Zahnarzt. Das wäre vielleicht ein Trigger-Thema, das man setzen könnte und die Leute abholt, weil sie dann die Lücken im Gesundheitswesen und der Pflege fürchten.

Wie heilsam doch der Realitätscheck sein kann! Steffen Mau zeichnet anhand seiner Daten bei allen Problemen keineswegs das Bild eines von der Polarisierung zerrissenen Landes. Seine Diagnose der Triggerpunkte-Themen birgt dennoch Grund zur Sorge: Es gibt eine ganze Reihe von Themen im Land, die viele Menschen leicht auf die Palme bringen, eben »triggern«. Hier ist ein Reservoir für Wut und Dissens, auch in der vermeintlich stabilen Mitte der Gesellschaft.

Deswegen ist es wichtig, über die digitale Seite unseres Alltags zu sprechen. Weil sie längst Teil der Öffentlichkeit ist, oder besser: weil hier viele verschiedene Öffentlichkeiten entstanden sind. Was Menschen bei Social Media lesen und sehen, mit wem und wie sie sich dort austauschen, das beeinflusst auch ihr Bild von der Realität. Allein das macht die Furcht vor den Auswirkungen digitaler Hetze und Desinformation plausibel. Aber es kommt noch etwas Zweites hinzu: Homo sapiens ist eine Art, die wohl vor 200 000 bis 300 000 Jahren entstanden ist und die meiste Zeit ihrer Evolution hindurch als Jäger und Sammler in kleinen Stämmen gelebt hat. Die Savanne ist das Ökosystem, in dem unsere Wahrnehmung und unsere Reflexe geformt wurden, nicht die Großstadt. Die Errungenschaften der modernen Welt überfordern unser Steinzeithirn in vieler Hinsicht. Aber keine Veränderung hat uns so schnell überwältigt wie die Digitalisierung. Heute stehen wir Maschinen gegenüber, die jede menschliche Schwäche auszunutzen vermögen. Welche Welt, welches digitale Ökosystem ist es, in dem wachsende Anteile von Meinungsbildung und -austausch geschehen? Und mit welchem kognitiven Steinzeit-Erbe bewegen wir uns dort?

DER EXPERTE

Christian Stöcker studierte Psychologie und promovierte zu menschlicher Kognition, bevor er Journalist wurde. Digitale Kommunikation und ihre Auswirkungen auf die Öffentlichkeit zählten in seiner Zeit beim *Spiegel* (davon mehrere Jahre als Leiter des Ressorts Netzwelt) zu seinen Themen. Seit 2016 widmet er sich diesem Gegenstand wieder akademisch, als Professor für digitale Kommunikation an der Hamburger Hochschule für Angewandte Wissenschaften. Er ist Autor der Kolumne »Der Rationalist« und veröffentlichte unter anderem die Sachbücher »Die große Beschleunigung« und »Männer, die die Welt verbrennen« (2024).

DAS GESPRÄCH

Auch das noch Sie forschen zu digitaler Kommunikation. Gibt es da eine Erkenntnis, durch die man die Gesellschaft besser verstehen kann?

Christian Stöcker Wenn es eine zentrale Erkenntnis gibt, dann ist es die folgende. Das, was die Menschen wütend macht, erregt online ihre Aufmerksamkeit ganz besonders und bringt sie dazu, zu reagieren.

ADN Das kennen wir bereits aus dem analogen Alltag ...

Stöcker Ja, das kennt jeder aus seinem Alltag. Wir alle haben die Tendenz, anderen Leuten zuerst zu erzählen, worüber wir uns aufgeregt haben. Wenn uns jemand auf dem Fahrrad oder im Auto blöd in die Quere gekommen ist, dann erzählen wir zu Hause erst einmal unserem Partner oder unserer Partnerin davon. Und sei es nur um der eigenen Psychohygiene willen, um Dampf abzulassen. Danach erzählen wir erst von den Dingen, die normal oder gar nett waren.

ADN Warum wird das in Zeiten der Digitalisierung zunehmend zu einem Problem?

Stöcker Weil soziale Medien Aufmerksamkeit monetarisieren. Sie wollen, dass ihre Nutzer möglichst viel interagieren, möglichst lange am Bildschirm bleiben. Deswegen haben sie gigantische digitale Maschinen gebaut, die heute dafür sorgen, dass diejenigen Nachrichten, Bilder und Videos besonders viel Reichweite bekommen, die die Leute wütend machen.

ADN Je länger ihre Nutzer dranbleiben, desto besser ist das für die Plattformen, weil sie umso mehr Werbung einspielen und damit Geld verdienen können?

Stöcker Im Prinzip ja. Wir wissen aus verschiedenen Studien nicht nur, dass Emotionen zu mehr Interaktion führen – also zu mehr Likes, mehr Shares, mehr Kommentaren –, wir wissen auch: Das funktioniert besonders gut mit Inhalten, die die Leute negativ erregen. Das wissen die Betreiber natürlich auch und so haben sie über die Jahre ihre Technik entwickelt: algorithmisch sortierende Darreichungssysteme für digitale Inhaltsschnipsel mit einem eingebauten Mechanismus, der vielleicht nicht absichtlich, aber zwangsläufig sehr oft das Negative nach oben bringt. Der Algorithmus belohnt Interaktion, und Aufregung und Negativität fördern Interaktion.

ADN Negativ muss aber nicht unbedingt schlecht bedeuten, oder? Es kann auch ein Hinweis auf Relevanz sein. Viele Nachrichten in der Zeitung sind negativ, wir schreiben und reden weniger über all die Dinge, die sowieso gut laufen.

Stöcker Nun schöpfen die sozialen Medien aber aus einem gigantischen Pool von Inhalten, die ihre Nutzer ständig weiter auffüllen und für die es keine Qualitätskontrolle gibt, von redaktioneller Prüfung ganz zu schweigen. Aus diesem Pool spülen die Algorithmen der sozialen Medien das nach oben, was am besten funktioniert, nicht das, was wichtig oder wahr ist. Eine Lüge, die wütend macht, ist für sie unter Umständen besser als eine sachliche Wahrheit. Ich glaube, das ist den meisten Menschen immer noch nicht klar. Die Leute glauben, in den sozialen Medien sehen sie Sachen, die irgendwie interessant sind. Aber dass sie daran mitarbeiten, ein Bias, eine Schieflage zu erzeugen, die die Wut in der Gesellschaft anheizt, das ist immer noch nicht so richtig in die Köpfe eingesickert. Das ist aber die Erkenntnis, die ich für zentral halte.

ADN Wir alle formen die sozialen Medien zu dem, was sie sind, ohne es zu bemerken?

Stöcker Gegenfrage: Haben Sie schon mal Ihr Handy in die Hand genommen und dann zehn Minuten später erstaunt festgestellt, dass Sie irgendetwas damit machen, was Sie gar nicht vorhatten? Ja oder nein?

ADN Ja, immer wieder.

Stöcker Im Laufe der Zeit habe ich diese Frage sehr, sehr vielen Leuten gestellt. Wenn man das vor viel Publikum macht, heben immer so geschätzt 98 Prozent der Leute im Saal die Hände, und ich vermute, beim Rest sieht die Wahrheit auch anders aus. Das ist total irre! Wir alle benutzen immerzu Geräte, die uns dazu bringen, Dinge damit zu tun, die wir nicht vorhatten. Das ist eine menschheitsgeschichtlich einzigartige Entwicklung, das gab es vorher nicht. Klar, früher sind die Leute vielleicht länger vor dem Fernseher sitzen geblieben als geplant, aber das ist nicht vergleichbar. Denn hier geht es um aktive Interaktion mit etwas, das maschinell individualisiert, also auf unsere Psyche zugeschnitten ist. Übrigens sind die Benutzeroberflächen dieser Apps eigens von Psychologen optimiert worden, um uns möglichst lange bei der Stange zu halten.

ADN Wir halten uns für erwachsene Menschen und mündige Bürger, sollen aber diesen Aufmerksamkeitsmaschinen nicht gewachsen sein?

Stöcker Studien sagen: ja. Und wenn man Leute ihre eigene Smartphonenutzung maschinell protokollieren lässt, sind sie von den Ergebnissen meistens vor allem erschrocken. Man kann sogar zeigen, dass Leute ihr Handy öfter in die Hand nehmen, als sie es selbst wissen. Es kommt nämlich noch etwas dazu, eine grundlegende Erkenntnis der Psychologie, die jeder irgendwie von sich selbst kennt. Wir Menschen sind gerne auf Autopilot unterwegs. Im Fachjargon heißt das System-1-Informationsverarbeitung. Das sind Dinge, die wir wie von selbst tun, niederschwellig, nicht bewusst gesteuert und mühelos, Autopilot eben. Das finden wir angenehm und unser Gehirn spart Energie dabei. Kein Wunder, dass diese digitalen Geräte und die Social-Media-Plattformen genau daraufhin optimiert werden, uns alles sehr einfach zu machen. Das Blöde ist nur, dass dieser Autopilot-Modus auch derjenige ist, in dem wir am anfälligsten für alle möglichen kognitiven Verzerrungen sind.

ADN Für welche Verzerrungen?

Stöcker Nehmen wir die Bestätigungsverzerrung, auf Englisch confirmation bias. Auch die kennt jeder von sich selbst: Wir hören lieber Dinge, die in unser Weltbild passen oder zu unserer bestehenden Meinung, oder die unserem Verhalten nicht widersprechen. Deshalb suchen Menschen sich unbewusst gerne Informationen, die sie nicht dazu bringen, ihre langgehegten und liebgewonnenen Überzeugungen infrage stellen zu müssen, denn sonst entsteht kognitive Dissonanz. Das ist der unangenehme Missklang im Kopf, wenn wir doch mit Informationen konfrontiert werden, die im Widerspruch zu unserem Weltbild, unserer Meinung oder unserem Verhalten stehen. Das mag unser Gehirn gar nicht, diese Dissonanzen müssen wir dann nämlich mit viel kognitivem Aufwand reduzieren, das ist anstrengend.

ADN Was heißt reduzieren, haben Sie ein Beispiel dafür?

Stöcker Jeder Raucher, der darauf angesprochen wird, wie ungesund das Rauchen ist, hat eine Geschichte von einem Raucher parat, der neunzig Jahre alt geworden ist. Dadurch wird die störende dissonante Information – Rauchen tötet! – abgewertet und konsonante Information – manche Raucher werden sehr alt – aufgewertet ...

ADN ... Helmut Schmidt hat doch auch geraucht und der ist sogar sechsundneunzig Jahre alt geworden!

Stöcker Genau, das ist im Zweifelsfall der Raucher, den *jeder* kennt! Oder nehmen wir ein Beispiel aus der Klimakrise. Da wird sehr oft die Zahl von zwei Prozent genannt. Deutschland sei doch »nur« für zwei Prozent der globalen Emissionen verantwortlich! Gleichzeitig stellen wir aber nur ein Prozent der Weltbevölkerung und liegen historisch auf Platz sechs der schlimmsten Klimasünder. Das aber ist kognitiv unangenehm, also lieber Dissonanz reduzieren, indem man sagt: Nur zwei Prozent! Oder: Aber die Chinesen! Also, wir suchen uns gerne Informationen, die in unser Weltbild passen. Und weil wir den sozialen Medien selbst beibringen, was sie uns zeigen sollen, sind sie das perfekte Ökosystem für Selbstbestätigung.

ADN Was denn nun, einerseits triggern soziale Netzwerke unsere Wut, andererseits liefern sie uns ständig Selbstbestätigung? Das klingt wie ein Widerspruch.

Stöcker Soziale Medien machen uns ja nicht ausschließlich wütend. Sie haben in ihrer modernen Ausprägung vor allem den Zweck, uns zu unterhalten, abzulenken, vielleicht auch belohnend zu wirken. Der Like ist die kleinste denkbare Einheit menschlicher Zuwendung, aber er funktioniert trotzdem als positive Verstärkung. Niemand macht Instagram auf, um mal wieder so richtig wütend zu werden. Aber insbesondere politisch relevante Inhalte sind oft besonders »unterhaltsam« im weiteren Sinn, wenn sie die Leute aufregen. Donald Trump ist dafür ein hervorragendes Beispiel.

ADN Können Menschen noch umlernen, sodass sie vielleicht weniger anfällig für wütende Posts werden?

Stöcker Nein, man kann sich das nicht abtrainieren, das steckt zu tief in der menschlichen Psyche. Aber man kann trainieren, sie zu erkennen und sich dann zu fragen: Willst du nicht noch mal nachgucken, ob das wirklich stimmt, statt auf den Teilen-Button zu klicken?

ADN Wir bräuchten also so eine Art automatischen Pause-Knopf, bevor wir etwas weiterleiten oder liken – weil wir in einer digitalen Welt leben, die uns ständig überfordert?

Stöcker Ja, und das ist politisch so brisant, weil unsere Anfälligkeit für Wut-Inhalte auf Social Media die perfekte Umgebung für groß angelegte Desinformation bildet. Ich kann das am Beispiel von Herminia erzählen. So hieß ein Account bei X, sicher keine reale Person, sondern eine behauptete Person. Der Account gehörte unzweifelhaft einem aus Russland betriebenen Netz solcher Nutzerkonten an, dem Doppelgänger-Netzwerk. Herminia verteilte Links zu vermeintlichen Beiträgen deutscher Nachrichtenwebsites, die zwar täuschend echt aussahen, aber tatsächlich Propaganda enthielten. Mit ihren Links hat sie immer auf Tweets geantwortet, die gerade dabei waren, Reichweite zu gewinnen. Das ganze offensichtlich mit dem Ziel, russische Narrative zu verbreiten. Dieses Botnetz ist im Januar vergangenen Jahres zu einer gewissen Berühmtheit gelangt, als das Auswärtige Amt erklärt hat, es mithilfe eines externen Unternehmens ausgehoben zu haben – es ist allerdings immer noch da. Damals war von 50 000 Accounts die Rede, die ähnlich wie Herminia funktionierten ... Das waren aber längst nicht alle. Es wurden und werden bis heute Inhalte verbreitet, nicht nur auf Deutsch, sondern auch auf Französisch und in allen möglichen anderen Sprachen. Unzählige Fake-Websites wurden eigens für die Fake-Artikel gebaut, deren Links Herminia und Co. verbreitet haben – also ein ungeheurer Aufwand, der da betrieben wurde. Nicht nur bei X, sondern zum Beispiel auch bei Instagram.

ADN Lässt sich messen, welchen Effekt dieser Aufwand hatte?

Stöcker Die Leute, die das Botnetz betreiben, können messen, wie viele Klicks sie erzeugen und wie oft ihre Inhalte geteilt werden, ja. Aber wir Forschende können das nicht. Wir können nur dokumentieren, dass es solche Desinformationskampagnen gibt. Daraus können wir indirekt schließen, dass die Betreiber sich davon eine Wirkung versprechen. Aber wir können natürlich auch nicht beantworten, ob jemand, der da draufklickt, dann liest und glaubt, was da steht.

ADN Als in Deutschland unlängst Menschen zum Thema Desinformation befragt wurden, gaben mehr als vier von fünf an, sie hielten das für ein großes Problem. Ein Bewusstsein dafür ist doch gut, oder?

Stöcker Bei solchen Studien kommt leider immer raus, dass die Leute zwar sagen: Es gibt wahnsinnig viel Desinformation, aber ich selbst falle da nicht drauf rein. Die Dummen sind immer die anderen. Das stimmt natürlich nicht. Sehr viele Leute in Deutschland glauben Tatsachenbehauptungen, die absolut falsch sind. Das betrifft nicht nur russische Desinformation. Aber ich habe da noch dieses andere Beispiel dafür, wie die Täuschung aus der digitalen Sphäre bis ins Parlament schwappt: Wir haben in Zusammenarbeit mit dem Hans-Bredow-Institut für Medienforschung und dem Institute for Strategic Dialogue mal untersucht, wie sich eine bestimmte Kreml-Erzählung in Deutschland verbreitet, nämlich dass Putin unter anderem in der Ukraine einmarschiert sei, um dort gemeinsam mit den USA betriebene Biowaffenlabore stillzulegen. Diese Verschwörungserzählung gewann einer repräsentativen Umfrage des Centrums für Monitoring und Analyse zufolge nicht nur im ersten Kriegsjahr in Deutschland an Zustimmung. Irgendwann stand dann auch der Abgeordnete Steffen Kotré von der AfD im Bundestag am Pult und sagte, man müsse auch über diese Labore sprechen. Und spätestens an dem Punkt würde ich sagen, Desinformation ist nicht nur so eine Sache, die im Internet passiert, sondern sie wird ganz tief in die Gesellschaft hineingetragen. Es ist ein Spiel mit verteilten Rollen.

ADN Was hilft, um nicht darauf hereinzufallen?

Stöcker Es hilft, wenn möglichst viele Menschen wissen, dass im Netz sehr viele Leute unterwegs sind, die sie absichtlich anlügen. Denn das ist vielen immer noch nicht so richtig bewusst. Wichtig ist immer: Wer oder was ist die Quelle? Und zweitens hilft es zu wissen, wie die Lügner ungefähr arbeiten, ganz simpel: Auf bestimmte Merkmale achten! Gibt es emotionale Sprache? Falsche Dichotomien, wird also eine Streitfrage auf zwei extreme Gegensätze verkürzt? Gibt es Schwarz-Weiß-Malerei oder persönliche Angriffe?

ADN Wenn zum Beispiel jemand posten würde, »der Stöcker ist sowieso ein Vollidiot«?

Stöcker Genau, statt des Arguments die Person anzugreifen, ist besonders beliebt! Das kennen wir seit vierzig Jahren aus der Klima-Desinformation. Als Allererstes hat man versucht, die Klimaforscher zu diskreditieren. Die sogenannte *ad-hominem*-Methode findet man an jeder Ecke. Und leider nicht nur bei traditionellen Desinformationsverbreitern, sondern gelegentlich auch bei Vertreterinnen und Vertretern von Volksparteien. Den Menschen statt seiner Argumente anzugreifen, ist ein logischer Fehlschluss. Das ist in der Philosophie glasklar, das wussten schon die alten Griechen und Römer. Wer so argumentiert, hat kein Argument. Das sollte man einfach aus dem politischen Diskurs verbannen. Da sind leider ziemlich unschöne Sitten eingerissen in Deutschland. Wenn wir wollen, dass die demokratische Öffentlichkeit halbwegs anständig informiert ist, dann müssen die Leute, die zu ihr sprechen, auch anständig kommunizieren.

ADN Sie haben selbst im vergangenen Jahr ein Buch veröffentlicht, »Männer, die die Welt verbrennen«, über fossile Propaganda und Desinformation in der Klima- und Energiepolitik. Glauben Sie selbst trotz allem, was wir jetzt besprochen haben, noch an die Kraft der Information?

Stöcker Ja, unbedingt. Ich setze auf Information und Aufklärung. Ohne eine gut informierte Bevölkerung kann eine Demokratie auf Dauer nicht funktionieren.

DER BEAM

Deutschland, 8. November 2035. – An diesem Donnerstag ist wieder D-Tag. Man sieht den Großbuchstaben in allerhand Farben gemalt und gebastelt vieltausendfach in Schaufenstern, an Schul- und Fabriktoren und klar, natürlich überall im Netz. D? Nicht D wie Donnerstag, sondern D wie Deutschland und D wie Demokratie. Hätte sich das ein Ministerium oder eine PR-Agentur ausgedacht, es wäre wohl ein Rohrkrepierer geworden (»D was?« »Wie peinlich!«) Aber der D-Tag ist der unwahrscheinliche Erfolg einer Graswurzelbewegung. Man könnte auch sagen, ein Beispiel für die helle Seite von Social Media.

Nicht etwa, dass X, Instagram, Facebook und TikTok inzwischen weniger toxisch, weniger manipulativ, weniger durchökonomisiert wären. Nein, auch in der zweiten Hälfte der 2020er Jahre blieb Social Media eine hart umkämpfte Sphäre – und ist es bis heute. Die Europäische Union mit all ihrer Marktmacht hatte von den großen Digitalplattformen bereits Anfang der 2020er Jahre eingefordert, dass sie sich an die Regeln des Digital Services Act halten. Das sollte unter anderem Desinformation einschränken, missfiel aber nicht bloß den Konzernen, sondern auch den jeweiligen Regierungen ihrer Heimatländer: USA? Schwierig. China? Noch schwieriger. Und so ist es bis heute ein Hin und Her, ein Ziehen und Gezogenwerden.

Gleichzeitig diskutierten einige Nutzerinnen und Nutzer irgendwann online die Frage, was denn offline geschehen müsse, um das Land voranzubringen. Die Sorge um den Zustand der Demokratie hatte im Lauf des Jahrzehnts stetig zugenommen. Wie könnte aus der Hilflosigkeit vieler Einzelner ein hilfreiches Ganzes werden? Mitte der 2020er Jahren wurden dann an verschiedenen Orten erste Demokratiecamps veranstaltet: Schulklassen machten Ausflüge in die Gemeinderäte, viele Schülerinnen und Schüler betraten zum ersten Mal ihr Rathaus. In Kneipen wurde diskutiert, was sich in der Stadt ändern müsse, die Abgeordneten und Ratsleute wurden in Betriebe eingeladen. In Sportvereinen wurde erklärt, wie Parteien organisiert sind. Und in Unternehmen zeigten die Betriebsräte, wie man sich gegen Fake News wappnen kann.

Das klingt im Rückblick zugleich fürchterlich profan und schrecklich didaktisch – aber es kam erstaunlicherweise gut an. Vielleicht weil inzwischen immer mehr Menschen klar geworden war, wie bedroht ihre Demokratie ist. Und so wurde die Sache im nächsten Jahr wiederholt, nachgeahmt und ausgebaut. Dass die bunte Vielfalt der Aktionen in den sozialen Netzwerken auch präsent war, half sicher dabei. Und möglicherweise war es eine glückliche Fügung, dass die politischen Parteien dieses Phänomen zuerst übersahen und dann lange nicht ernst nahmen.

Stattdessen sprangen einige gemeinwohlorientierte Stiftungen auf und boten organisatorische Unterstützung an. Demokratietag, das gehörte binnen weniger Jahre zum guten Ton. So wie früher der Girls-und-Boys-Day war er nicht verpflichtend. Und besonders in vielen Unternehmen hatte es große Skepsis gegeben, die Belegschaft für einen »unproduktiven« Werktag freizustellen. Aber es wurde eben auch immer mehr zu einem ökonomischen Problem, dass die Rechtsextremen an Zustimmung und politischer Macht gewannen und dass der Rassismus überhandnahm. Schon kamen immer weniger ausländische Fachleute ins Land. In der alternden Gesellschaft fanden sich daher nicht mehr genügend Pfleger und Ärztinnen, Ingenieure und Facharbeiterinnen.

Also machten schließlich immer mehr Unternehmen mit. Und nach und nach zeigt sich: Je mehr die Menschen wissen, wie ihre Demokratie funktioniert, je mehr sie sich als ein aktiver Teil des Ganzen empfinden, desto mehr sind sie bereit, diese auch zu schützen.

Der Verein, den einige der Initiatoren inzwischen gegründet haben, hatte auch die große Online-Abstimmung organisiert, an welchem Datum der D-Tag fortan jedes Jahr stattfinden solle. Die spätere Gewinneridee hatte ihre Urheberin in einem Social-Media-Post so beschrieben: »Am 8. November! Wenn der 9. November der #schicksalstag der Deutschen ist, dann packen wir davor einen #mitmachtag.«

OUTRO

Die Wertschätzung für Gemeinsamkeiten kann man nähren, den Einsatz für das Gemeinwesen ebenfalls. Insofern ist auch dieser Beam nicht einfach erfunden, sondern extrapoliert. Vorläufer für eine solche Idee gibt es schon heute. So leitet die frühere Präsidentin der Europa-Universität Viadrina in Frankfurt an der Oder, Gesine Schwan, jetzt die Denkfabrik Berlin Governance Platform, die neue Formen politischer Gestaltung erprobt. Sie hat mittlerweile in elf Gemeinden Probleme mithilfe sogenannter kommunaler Entwicklungsbeiräte gelöst, die die Bürgerinnen und Bürger eng in Entscheidungsprozesse einbinden. Project together stärkt Teams oder Einzelpersonen, die innovative Lösungsansätze für ein Problem entwickeln.

Die Geschäftsführerin der Hertie-Stiftung, Elisabeth Niejahr, hat uns im Podcast geschildert, wie sie einen Business Council for Democracy (BC4D) organisiert, der in Unternehmen während der Arbeitszeit Mitarbeiterinnen und Mitarbeiter darin schult, Fake News besser zu erkennen und zu wissen, wie sie auf Hass und Hetze im Internet reagieren können. Die Stiftung ermöglicht in Zusammenarbeit mit kleinen Gemeinden, dass Jugendliche dort über Teile des Gemeindehaushalts diskutieren und dann auch bestimmen dürfen. Ein Teil von ihnen engagiert sich dann dauerhaft, denn sie haben sehr früh gelernt: In der Politik geht doch was, da kann man etwas verändern. Weil sie wissen, wie es geht.

Gewiss sind das kleine Beispiele – man scheut geradezu davor zurück, sie als Lösungen zu bezeichnen – angesichts der weltweiten Schadenslage aus Polarisierung und Kompromisslosigkeit, die am Beginn dieses Kapitels stand. Aber es ist eine der wesentlichen Schnittmengen vieler sozialwissenschaftlicher Forschungen: Engagement verbindet Menschen, auch sehr unterschiedliche. Das Erlebnis, selbst etwas tun zu können (»Selbstwirksamkeit« im Jargon der Spezialisten), ist die beste Medizin gegen Mutlosigkeit und Fundamentalopposition. Und man kann noch ein sehr grundlegendes Charakteristikum anfügen. Beispiele wie jene, die wir von unseren Gästen im Studio gehört haben, spielen sämtlich nicht in digitalen Netzwerken, sondern im analogen Raum. Echte Menschen begegnen sich und erleben zusammen, dass sie etwas Reales verändern können. Das schafft, um noch einmal in den Jargon der Fachleute zu gehen, *common ground* – Gemeinsamkeit.

13

DER POPULISMUS

Was viele Konservative verführt und warum sie dennoch Teil der Lösung sind

DIE ZAHL

Sieben Prozent aller Menschen, nur noch so wenige leben in einer vollständigen Demokratie, weitere 38 Prozent in einer »fehlerhaften« Demokratie (*flawed democracy*), so heißt es im Democracy Index 2024 des *Economist*. Dieser Demokratie-Index erscheint jährlich und bewertet die Staaten der Welt anhand zahlreicher Kriterien. In der jüngsten Auswertung fiel der globale Durchschnittswert auf das niedrigste Niveau seit Beginn des Index im Jahr 2006.

DAS INTRO

Ihr Siegeszug scheint unaufhaltsam. Weltweit werden immer mehr demokratische Staaten von Männern – und seltener auch von Frauen – regiert, denen noch vor einigen Jahren kaum jemand eine reale Chance auf einen Wahlsieg gegeben hätte, weil sie als gefährliche Scharfmacher und unappetitliche Populistinnen galten. Doch Donald Trump (USA), Javier Milei (Argentinien) und Giorgia Meloni (Italien) sind heute keine Ausnahmen mehr, sie werden zur Regel. Sie alle haben in Wahlen gesiegt, die Bevölkerung (oder zumindest: diejenigen der Wahlberechtigten, die ihr Recht ausgeübt haben) hat sie gewählt –

trotz oder sogar wegen ihrer Parolen, ihrer vermeintlich ach so einfachen Rezepte gegen die Migration, die Energiekrise und vor allem gegen die Eliten (aus denen sie ja nicht selten selbst stammen oder zu denen sie durch ihren Reichtum längst gehören). Und überall auf der Welt folgen sie demselben Muster: Sind sie erst einmal an der Macht, kopieren sie von autoritären Vorbildern, von Männern wie Putin, Erdoğan und Orbán, deren ausgefeilte Strategien für den Umbau der Demokratie in ein System, das vor allem die eigene Macht erhalten soll.

Als wir mit der Historikerin Hedwig Richter im Krisenpodcast über die Zukunft der Demokratie gesprochen haben, kam das Gespräch natürlich auch auf die Krise dessen, was man lange vereinfacht »den Westen« nannte und damit die Staaten meint, die die Menschenrechte achten, Gewaltenteilung für einen Wert an sich halten und auf globale Kooperation setzten. Richter betonte zweierlei, »dass die liberalen Demokratien global an Legitimation verloren haben, und dass der Westen immer stärker attackiert wird«. Und zwar auch von innen.

Meist kommt der autoritäre Populismus heute sehr weit von rechts. Er gibt sich national, gar völkisch und beschwört eine ursprüngliche Nation und eine faire Verteilung des Wohlstands. Seine praktische Politik schützt jedoch Einkommen und Besitz der Reichen, verteilt Wohlstand von unten nach oben, beschneidet den Sozialstaat und die Gleichberechtigung sowie die Rechte derjenigen, die sich dafür einsetzen oder Missstände öffentlich machen: Presse, Gewerkschaften, Umweltgruppen. Die meisten Populisten verniedlichen oder leugnen den Klimawandel, sie schränken die Presse- und Meinungsfreiheit ein – oft nachdem sie zuvor lautstark über Zensur und eine vermeintliche Cancel Culture geklagt haben im Sinne von: »Man darf ja nichts mehr sagen …« Meist gehört auch die Hetze gegen Fremde und Menschen mit Migrationsgeschichte dazu, vom Interessenkonflikt zwischen Unten und Oben wird abgelenkt auf ein »Wir oder sie«. Ökonomisch-soziale Konflikte werden durch kulturelle ersetzt. Und so wenig es sich bei den Rechtspopulisten um klassische Konservative handelt, so unverdrossen beschwören sie ein erzkonservatives kulturelles Weltbild.

Sexuelle Selbstbestimmung, Emanzipation und Minderheitenrechte gelten ihnen als Verirrungen einer allzu liberalen Zeit.

Drei entscheidende Fragen aber sind offen und wir wollen sie mit einer Fachfrau und einem Fachmann besprechen: Wie genau gehen die autoritären Populisten weltweit vor? Welche Chancen gibt es, ihnen erfolgreich entgegenzutreten? Und auf wen kommt es dabei besonders an?

DIE EXPERTIN

Shalini Randeria ist Sozialanthropologin und hat sich lange mit der Frage beschäftigt, warum liberale Demokratien immer schwächer werden und was dann an deren Stelle tritt. Die in Amerika geborene Inderin hat in Oxford, Heidelberg und Berlin studiert. Als Wissenschaftlerin arbeitete sie in Genf und Wien. Dabei wirkte sich ihr Forschungsthema auf ihre praktische Arbeit aus: Seit November 2021 ist Randeria Rektorin der Central European University, die unter dem Druck der ungarischen Orbán-Regierung von Budapest nach Wien übersiedeln musste.

DAS GESPRÄCH

Auch das noch Für ein, zwei Jahrzehnte nach dem Fall der Mauer schien es so, als ob sich weltweit die Demokratie mit all ihren Freiheiten für die Menschen durchsetzen würde. Seit ein paar Jahren boomt aber etwas anderes, das Sie »sanften Autoritarismus« nennen. Was ist das?

Shalini Randeria So nenne ich Regierungen, die zwar formal demokratisch gewählt wurden, aber ganz systematisch die Prinzipien, Institutionen und Werte der liberalen Demokratie mit demokratischen Mitteln aushöhlen.

ADN Wer tut das?

Randeria Erdoğan in der Türkei oder Orbán in Ungarn wären gute Beispiele, aber auch Donald Trump in den USA. Ihre Strategien sind überall ähnlich. Im Englischen gibt es für eine ihrer Taktiken den Begriff »Lawfare«.

ADN Ein Kofferwort, kombiniert aus *law* (Gesetz), und *warfare* (Kriegsführung) …

Randeria Es bedeutet, dass die Rechtsstaatlichkeit mittels Gesetzen und Gerichten zerstört wird. Das geschieht folgendermaßen: Im ersten Schritt wird das Verfassungsgericht willfährig gemacht. Im zweiten Schritt folgen dann Verfassungsänderungen, gegen die man sich nicht mehr rechtlich wehren kann, weil das Oberste Gericht seine Rolle als Hüterin der Demokratie nicht mehr wahrnimmt. Danach wird das Wahlgesetz verändert, um die eigene Partei dauerhaft zu begünstigen. Dabei übernehmen sanft autoritäre Herrscher Maßnahmen voneinander. Wie erfolgreich sie diese umsetzen können, konnten wir in Polen mitverfolgen, als dort von 2015 an die rechtspopulistische PIS regierte. Sie hat sehr schnell nach dem Regierungswechsel das Verfassungsgericht mit eigenen Leuten besetzt.

ADN Das hat der PIS aber nicht geholfen. Sie wurde trotzdem 2023 abgewählt.

Randeria Aber man sieht bis heute, wie schwer es der Nachfolgeregierung von Donald Tusk fällt, deren Gesetze rückgängig zu machen – eben weil das Oberste Gericht und das Präsidialamt noch mit Anhängern der PIS besetzt sind.

ADN Wenn ein autoritärer Regierungschef es also richtig geschickt anstellt, dann zementiert er die eigene Macht so, dass sein Erbe noch lange nachwirkt?

Randeria Wir können das auch bei den US-Republikanern beobachten. Diese haben schon seit Jahrzehnten die Wahlbezirke systematisch neu zugeschnitten, um eigene Mehrheiten zu sichern. Und Trump hat in seiner ersten Amtszeit das Oberste Gericht mit einer Mehrheit rechtskonservativer Richter besetzt. Wir werden daher nicht nur im Sozialbereich vermehrt sehr konservative Urteile erwarten können, sondern auch im Umweltbereich und im Gesundheitswesen werden von der Trump-Administration sicher bisherige Regeln umgekehrt werden. Zudem sind weitreichende Einschränkungen der Migration sowie protektionistische Wirtschaftssanktionen zu erwarten.

ADN Was sonst steckt noch im sanft autoritären Werkzeugkasten?

Randeria Diese Regierungen kontrollieren die Medien durch staatliche Monopolisierung oder Gleichschaltung, wie man es in der Türkei und in Ungarn gesehen hat. Beim Umgang mit der Zivilgesellschaft ist das Beispiel von Putins Gesetz gegen sogenannte »fremde Agenten« interessant, das vielerorts übernommen wurde. Es verlangt von Menschenrechts- und anderen Nichtregierungsorganisationen, die finanzielle Förderung aus dem Ausland bekommen, sich als »ausländische Agenten« registrieren zu lassen, was sie diskreditiert sowie ständige Überwachung zur Folge hat.

ADN Gegen genau so ein Gesetz sind die Menschen in Georgien 2024 monatelang auf die Straße gegangen.

Randeria Ja, weil sie schon wussten, was folgen würde! Erst wird die Opposition delegitimiert. Und dann folgt die Kriminalisierung. Als weiteres Werkzeug der Autoritären kommt schließlich die Einschränkung der akademischen Freiheit, denn auch die ist ihnen wegen deren offener und kritischer Meinungsbildung ein Dorn im Auge. Meiner Hochschule, der Central European University in Budapest, wurde von der ungarischen Regierung beispielsweise die Vergabe unserer in den USA akkreditierten Abschlüsse untersagt; wir mussten nach Wien umsiedeln, um unsere Autonomie zu bewahren.

ADN Solche Herrschaft braucht dann keine Folterkeller mehr, weil die Kritiker irgendwann frustriert ins Ausland gehen müssen oder arbeitslos werden und verstummen.

Randeria Daher erscheint diese Art autoritärer Herrschaft oft als sanft. Und damit ihr Modell weltweit Schule macht, bilden diese Politiker starke Allianzen. Putin hat viele der rechtspopulistischen Parteien in Europa reichlich unterstützen lassen. Elon Musk hat nun auch damit begonnen.

ADN Putin vertritt also, so bitter es klingt, ein sehr erfolgreiches Regierungsmodell, das weltweit kopiert wird?

Randeria So ist es leider.

ADN Wie erklären Sie, dass diese Einschränkung der Freiheit in so vielen Ländern hingenommen oder sogar begrüßt wird?

Randeria Liberale Demokratien haben Teile ihrer Wählerschaften enttäuscht. Der neoliberale Umbau des Staates mitsamt dem Abbau wohlfahrtsstaatlicher Maßnahmen hat die ökonomische Ungleichheit vergrößert. Wir erleben zudem gerade weltweit einen Kulturkampf. Oft geht es dabei um einen Angriff gegen Frauenrechte und insbesondere ihre reproduktive Freiheit. In vielen der US-Bundesstaaten wurde die Abtreibung erschwert oder gar verboten. In Florida wurden beispielsweise Schulbücher verboten, in denen soziale Gerechtigkeit thematisiert wird.

ADN Aber warum verfängt das so?

Randeria Weil viele Menschen nach einer starken Führung suchen, die einfache Lösungen und Sündenböcke anbietet. Aber auch, weil sich Teile der Bevölkerung in ihrer ökonomischen Sicherheit bedroht fühlen.

ADN ... und es ja zum Teil auch sind!

Randeria Ja, aber statt ökonomische Fragen ins Zentrum der politischen Debatte zu stellen, lenken rechtspopulistische Diskurse hiervon ab. Sie thematisieren kollektive Identitäten und fokussieren dabei auf die nationale Bevölkerungszusammensetzung. Darüber, wer dazugehört und wer ausgeschlossen werden soll. Wenn die nationale Identität ethnonationalistisch definiert wird, also über die völkische »Reinheit« der Nation, beschneidet sie Rechte von Migrantinnen und Migranten sowie Frauenrechte. Die Fantasie, eine religiös, kulturell und ethnisch homogene Nation wiederherstellen zu können, geht einher mit dem Propagieren der Gefahr einer »Überfremdung«. So wird eine demografische Angst vor der Entvölkerung geschürt. Und das verfängt ganz offensichtlich! Die vermeintlichen »Fremden« sind zu viele, also sollten vielmehr die »eigenen« Frauen mehr Kinder bekommen. Der Frauenkörper wird so zur Waffe im Kampf um die Reproduktion eines »reinen« Gesellschaftskörpers, der Migrantinnen und Migranten ausschließt. So verspricht man sich etwa eine sogenannte »demografischen Sicherheit« in Osteuropa. Und auch der französische Präsident Emmanuel Macron forderte Anfang 2024 in einer Rede eine »demografische Aufrüstung« des Landes.

ADN Am sanften Autoritarismus ist also am Ende wenig wirklich sanft. Was gibt Ihnen da noch Hoffnung?

Randeria Mittels einer breiten Mobilisierung und Parteienbündnissen wurde in Polen zum Beispiel eine solche Regierung ab-

gewählt. Es zeigt uns aber leider auch, wie lange es dauert, autoritäre Strukturen mit liberalen demokratischen Mitteln wieder rückgängig zu machen. Auch vier weitere Jahre Trump im Weißen Haus werden Folgen haben, die nachher nur sehr schwer rückgängig zu machen sein werden.

Anders als in den USA gilt in Deutschland ein Wahlsieg, eine Regierung geführt von rechten Populisten oder eine Regierungskoalition unter ihrer Beteiligung heute noch als undenkbar. Bei der jüngsten Bundestagswahl hat zwar ein erschreckendes Fünftel die in Teilen rechtsextreme AfD gewählt. Doch das bedeutet eben auch: Vier von fünf Wählerinnen und Wähler haben sich für eine andere Partei entschieden und das bei einer historisch hohen Wahlbeteiligung. Doch eine Garantie für die Zukunft ist das mitnichten. Denn hatte man eine Regierung unter Führung oder Beteiligung von Rechtspopulisten nicht früher auch in den Niederlanden, Finnland oder Belgien und Frankreich für unmöglich gehalten? Heute gibt es sie dort, oder es könnte sie sehr bald geben. In Österreich hat sich Anfang 2025 der Rechtspopulist Kickl zumindest an der Regierungsbildung versucht. Inzwischen haben in ganz Europa linke oder Mitte-links-Regierungen Seltenheitswert und sogar Mitte-rechts-Koalitionen (ohne die Beteiligung von Rechtspopulisten) fällt die Regierungsbildung mangels Mehrheiten zunehmend schwerer. Immer häufiger hängt es an den sogenannten bürgerlichen Parteien, also den Konservativen, wohin sich ein Land politisch wendet: ob es weiter aus der Mitte regiert wird und die Brandmauer zu den Populisten hält, ob sich die Regierung von rechtspopulistischen Kräften dulden lässt oder sogar mit ihnen koaliert.

Zur machttaktischen Ebene kommt die inhaltlich-strategische hinzu. Blick man in die vergangenen beiden Jahrzehnte, dann stellt man fest: Viele europäische Regeln, in der Migrationspolitik, zum Klima oder Artenschutz, in Wirtschafts-, der Sozial- und Entwicklungspolitik sind erstaunlicherweise in einer mehrheitlich konservativ besetzten EU-Kommission mit der Zustimmung von konservativen Regierungen entstanden und wurden dann von konservativen Mehrheiten verabschiedet – sowohl im Europaparlament als auch national. Man könnte sogar sagen: Bürgerlich-konservative Parteien haben früh erkannt, dass die großen Krisen allein national nicht gelöst werden können. Sondern dass sie im Gegenteil jede Staatsgrenze transzendieren und das kluge gemeinsame Regeln zum Schutz der Menschen und der Natur allen nutzen.

Deswegen waren die meisten europäischen Konservativen auch pro-europäisch. Deswegen wurden beispielsweise große Teile der Klimaschutzpolitik von ihnen auf europäischer Ebene installiert oder weiterentwickelt (nicht zuletzt der EU-Emissionshandel) – oft ohne dass sie dafür bei ihrer eigentlichen Stammwählerschaft viel Begeisterung geweckt haben (und auch ohne dass sie damit links oder grün Wählende begeistern konnten, denen die Maßnahmen nie ausreichten).

Wie wird sich das unter dem Druck der rechten Populisten ändern? Schon heute kann man im europäischen Parlament beobachten, wie die konservative Mehrheit mit rechtspopulistischen Partei-Familien zusammenarbeitet – die Brandmauer bröckelt also. Damit verändert sich ganz eindeutig auch die Politik. Das war beispielsweise im EU-Parlament so, als es um die sogenannte Entwaldungsrichtlinie ging, die die bedrohten Wälder besser schützen soll. Im Herbst 2024, gleich nach dem Start des neuen Parlamentes, sorgten konservative und rechtspopulistische Parteiengruppen dafür, dass der Waldschutz innerhalb der EU geschleift wird. Die Wahrscheinlichkeit ist groß, dass Ähnliches bei weiteren Projekten, die zum sogenannten Green Deal gehören, auch passieren wird, nicht zuletzt beim Emissionshandel, also dem Handel mit CO_2-Verschmutzungsrechten, und damit dem wichtigsten Mittel des Europäischen Klimaschutzes. Passiert das, würde damit auch die Hoffnung begraben, dass Europa beim Umweltschutz künftig noch die Rolle als globaler Vorreiter und Antreiber ausfüllen kann.

Das große politische Problem bei Themen der Polykrise ist, dass sie im traditionellen Links-Rechts-Spektrum der Parteien meist als

»links« verortet werden. Das gilt ganz besonders für die Klimakrise. Konservative können nur selten darauf hoffen, mit ehrgeizigen Schutzmaßnahmen viele Stimmen gewinnen zu können. Das konnte man auch im Bundeswahlkampf 2025 sehen. In dem spielte der Klimaschutz fast keine Rolle, CDU-Spitzenkandidat Friedrich Merz ging aber noch mal besonders unernst damit um. Bei der Frage, wie er die erneuerbaren Energien zukünftig behandeln werde, produzierte er nur eine Schlagzeile. Und zwar indem er sagte, Windräder seien »hässlich«. Sind Atomkraftwerke oder Kohlegruben schöner?

Uns geht es hier aber nicht um den zurückliegenden Wahlkampf, die Bundestagswahl vom Februar 2025 oder Koalitionsverhandlungen und Regierungsbildung. Vielmehr wollen wir in der heiklen Lage der Demokratie und angesichts des internationalen Aufschwungs von Rechtspopulisten die Rolle und die Bedeutung der Konservativen generell betrachten, also fragen: Entscheidet sich die Zukunft Deutschlands am Verhalten von CDU und CSU, und falls ja, wie?

DER EXPERTE

Thomas Biebricher ist Politikwissenschaftler, lehrt an der Universität Frankfurt und ist ein Kenner des Konservatismus. Ausführlich hat er sich mit den konservativen Parteien Europas beschäftigt und »Die internationale Krise des Konservatismus« (»Mitte/rechts«, 2023) geschrieben. Intensiv hat er »Die Erschöpfung des deutschen Konservatismus« (»Geistig-moralische Wende«, 2019) erforscht. So kann Biebricher im Detail erklären, warum es in der Krise der liberalen westlichen Demokratien gerade auf diese Parteienfamilie ankommt.

DAS GESPRÄCH

Auch das noch Herr Biebricher, kann man jeden Menschen einem bestimmten Milieu zuordnen? Und wenn ja, wie ist es mit Ihnen selbst?

Thomas Biebricher Ich glaube schon, dass wir alle durch bestimmte Milieus geprägt sind. Aber das geschieht nicht in einer deterministischen Art und Weise, sodass es uns komplett festlegen würde. Ich selbst bin in einer kleinen Winzergemeinde in Baden-Württemberg groß geworden ...

ADN Also echt konservativ?

Biebricher Echt konservativ, katholisch, klein und viel CDU, das muss man schon sagen. Und das ist auf jeden Fall Teil meiner eigenen Prägung, so etwas geht nie ganz weg. Man trägt es in sich. Aber möglicherweise distanziert man sich irgendwann davon.

ADN Heute erforschen Sie den Konservatismus. Mit dem Wort kann wohl jeder etwas anfangen. Aber verstehen die meisten Menschen unter »konservativ« auch dasselbe? Oder lädt dieses Wort zu Missverständnissen ein?

Biebricher Also es gibt schon ein großes Potenzial für Missverständnisse, nicht nur im alltäglichen Sprachgebrauch. Auch in der akademischen Diskussion ist umstritten, was genau damit gemeint ist. Ich glaube, das am weitesten verbreitete Missverständnis ist, zu denken, dass es darum gehe, auf Biegen und Brechen etwas erhalten zu wollen. Das schwingt oft mit, wenn jemand als Strukturkonservativer bezeichnet wird. Ich halte das für ein Zerrbild.

ADN Wie definieren Sie konservativ?

Biebricher Konservatismus lässt sich im Kern auf zwei Komponenten herunterbrechen. Die eine ist das Bewahren dessen, was Konservative als natürlich, selbstverständlich und normal empfinden. Die zweite Komponente ist die Haltung gegenüber Veränderung. Auch Konservativen ist klar, dass manches sich verändert. Konservative fragen dann, wie man die Veränderung am besten vollzieht.

ADN Klingt auf jeden Fall nach Anti-Revoluzzern.

Biebricher Richtig, zu dieser zweiten Komponente gehören ganz klar antirevolutionäre Impulse. Wenn es schon Wandel geben muss, dann wenigstens nicht abrupt, nicht disruptiv und bitte nicht großflächig am Reißbrett erdacht! Oder gar noch politisch angetrieben. Wandel sollte idealerweise so wie natürliche, organische Wachstumsprozesse geschehen, also immer auf dem Bestehenden aufbauend und Schritt für Schritt.

ADN Als Helmut Kohl 1982 der Kanzler einer konservativ geführten Regierung wurde, kündigte er eine geistig-moralische Wende an.

Biebricher Von der war schon Mitte der 1980er Jahre in der Union kaum noch etwas zu hören. Aber die Ankündigung war schon ein sehr typischer konservativer Schachzug. Versetzen wir uns nur in die damalige Zeit! Die ganze nordatlantische Welt kämpfte damals mit schweren Wirtschaftskrisen. Und die konservative Antwort darauf lautet: Für uns ist das Problem weniger die Wirtschaft oder die Globalisierung oder so, nein, wichtiger sind Werte. Die geistig-moralische Wende richtet sich gegen den Wertewandel, den das Jahr 1968 ausgelöst hat. Und sollte die Werte der Nachkriegszeit und des Wiederaufbaus nach dem Krieg stärken.

ADN Hat damals nicht sogar der ein oder andere Radiomoderator im öffentlich-rechtlichen Rundfunk plötzlich wieder mit dem Schlips vorm Mikrofon gesessen, um dort die Langhaarigen auch modisch zu vertreiben?

Biebricher Das würde zumindest ins Bild passen. Auf jeden Fall kippte damals die Stimmung, es änderte sich in den 1980er Jahren der Zeitgeist hin zum Konservativen.

ADN Und heute? Sie schreiben von der Krise des Konservatismus, dabei stehen CDU und CSU doch im Vergleich mit anderen Parteien noch ganz gut da. Wie begründen Sie Ihr Urteil?

Biebricher Die Krise des Konservatismus in Deutschland macht sich daran fest, dass eine entscheidende Frage für die Union umstritten ist: Wofür steht sie? Dazu muss man natürlich auch sagen: Speziell die CDU ist keine rein konservative Partei. Sie hat verschiedene Wurzeln, vom Liberalen bis zur katholischen Soziallehre, die eine Rolle spielen.

ADN Und es gibt immer wieder auch Teile der Partei, die mit dem Populismus der Rechten liebäugeln. In Demokratien wie Frankreich oder Italien hat dieser Spagat einstmals dominante konservative Parteien bereits in der Bedeutungslosigkeit versinken lassen.

Biebricher Im internationalen Kontext steht die Union auf jeden Fall sehr gut da. Vielleicht ist sie die stärkste christdemokratisch-konservative Partei in Europa oder gar darüber hinaus. Auch weil das internationale Panorama zeigt: Es sieht nicht gut aus für solche Parteien.

ADN Was wiederum ein Problem für uns alle ist – so Ihre These: Am Schicksal des gemäßigten Konservatismus entscheide sich die Zukunft der liberalen Demokratie. Was macht diese politische Strömung nach wie vor so unverzichtbar?

Biebricher Gemäßigt konservativen Parteien kommt heute wegen des Tempos, in dem sich die Welt verändert, eine unglaublich große Bedeutung zu. Denn es geht mehr denn je um die Frage, wie gesellschaftliche Veränderungsprozesse noch gestaltet werden können. Etwa so, wie wir es in den USA sehen? Da ist die konservative Partei immer weiter nach rechts gewandert und hat sich radikalisiert. Wir haben gesehen, wie wirklich jedes Sachthema politisiert und zu parteipolitischen Zwecken ausgeschlachtet wurde. Da wurden und werden die Ressentiments gegen alles geschürt, was sich verändert, es wird als Gefahr und Bedrohung codiert. Das Ergebnis ist ein Kulturkampf, in dem politische Haltungen nur durch Milieus und Lebensstile bestimmt werden.

ADN Das klingt, als werde Fortschritt ohne Abwägung von Sinn und Zweck abgelehnt. Zugleich steckt die Welt in der Polykrise und die Menschheit wird im 21. Jahrhundert besonders viel Veränderung erleben, die sie heute vielleicht noch – durch Veränderung – gestalten kann. Also beispielsweise durch eine energische Energiewende. Sind Konservative in solchen Zeiten vielleicht einfach die falsche politische Kraft?

Biebricher Nein, das glaube ich nicht. Konservative würden sagen: In dem Moment großer Turbulenzen, wenn die Veränderungen unvermittelt über uns hereinbrechen, schlägt in gewisser Weise die Stunde der Konservativen! Denn in diesem Moment bedarf es ja der Rückversicherung über die eigenen Wurzeln. Da muss man verstehen, wo man herkommt und wo man hingehört. Genauso, wie man in den 1980ern eben gesagt hat, man müsse zurück zu den Werten des Wiederaufbaus.

ADN Anders als damals verstärken heute die Klimakrise und der Naturverlust viele andere Probleme. Warum fällt es den Konservativen so schwer, hier das Bewahren zu ihrem Thema zu machen?

Biebricher Der gesamte Umgang mit diesen Krisen ist extrem davon geprägt, keinesfalls Verzicht zu fordern oder gar Verbote aussprechen zu wollen. Dass Klimapolitik für die Bevölkerung mit

Zumutungen einhergehen würde, dieser Eindruck soll um jeden Preis vermieden werden. Das ist insofern irritierend und inkonsistent, als es ja die Konservativen sind, die immer Einsatz, Selbstdisziplin und so weiter gefordert haben. Das waren die Werte von 1948! Opferbereitschaft und Selbstdisziplin, damit es zukünftigen Generationen mal besser gehen sollte. Und genau die gleiche Logik ließe sich analog auf Klima und Umwelt anwenden.

ADN Dafür müsste man aber von der Prämisse ausgehen, dass es ohne Verzicht nicht geht und es keine anderen, politisch leichter zu vermittelnden Lösungen gibt. Gerade Konservative setzen doch stattdessen lieber auch Technologie, oder?

Biebricher Es gibt durchaus technokratischen Konservatismus. Dessen Anhänger begrüßen die vom Kapitalismus angetriebene technologische Innovation. Sie gehen davon aus, dass wir einfach ganz viel Wettbewerb brauchen, und dann wird sich schon die effizienteste Technologie herauskristallisieren. Daher kommt auch das Mantra der Technologieoffenheit.

ADN Manchmal auch Technologie-Besoffenheit?

Biebricher Na ja, eigentlich dürfte es gar keine konservative Haltung sein, sich beim Klimaschutz zu sehr auf die Hoffnung zu verlegen, dass es schon irgendwann mit der Kernfusion klappen wird. Man hatte doch immer der Linken vorgeworfen, sie baue irgendwelche Wolkenkuckucksheime in der Zukunft ...

ADN Wie ließe sich eine echte ökologische Wende mit konservativen Werten begründen?

Biebricher Da könnten viele Register gezogen werden. Das religiöse, also die Bewahrung der Schöpfung, wird tatsächlich immer wieder erwähnt, aber bleibt doch diffus. Es gibt das moralische Register. So wie mit finanzpolitischer Solidität gegen zu hohe Schulden argumentiert wird, könnte man auch gegen zu hohe ökologische Hypotheken für künftige Generationen kämpfen. Das liegt spätestens seit dem Urteil des Bundesverfassungsgerichts zum Klimaschutz aus dem Jahr 2021 so auch auf dem Tisch. Und dann gibt es, wie gesagt, diese ganze Gedankenwelt, die man so fassen könnte: Zuerst das Land, dann die Partei. Anpacken, Leistung, Opferbereitschaft und der Gürtel, der enger geschnallt werden muss.

ADN Gibt es etwas, das von keiner anderen politischen Partei so glaubwürdig vertreten werden kann wie von den Konservativen?

Biebricher Ja, da kommen wir auf den Punkt vom Anfang zurück. Die CDU genießt in den Milieus rechts der Mitte die größere Glaubwürdigkeit und sie besitzt auch die größere Autorität. Einer ehrgeizigeren Klimapolitik könnte dort wohl nur die CDU Akzeptanz verschaffen.

BEAM

Rom, 25. Dezember 2035. – Es ist der erste Weihnachtsfeiertag und der Papst spricht von einem Balkon über dem Petersplatz den Segen »urbi et orbi« – so wie in jedem Jahr. Doch etwas ist neu: Die Gläubigen aus aller Welt wedeln mit Zweigen, Blumen, Gräsern – als sei dies nicht der Vatikan, sondern die Bundesgartenschau. Sie bekräftigen damit, dass sie Teil einer neuen christlichen Bewegung sein wollen: Sie gehören zu den Katholiken, die die Rückkehr der Ökologie in die Religion begrüßen. Sie wollen den neuen Papst auf seinem Weg bestärken.

Schon Papst Franziskus hatte im Jahr 2016 in seiner Enzyklika »Laudato si'« bei Christen für die Bewahrung der Schöpfung geworben. Sein Nachfolger, der neue Pontifex, griff die Idee dann Anfang der 2030er Jahre wieder auf und ging einen Schritt weiter: Er initiierte eine große Konferenz aller Weltreligionen – und schaffte es, dass deren spirituelle Führer die Menschheit gemeinsam zur Rettung der gottgegebenen Natur aufriefen. Moslems, Protestantinnen, Evangelikale, Katholikinnen, Hindus, Buddhistinnen, Juden und viele andere gläubige Menschen anderer Religionsrichtungen sehen seither den Kampf gegen die Klimakrise und das Artensterben als Teil ihrer Aufgabe auf Erden. Auf Katholiken wirkte besonders der berühmte Ausspruch des Papstes wie ein Schock: Nichtstun ist Sünde – *nihil facere est peccatum.*

Anfangs stießen die Religionsführer noch auf Ablehnung in den politisch konservativen Lagern. In Deutschland kritisierte beispielsweise der CDU-Ehrenvorsitzende Friedrich Merz die »klerikal-ökologischen Träumereien« und schimpfte über »religiöse Einmischung in die Realpolitik«. Seine Rhetorik erinnerte zwischenzeitlich an Bismarcks Kulturkampf gegen die Katholiken anderthalb Jahrhunderte vorher. Doch dann veränderte die wachsende Dramatik der Umweltprobleme auch das Denken in den konservativen Parteien. In der eskalierenden Klimakrise wurde der Schutz der Lebensgrundlagen endgültig zu einem Thema jenseits der Weltanschauungen.

Und es ist eine Ironie der Geschichte, dass diesmal sogar das Beten (mit)geholfen hat.

OUTRO

Religionen sind wirkmächtig, in unsicheren Zeiten mehr denn je. Warum also sollte man ihre Kraft nicht positiv nutzen, und zwar zum Schutz der Natur? Die gilt in vielen Religionen seit jeher als etwas, das der Mensch zwar beherrschen, aber zugleich auch bewahren sollte. Christen gilt die Erde als Geschenk Gottes.

Im Sommer 2015 veröffentlichte Papst Franziskus seine Enzyklika »Laudato si'«, in der er die Zerstörung der Umwelt mit Vergehen gegen die Mitmenschen vergleicht, auch gegen solche, die erst noch geboren werden: »Darum können wir stumme Zeugen schwerster Ungerechtigkeiten werden, wenn der Anspruch erhoben wird, bedeutende Vorteile zu erzielen, indem man den Rest der Menschheit von heute und morgen die extrem hohen Kosten der Umweltzerstörung bezahlen lässt.« Die Volkslehrschrift – Enzykliken sind so etwas wie päpstliche Newsletter an alle Gläubigen – war ein Novum in der Kirchengeschichte und inzwischen hat sich als Synonym für »Laudado si'« der Begriff Umweltenzyklika eingebürgert. Sie hat nicht wenig dazu beigetragen, dass 2015 die Klimakonferenz von Paris zum Erfolg wurde und dort das Ziel vereinbart wurde, die Erderwärmung unter zwei Grad und möglichst nahe 1,5 Grad im Vergleich zum vorindustriellen Niveau zu halten. Denn die Worte von Papst Franziskus sorgten bei katholischen Regierungschefs unter anderem in Lateinamerika für Nachdenklichkeit und eine größere Bereitschaft, sich durch den internationalen Vertrag zu binden.

Natürlich ist der ignorante Umgang mit der Natur nur eines der vielen Charakteristika von rechtspopulistischen Bewegungen. Und dennoch kann man daran beispielhaft erklären, wie Konservative eine überzeugende Gegenerzählung zum Populismus entwickeln könnten. Vorausgesetzt, sie erinnern sich an ihre Wurzeln. Natürlich ist das in der Tagespolitik alles andere als einfach. Da wird es weiter all die Widersprüche geben, wenn rivalisierenden Charaktere und Interessen aufeinanderprallen, die zum Alltag jedes Amts- und Mandatsträgers und jeder -trägerin gehören. Zur politischen Realität gehört eben auch, dass viele Konservative (sicher nicht als einzige, aber doch deutlich erkennbar) mental noch Teil der alten Welt sind, die mit Kohle, Öl und Gas feuert. Viele fremdeln bis heute mit der Vorstellung, dass Häuser warm, Autos fahrbereit und Energie sicher ist, wenn sie nur mithilfe von Sonne, Wind und Wasser produziert wird. »Es wird einfach absichtlich wahnsinnig viel Unsinn erzählt, der der Fossilbranche in die Hände spielt, weil die Leute verunsichert werden hinsichtlich der hervorragenden Alternativen, die es gibt«, sagte Christian Stöcker, Professor für digitale Kommunikation und Autor des Buchs »Männer, die die Welt verbrennen« im Krisenpodcast.

Noch einmal zurück ins Prinzipielle: Rechtspopulisten versprechen zugleich Disruption und die Rückkehr in eine Vergangenheit, die es so nie gab. Sie locken mit etwas, das sie nie erfüllen können oder jedenfalls in der Vergangenheit nicht erfüllt haben. Weder hat Silvio Berlusconi Italien ökonomisch modernisiert, noch Boris Johnson während seiner Regierungszeit Großbritannien reicher gemacht, noch Putin Russland gerechter. Die Enttäuschung der Wählerinnen und Wähler ist also vorprogrammiert. Sie bekamen zwar einen Wandel, aber selten einen, der das Leben der Mehrheit besser machte.

Konservative hingegen wollen keinen schnellen Wandel. Sie neigen dazu, soziale Veränderungen eher zu bremsen – gerade wenn sich alles zu wandeln droht durch Künstliche Intelligenz, Digitalisierung, Klimakrise, die wachsende Zahl von flüchtenden Menschen, die rasanten Innovationen in der Medizin oder die Rückkehr der Geopolitik. Doch anders als die Populisten drehen sich Konservative nicht weg und versprechen das Phantasialand, sie suchen weiter echte Lösungen für reale Probleme. Ihre Konzepte mögen vielen nicht schnell genug gehen oder nicht weit genug reichen – und sie mögen im Einzelnen in Zeiten der Polykrise tatsächlich nicht schnell genug für Lösungen sorgen. Dennoch sind sie in sich konsistent: Konservative wollen das Gute der Vergangenheit bewahren, indem sie es sanft modernisieren. Das ist ein enormer, ja kategorischer Unterschied zu den Mogelpackungen der Populisten!

Konservative könnten zudem, so eines der zentralen Argumente von Thomas Biebricher, in Krisenzeiten bei den Bürgerinnen und Bürgern ein großes Reservoir nicht-materieller Werte mobilisieren: Anstand, Opferbereitschaft und eben auch die Bewahrung der Schöpfung. Wenn sie es denn wollten.

14

DIE WELT(UN)ORDNUNG

Was Trump für die Geopolitik und für uns bedeutet

DIE ZAHL

70 Milliarden Euro mehr wert waren im Jahr 2024 die Exporte deutscher Unternehmen in die Vereinigten Staaten als die Einfuhren von US-Waren und Dienstleistungen nach Deutschland. »Außenhandelssaldo« nennen die Volkswirte das. Und dieses Saldo, so meldete das Statistische Bundesamt, war in jenem Jahr, als Donald Trump erneut die Präsidentschaftswahl gewann, höher denn je. In den Augen des US-Präsidenten kann das nicht so bleiben. Seine Außen- und Wirtschaftspolitik zielt darauf ab, den Warenfluss aus anderen Ländern zu reduzieren. Merkantilismus nennt man diese Sicht auf die Welt, und sie galt lange als altmodisch. Für Deutschland jedenfalls hat die veränderte US-Politik massive Folgen. Die Vereinigten Staaten waren zuletzt Deutschlands größter einzelner Abnehmer, noch vor China.

DAS INTRO

Das Problem mit großen politischen Veränderungen ist, dass man sie in dem Augenblick, in dem sie passieren, kaum überblicken kann. Manchmal weiß man noch nicht einmal, wie groß sie sind und wie gewaltig ihre Folgen. Es geht einem dann so wie dem jungen Fabrice del Dongo, einer Figur aus dem Roman »Die Karthause von Parma«. Der italienische Adelige Dongo nimmt aus Begeisterung für Napoleon an der Schlacht von Waterloo teil. Er erlebt damit zwar das blutige Chaos des Krieges, das Töten und Brandschatzen. In keinem Moment ist ihm jedoch klar, was genau da passiert: Dass dieses Ereignis die Machtverhältnisse in Europa radikal verändern wird.

Was das mit der Gegenwart zu tun hat? Auch heute verändern sich vor unseren Augen die Machtverhältnisse und damit die Weltpolitik. Donald Trump, Xi Jinping und Wladimir Putin sind gerade dabei, die alte Ordnung mutwillig zu zerstören, sie trocknen die Vereinten Nationen aus, sie verstoßen gegen internationale Regeln, die über viele Jahrzehnte die nationalen Egoismen der großen Länder halbwegs im Zaum gehalten haben. Und sie sorgen so für einen ganz neuen Umgang der Regierungen miteinander. Statt auf internationale Kooperation und die Idee zu setzen, durch eine regelbasierte internationale Ordnung die globalen Risiken gemeinsam besser in den Griff zu bekommen, zählt für sie nur eines: Was nützt die Welt mir und meinen Freunden in meinem Land?

Die langfristigen Folgen sind noch gar nicht abzusehen. Klar ist nur heute schon: Da bröckelt eine internationale Architektur, an der viele Menschen lange gebaut haben. Sie hat ihre Fehler, sicher. Und dennoch war sie bisher das Beste, was die Menschheit an kooperativen Regeln mühsam hinbekommen hat. Es hat Jahrzehnte gedauert, um all die internationalen Abkommen und Verträge zu verhandeln, die Institutionen aufzubauen, zu finanzieren und zu organisieren. Die haben zwar nicht für eine gerechte Welt gesorgt, immer noch bevorteilen die internationalen Welthandelsregeln die Mächtigen und Reichen. Immer noch herrscht in Teilen der Welt große Armut und werden die Ressourcen sehr ungerecht verteilt. Und dennoch. Immerhin haben die Regeln der internationalen Kooperation dafür gesorgt, dass sich ein großer Teil der Menschheit halbwegs friedlich entwickeln konnte und dass aus regionalen Krisen kein globaler Krieg geworden ist. Man fühlt sich erinnert an Ronald Reagan. Der frühere US-Präsident hatte einst gesagt: »Frieden ist nicht bloß die Abwesenheit von Konflikt, sondern die friedliche Lösung von Konflikten.«

Konflikte, die schnell gelöst werden müssten, bietet die Welt heute zuhauf. Um nur einen zu nennen, der uns fern scheint, und doch viele Menschen immer noch akut bedroht: der Hunger. Dank der Vereinten Nationen gibt es ein globales Frühwarnsystem, das vor kommenden Katastrophen warnt. Wenn beispielsweise wegen einer Dürre in einem armen Land die Ernte ausgefallen ist oder ein Unwetter sie zerstört hat. Dann konnte die Weltgemeinschaft bisher rechtzeitig Nahrungsmittelhilfe leisten. Doch solche Initiativen sind zunehmend unterfinanziert – vor allem seit sich die USA unter Donald Trump immer mehr aus dem UN-System zurückziehen. Geht das so weiter, wird internationale Politik nicht mehr zu der Arena, in der Probleme gelöst werden. Sie wird im Gegenteil selbst zu einer Dimension in der Polykrise, die unzählige andere zu beeinflussen, ja zu verschlimmern droht. Durch Donald Trump, oder schlechter noch, das internationale Triumvirat der Welt-Unordnung: Trump–Putin–Xi.

Was von außen betrachtet oft verrückt wirkt, beispielsweise das vermeintlich erratische Handeln von Donald Trump, folgt einer Logik, und zwar der der Geopolitik. Die hat das 19. und 20. Jahrhundert bestimmt und am Ende zu bitteren Kriegen geführt. Es ging und geht dabei immer darum, den eigenen Machtbereich möglichst auszudehnen. Mit dem Denken der jüngeren Vergangenheit, in der Regierungen das unmittelbare, nationale Interesse jedenfalls hin und wieder zugunsten einer internationalen Kooperation zurücksetzen, hat das nichts mehr zu tun. Wie aber geht Geopolitik im 21. Jahrhundert? Was genau werden die USA tun, um ihre kurzfristigen Interessen durchzusetzen? Und welche Camps streiten sich in den USA um die ideologische und faktische Macht?

DIE EXPERTIN

Constanze Stelzenmüller ist Expertin für Außen- und Sicherheitspolitik. Die promovierte Juristin lebt und arbeitet in Washington D. C. Sie ist die erste Inhaberin des Fritz-Stern-Chairs und Direktorin des Center on the United States and Europe der Brookings Institution, einer Forschungsstelle zu transatlantischen Beziehungen. Zuvor leitete Stelzenmüller das Berliner Büro des German Marshall Fund. Als Politikredakteurin der *ZEIT* berichtete sie jahrelang über Verteidigung, Sicherheit, deutsche Außenpolitik und internationale Rechtsfragen. Heute schreibt sie eine regelmäßige Kolumne in der *Financial Times*.

DAS GESPRÄCH

Auch das noch Seit Donald Trump wieder im Weißen Haus regiert, überlegen wir morgens wieder regelmäßig, ob wir die Nachrichten besser nicht einschalten sollten. Wie geht es Ihnen?

Constanze Stelzenmüller Ja, auch ich frage mich manchmal morgens, ob ich wirklich aufstehen und die neuesten politischen Meldungen lesen möchte. Ich glaube, das trifft auf alle zu, die mit der analytischen Verarbeitung von Politik beschäftigt sind. Das ist schon ein ermüdendes Geschäft, gerade hier in Washington. Es ist aber auch interessant, denn die Politik von Trump ist ganz anders als vor acht Jahren.

ADN Was ist der Unterschied?

Stelzenmüller Zu Beginn seiner ersten Amtszeit war Trump überrascht, dass er gewonnen hatte. Es gab in den Medien Beschreibungen, wie er im Morgenmantel im Oval Office saß und sich fragte, wie sein Tagesablauf nun funktioniere. Wer weiß, ob das so stimmt. Aber es illustrierte den tastenden Start damals ganz gut. Jetzt ist das völlig anders. Seit dem Wahltag, an dem ja sehr schnell klar war, dass er die Wahl gewonnen hatte, haben er und seine Leute absichtsvoll und zielstrebig die Nachrichtenlage dominiert – und damit die Weltpolitik. Kaum an der Macht, haben sie drastische Maßnahmen in Gang gesetzt, beispielsweise die Bundesunterstützung für Sozialprogramme gestoppt. Das Kabinett war noch nicht mal voll besetzt, und sie haben schon mit dem Umbau der Bundesregierung und letztlich auch ihrer Entkernung begonnen. Zehntausenden Beamten wurde nahegelegt, mit einer Abfindung den frühzeitigen Abschied zu nehmen.

ADN Man hat aus der Ferne trotzdem immer wieder den Eindruck, das Prinzip seines Regierens sei Chaos. Steckt dahinter ein System?

Stelzenmüller Absolut!

ADN Welches denn?

Stelzenmüller Schon seit der Amtseinführung wird ein Plan erkennbar: Trump will eine grundstürzende Transformation der amerikanischen Innen- und Außenpolitik. Es gibt sicher erhebliche interne Spannungen unter seinen Anhängern und auch Widerstand im Betrieb, die seine Wirkung bremsen oder sogar ausschalten können. Aber ich habe keinen Zweifel daran, dass ein Plan existiert, der auch sehr strukturiert ausgeführt wird.

ADN Aber wie passen dazu so irrsinnige Ideen wie die Eingemeindung Kanadas? Oder der Kauf von Grönland?

Stelzenmüller Ich würde das nicht so nennen, weil es ernst gemeint ist. Ich glaube, man verkennt die Dramatik dieses Augenblicks, wenn man nicht wahrhaben will, wie planhaft Trump in diese zweite Amtszeit hineingeht. Fangen wir mal mit der Innenpolitik an: Die Trump-Mannschaft verkleinert die Behörden des Bundes dramatisch, will die Grenzen dichtmachen und die Inflation reduzieren. Die Preise für eine Zwölferpackung Eier sollen wieder sinken.

ADN Eierpreise sind in den USA das, was bei uns Butter- oder Kaffeepreise sind, ein Alltagsindikator für Inflation?

Stelzenmüller Ja, und die Trumpianer glauben, sie können diese Preise durch grenzenloses Schuldenmachen senken ...

ADN Was in den USA sicher eher möglich ist als in anderen Ländern, weil der Dollar die Leitwährung ist. Sie können sich einfach Dollar drucken ...

Stelzenmüller Sie können so etwas sicher leichter als andere Länder, ja, aber es wird auf Dauer die Inflation nicht senken, sondern erhöhen. Dazu kommt das, was sie in der Wirtschaftspolitik vorhaben, beispielsweise die Zölle auf Importe. Auch das kann dieser Reservewährung und ihrem Status erheblichen Schaden zufügen.

ADN Wie geeint stehen Trumps Leute zu solchen Plänen?

Stelzenmüller Ich sehe zwei Lager. Einerseits die Ultralibertären, angeführt von Leuten wie Elon Musk und anderen Technologie-Oligarchen; andererseits die Nationalkonservativen. Die Libertären wollen so wenig Regierung, Staat und Regulierung wie möglich. Sie wollen offene Grenzen, weil sie qualifizierte Einwanderer brauchen. Und sie wollen eigentlich ein freundliches Verhältnis zu China und sehen überhaupt keinen Anlass, TikTok zu verbieten. Die Nationalkonservativen wollen einen starken Gemeinwohlstaat, wasserdichte Grenzen, und China in die Knie zwingen. Beide Lager finden die repräsentative Demokratie ungeeignet, um die Probleme der modernen Zeit zu lösen, und auch sonst ideologisch überholt. Beide sympathisieren in Europa und Deutschland mit rechtsextremen Parteien und Bewegungen.

ADN Bleiben wir noch einen Moment beim Umgang mit China.

Stelzenmüller Trump selbst ist eher China-freundlich, auf seine Leute trifft das nur zum Teil zu. Aber er wird sich am Ende durchsetzen.

ADN Die Sorge, dass es bald zu einer Art Wirtschaftskrieg zwischen China und den USA kommen wird, der Europa sehr schaden könnte, ist also eher übertrieben?

Stelzenmüller Ich würde bei Trump nichts ausschließen. Aber es ist schon interessant, dass er die Autokraten in Moskau und Peking eher freundlich behandelt, während Nachbarn und Verbündete schnell Gegenstand von haarsträubenden Drohungen und Gebietsforderungen geworden sind. Seine Ideen haben in Kanada, in Panama, in Kolumbien, in Mexiko, in Dänemark und Grönland wirklich Verstörung ausgelöst.

ADN Sollte man seine Forderungen den wirklich für bare Münze nehmen?

Stelzenmüller Ja, es handelt sich hier nicht um bloßen Theaterdonner.

ADN Und was bedeutet das? Müssen wir damit rechnen, dass Trump amerikanische Truppen in Grönland, Kanada oder Panama einmarschieren lässt?

Stelzenmüller Ich halte das für unwahrscheinlich.

ADN Noch vor Kurzem hätten wir alle diese Drohungen für mehr als unwahrscheinlich gehalten.

Stelzenmüller Es ist wichtig zu verstehen, dass dieser Präsident einen absoluten Widerwillen gegen die Anwendung militärischer Gewalt hat. Eine Ausnahme sind vielleicht hochpräzise Schläge aus sehr weiter Entfernung, wie die Tötung des iranischen Generals und Kommandeur der Al-Quds-Brigaden Kassem Soleimani im Januar 2020.

ADN Woher nehmen Sie die Sicherheit, dass er nicht doch einen Krieg vom Zaun bricht?

Stelzenmüller Trump hat sich in seiner Rede zur Amtseinführung als »peacemaker« bezeichnet, als »unifier«, als Friedensstifter und Vereiner, also als jemand, der nicht nur Kriege beenden, sondern auch keine neuen beginnen wird. Er ist überzeugt, dass es der große Fehler seiner Vorgänger war, Amerika in Kriege verwickelt und damit amerikanische Leben, amerikanisches Staatsvermögen und letztlich auch den sozialen Frieden aufs Spiel gesetzt zu haben. Und das für Länder und Gegenden, die weit weg sind und die man nicht einmal kennt! »Far away countries of whom we know nothing«, wie der britische Premierminister Chamberlain 1939 über die Tschechoslowakei sagte.

Trump glaubt vielmehr, dass er mit wirtschaftlichem Zwang (eigentlich schon mit der bloßen *Androhung von Zwang*) politische Ergebnisse erzielen kann – auch gegenüber Nachbarn und Verbündeten. Ich habe den Eindruck, er ist absolut entschlossen, damit die amerikanische Vormacht in der Welt und die Vormacht des Dollars auf Dauer abzusichern. Das ist ungeheuerlich, und es ist neu. Das gab es in der ersten Regierungszeit von Trump so noch nicht.

ADN Was bedeutet das für Russland – und für die Ukraine?

Stelzenmüller Nicht alle in Trumps neuer Mannschaft sind Russland gegenüber feindselig gesonnen. Die Nationalkonservativen, die sich für die Retter des christlichen Abendlandes und traditioneller Männlichkeit halten, finden es sympathisch, dass auch Putin sich schon seit Jahren als Retter eines nationalistischen Christentums darstellt. Das ist bei ihm zwar purer Opportunismus, aber er verfängt damit bei einem Teil der amerikanischen Rechten. Ich glaube auch, dass Trump an diesem Krieg in der Ukraine nicht etwa stört, dass Putin das Land ohne jeden Grund völkerrechtswidrig angegriffen hat, sondern dass es da überhaupt Krieg gibt. Trump findet, der muss beendet werden, damit wir alle wieder ins Geschäft kommen.

ADN Auch wenn die Realität oft weniger rosig war, verband den Westen, also die USA, Europa und ein paar andere Länder, eine Reihe gemeinsamer Ideen und Werte: das Einstehen für die Demokratien, für Menschenrechte, für globale Kooperation. Erleben wir jetzt das Ende dieses Westens?

Stelzenmüller Das geht mir in dieser Allgemeinheit zu weit. Es gibt in den USA immer noch Konservative, die sich als Menschenrechts-Universalisten fühlen, die an eine internationale Werteordnung und auch an den Westen glauben. Für deutsche Ohren wird das jetzt ironisch klingen, aber das sind vor allem die sogenannten »Neokonservativen«, die in der Zeit von George W. Bush gewaltige Fehler gemacht haben; sie haben den Irakkrieg, das Straflager Guantanamo und Folterungen mit zu verantworten. Aber der Widerstand gegen Trump ist bisher von diesen Leuten gekommen. Aber auch von den Kirchen. Ich bin angenehm überrascht über den humanistischen Zorn, der da brodelt.

ADN Müssen die Menschen in Deutschland und in Europa Angst vor Trump haben?

Stelzenmüller Wenn wir Angst haben, haben wir schon klein beigegeben.

ADN Was macht Ihnen am meisten Sorgen?

Stelzenmüller Das Eskalationsrisiko, das aus der Frustration entsteht – wenn die für allmächtig gehaltenen Wirtschaftswaffen wie Sanktionen, Strafzölle und so weiter dann doch nicht den gewünschten politischen Zweck erreichen.

DER BEAM

Samstag, 20. Januar 2035. – Es dauert ganz schön lange, mit dem EUropaticket nach Brüssel zu gondeln. In Köln hatten sich Lasse und Azra getroffen, er war aus Hildesheim angereist, sie aus Ludwigshafen. An der Gare de Bruxelles-Midi trafen sie dann nach einem ganzen Tag auf Schienen die anderen Musiker: ein vielsprachiges Hallo zwischen Geigen- und Cellokästen. Das Ensemble de l'abondance hatte sich vor anderthalb Jahren, im August 2033, in einem Sommercamp für junge Musikerinnen und Musiker bei Strasbourg zusammengefunden. Heute sind die zwei Dutzend jungen Leute nach Brüssel eingeladen. Der EU-Kommissionspräsident hat sie gebeten, bei einer Feierstunde zu musizieren.

Das Datum darf man als symbolträchtig verstehen: Heute vor zehn Jahren war Donald Trump zum zweiten Mal als US-Präsident vereidigt worden. Aber dessen Namen möchte niemand ohne Not aussprechen, nicht auf dem Bahnsteig in Bruxelles-Midi und nicht am Abend im Berlaymont-Gebäude der Europäischen Kommission. »Wir haben uns nicht auseinanderdividieren lassen«, sagt der Gastgeber stattdessen. »In schweren Zeiten hat die Union gehalten.«

Auch wenn man ein Quäntchen Selbstlob und ein gehöriges Maß Erleichterung abzieht: Tatsächlich hatten zum Start von Trump 2.0 viele Außen- und Wirtschaftspolitiker vorhergesagt, dass nun einzelne Staaten versuchen würden, separate Deals mit der US-Regierung einzugehen, in der vagen Hoffnung, von allzu drastischen Maßnahmen (zu Beginn der Präsidentschaft war das Wort *tariffs*, Zölle, in aller Munde) verschont zu bleiben. Ebenso viele hatten gemahnt: Nur vereint könne die EU den US-Forderungen etwas entgegensetzen.

Als Azra und Lasse im Berlaymont nach ihren Violinen greifen, flimmert über die Monitore im Saal eine Diashow, die zeigen soll, wie Europa zusammengewachsen ist in dieser Zeit der ökonomischen Attacken. Für vieles haben die Grafiker keine Symbolfotos gefunden, zu abstrakt! Nicht für die Geheim- und Pendeldiplomatie zwischen den Hauptstädten, nicht für die diskreten Verabredungen europäischer Großkonzerne, nicht für das zähe Ringen im europäischen Parlament, das den Kräften der Spaltung etwas entgegensetzen wollte. Dafür gibt es viele blaue Fahnen mit gelbem Sternenkreis, Portraits strahlender Menschen auf dem gesamten Kontinent, Bilder wiederhergestellter Natur – und als Azra kurz aufschaut sieht sie die goldene Chipkarte, auf der Europas Sterne keinen Kreis bilden, sondern ein Herz, durch das ein stilisierter Schienenstrang hindurch zum Horizont führt: das EUropaticket, mit dem junge Menschen bis 25 Jahren kostenlos den Nahverkehr in der gesamten Union nutzen können.

Jetzt konzentrieren sich Azra und Lasse, gleich kommt der Einsatz. Nicht zur »Ode an die Freude«, der alten Europahymne. Das Ensemble de l'abondance spielt heute Abend die Streicherfassung *des* Pop Hits des vergangenen Sommers: »Better together«.

DAS OUTRO

Dieser Beam ist ein Kind der Hoffnung. 450 Millionen Bürgerinnen und Bürger leben in der Europäischen Union. Die Hälfte aller deutschen Exporte geht in EU-Länder (also deutlich mehr als in die USA). Wäre die Union ein Nationalstaat, hätte sie nach Indien und der Volksrepublik China die drittgrößte Bevölkerung. Und immer noch ist die Lebensqualität höher als in vielen anderen Regionen der Welt, was auch daran liegt, dass viele der Demokratien in Europa liegen: Hier kann man – noch? – frei seine Meinung sagen.

Und wir unterstellen hier, dass die Union hält. Der Brexit von Anfang 2020 hat ja gezeigt: fortwährende Erweiterung und Integration sind kein Naturgesetz, es kann auch wieder rückwärts gehen. Und das würde bedeuten, kleiner, schwächer und angreifbarer zu werden in einer harschen Weltlage, in der die größte Weltwirtschaft (USA) und die zweitgrößte (China) auf Konfrontationskurs gehen. Und in der speziell die Trump-Regierung den europäischen Block als eine unübersichtliche Ansammlung von Nationalstaaten betrachtet, die man doch gegeneinander ausspielen könnte. Auf andere Art versucht Russland das ja schon seit einer ganzen Weile. Gelänge es, stünde selbst die Bundesrepublik als aktuell drittgrößte Volkswirtschaft der Welt (vor Japan) recht einsam da.

Vieles hängt also wesentlich von der Geschlossenheit der EU-Staaten ab: ihr globaler Einfluss ebenso wie die Wohlfahrt im Inneren. Das ist viel gesagt angesichts der Unsicherheiten und Erschütterungen, die derzeit nahezu jede europäische Wahl mit sich bringt. Werden Nationalisten innerhalb Europas die Union schwächen? Kann jemand Begeisterung wecken für ein gemeinsames, solidarisches Vorwärts? Wem gelingt es, die Union zu bewahren?

Klar ist, dass das ökonomische Interesse uns Europäerinnen und Europäer noch eng zusammenbindet – schon wegen der gemeinsamen Währung. Natürlich ist die Zukunft so viel mehr als Ökonomie. Dennoch kann man die Quintessenz des Gesprächs mit Constanze Stelzenmüller so zusammenfassen: Wirtschaft und Handel werden in den kommenden Jahren sicher zu einer transatlantischen, wenn nicht gar einer globalen Kampfzone werden.

Es wäre schon ein Glück, wenn es bei diesen Feldern bliebe.

15

DIE ERNÄHRUNG

Warum unser Essen praktizierte Veränderung ist, nicht Ideologie

DIE ZAHL

52 Kilogramm Fleisch isst jeder Mensch in Deutschland durchschnittlich pro Jahr. Das sind in 10 Jahren etwa ein Kalb, vier Schweine und 105 Hühner. Und es gibt mindestens zwei Arten, diese Zahl zu kontextualisieren: Ein Zentner Fleisch pro Kopf, ja, aber im vergangenen Jahrzehnt lag der Wert noch deutlich über 60 Kilogramm. Andererseits isst ja gar nicht *jeder* Mensch in Deutschland Fleisch, und der Durchschnittswert kann uns nicht verraten, ob die Abnahme der Jahresmenge auf eine breite Verhaltensänderung hinweist oder eher auf die wenigen, die sich entschieden haben, überhaupt kein Fleisch mehr zu essen.

DAS INTRO

Essen ist Privatsache? Ja klar, aber nicht nur. Gerade beim Essen wird das Private schnell politisch, und zwar aus gleich zwei Gründen. Zum einen ist die Frage: »Bratwurst oder keine Bratwurst?« heute längst identitätspolitisch aufgeladen. Sag mir, was du isst – und ich sage dir, wo du politisch verortet bist. Tofuburger ist grün, Bratwurst sozialdemokratisch, und kein CSU-Frühschoppen ohne Weißwurst.

Klar sind das Klischees, aber die Besessenheit, mit der sich beispielsweise der CSU-Chef Markus Söder über Veganer lustig macht, zeigt schon, das Essen so viel mehr ist als die Aufnahme von Kalorien, Vitaminen und Nährstoffen. Und auch, wie gern immer noch große Teile der Politik (und ihre Fans) ausblenden, welche immensen Auswirkungen das, was auf dem eigenen Teller liegt, auf den Globus hat. Es heizt die Klimakrise an oder eben nicht, es beschleunigt oder bremst das Artensterben. Oder ganz konkret: Würden alle Menschen auf der ganzen Welt so viel Fleisch verzehren wie die Deutschen, dann wäre auch der restliche Urwald hin, verwandelt in Felder, auf denen Futter-Soja für Nutztiere angebaut wird.

Auch wenn man vom politischen Symbolpotenzial – Grillwürste und Koteletts und echte Männer! – einmal absieht. Im hohen Fleischkonsum treffen sich nicht nur die Polykrisen-Facetten beispielhaft: Klima und Umwelt, Tierethik und menschliche Gesundheit, Übergewicht und Hunger. Hier zeigt sich auch, welche fatalen Lieferketten sich weltweit etabliert haben, und wie sie in jeder Station neues Elend produzieren. Da werden in Südamerika Urwälder abgeholzt und Indigene vertrieben, um Sojafelder anzulegen. Die Arbeiter, die die Felder pflegen, leiden nicht selten unter den giftigen Pflanzenschutzmitteln, die europäische Hersteller produzieren (und in der EU längst nicht mehr vertreiben dürfen). Das Soja kommt dann als Futter in riesige europäische Mastbetriebe. Deren Tiere produzieren viel zu viel Gülle, die in den Boden sickert und unser Grundwasser vergiftet. Ihr Fleisch wird dann weiter nach China exportiert, und sorgt dafür, dass dort inzwischen mehr Menschen an ernährungsbedingten Zivilisationskrankheiten leiden. Den »langen Schatten« der globalen Fleischwirtschaft hat die Landwirtschaftsorganisation der Vereinten Nationen, FAO, schon vor zwei Jahrzehnten beschrieben. Er lässt sich auf den einen Satz zusammenfassen: Je mehr Menschen Fleisch essen, desto mehr Menschen (und Tiere) müssen leiden.

Die globale Fleischwirtschaft zerstört Natur: So viel ist bekannt. Weniger bekannt ist das schiere Ausmaß der Folgen, die unsere Ernährung bereits hat. Mit der Viehhaltung hat die Menschheit die Artenzusammensetzung ihres Heimatplaneten drastisch aus dem Gleichgewicht gebracht: Allein die Masse der Hausschweine ist heute schon doppelt so groß wie die Masse aller wildlebenden Landsäuger. Noch beeindruckender sind die Gewichtsvergleiche: Wilde Säugetiere an Land wiegen zusammen etwa 20 Millionen Tonnen, diejenigen im Meer 40 Millionen Tonnen. Alle Menschen brächten es, würden sie auf eine Waage gestellt, auf 390 Millionen Tonnen Gesamtgewicht. Und unsere Nutz- und Haustiere kommen auf 630 Millionen Tonnen. Sie wiegen also heute bereits zehnmal so viel wie alle wilden Tiere zusammen!

Machen wir so weiter – und nichts deutet auf das Gegenteil hin –, werden in den kommenden Jahren nicht nur Hunderttausende Arten für immer verschwinden. Auch für das Klima ist die fleischbasierte Ernährung fatal. Denn für den Anbau von Futterpflanzen wie Mais und Raps werden weltweit Urwälder und Moore, die CO_2 speichern könnten, zerstört. Und auch die Produktion von Fleisch selbst sorgt für den Ausstoß von Treibhausgasen. Über rülpsende Rinder ist viel gelacht worden, tatsächlich entsteht bei der Verdauung der pflanzlichen Nahrung das Treibhausgas Methan, gelangt in die Atmosphäre und richtet dort großen Schaden an. Ein Gramm Methan trägt 28-mal so stark zum Treibhauseffekt bei wie ein Gramm Kohlendioxid. (Und das bezieht sich nur auf seine Klimawirkung über einen Zeitraum von 100 Jahren, kurzfristig ist es sogar noch schädlicher. Nach Kohlendioxid hat Methan den zweitgrößten Anteil aller Treibhausgase an der Erderhitzung.)

Was wir essen, hat also eine immense Wirkung auf den Planeten. Dummerweise wird darüber immer seltener rational und kühl gesprochen. Nicht nur reaktionäre Politiker, auch viele Bürgerliche geben sich gern als Verteidiger von Schnitzel und Bratwürsten und gerieren sich dabei mitunter so, als stünden sie wie eine verfolgte Minderheit einer Übermacht von Pflanzenessern gegenüber. Tatsächlich ernähren sich jedoch nur wenige Prozent der Bevölkerung rein pflanzlich. Woher kommt diese Verhärtung? Wieso ist die

Bratwurst »rechts« und Tofu »links«, und wie lassen sich solche Zuschreibungen auflösen – zum Nutzen aller?

DIE EXPERTIN

Sophia Hoffmann ist eine Pionierin der pflanzlichen Küche. Die vegane Köchin verbreitete schon früh – in Büchern und Podcasts – das Wissen darüber, wie es funktioniert, ganz ohne tierische Zutaten alltagstauglich zu kochen. Sie schrieb die Kochbücher »Zero Waste Küche« und »Die kleine Hoffmann«. Inzwischen betreibt Sophia Hoffmann in Berlin ein Restaurant, das man als Labor verstehen kann. Hier wird ausprobiert, wie vier gesellschaftlich relevante Ziele zugleich erreicht werden können: in der Küche das Klima schützen, fair zu den Mitarbeitenden sein, dabei Geld verdienen und auch noch gut kochen.

DAS GESPRÄCH

Auch das noch Frau Hoffmann, Sie betreiben in Berlin-Kreuzberg das Restaurant *HAPPA*. Woher kommt der Name?

Sophia Hoffmann *HAPPA* kommt von Happa-happa, dem Kinderwort für Essen. Meine Geschäftspartnerin Nina Petersen und ich fanden das schön, warm und eingängig. Und es funktioniert sowohl im Deutschen als auch im Englischen und es passt gut zu rein pflanzlichem Essen.

ADN Sie haben über nachhaltiges Kochen gebloggt, gepodcastet, Bücher geschrieben und waren im Fernsehen. Und Sie kochen auch noch. Wie geht das alles?

Hoffmann Kochen ist auf Dauer sehr anstrengend. Deswegen ist es für mich entspannend, das Handwerkliche und das Intellektuelle zu verbinden, und so das Thema in die Öffentlichkeit zu tragen.

ADN Seit wann kochen Sie vegan?

Hoffmann Das war eine Entwicklung. Zum ersten Mal habe ich 2010 in der Zeitung darüber gelesen, dass die Haltung von Rindern erheblich zum Klimawandel beiträgt. Ich weiß das noch so genau, weil ich davon noch nie gehört hatte. Ich war zwar als Teenager schon mal Vegetarierin gewesen, aber da ging es mir um die Tiere. Nun kam die Klimakrise als weiteres Argument für eine pflanzliche Ernährung dazu.

ADN Und wie haben Sie das dann Ihrer Kundschaft schmackhaft gemacht?

Hoffmann Ich hatte damals schon vegetarische Dinner organisiert und Pop-up-Events. Dann gab es 2012 die ersten Anfragen nach veganem Catering. Und da habe ich mir gedacht: Jetzt wage ich es und mache alles vegan! Das ist doch viel einfacher.

ADN Einfach? Heute verkauft zwar jeder x-beliebige Supermarkt Lebensmittel aus Erbsen-, Weizen- oder Soja-Proteinen, die aussehen wie Würstchen, Schnitzel oder Hack. Aber damals gab es all das nicht.

Hoffmann Für mich war es eine Herausforderung, mich da reinzufuchsen. Immerhin gab es das Internet, und so konnte ich recherchieren, dass in fast allen Kulturen seit jeher vegane Gerichte existieren.

ADN Die zweite große Besonderheit Ihrer Küche ist es, keinen Abfall zu erzeugen. Geht das in der Hektik eines Restaurants?

Hoffmann Mit *zero waste*, also überhaupt kein Abfall, legt man die Latte schon sehr hoch! Wir schaffen *low waste*, also wenig Abfall. Es kann mal etwas schlecht werden, klar, aber davon abgesehen verwerten wir wirklich fast alles und entsprechend wenig Essbares wandert in die Mülltonne.

ADN Es sei denn, die Leute essen ihre Teller nicht leer!

Hoffmann Wir laden die Teller bewusst nicht so voll, dass man gar nicht alles schaffen kann.

ADN Nachhaltigkeit hat noch eine weitere Dimensionen: den fairen Umgang mit den Menschen. In der Gastronomie scheint das besonders schwer.

Hoffmann Das ist in der Gastronomie wirklich ein Riesenthema, da geht es um Bezahlung und die Arbeitszeiten. In unserer Gründungsphase hatte meine Geschäftspartnerin ein kleines Kind, sie wollte also nicht jeden Abend arbeiten. So entstand unser Mittagstisch-Konzept, das von Montag bis Donnerstag einen Arbeitstag von neun bis fünf Uhr ermöglicht, ganz ähnlich wie ein Bürojob. Inzwischen öffnen wir aber auch abends. Sonntags haben wir geschlossen.

ADN In der Gastronomie wird oft schlecht bezahlt, oder?

Hoffmann Ja, das ist so. Wir selbst zahlen über dem Mindestlohn, unsere Personalkosten sind aber auch unser größter Posten, und wir erreichen rasch das Limit, weil wir eine extrem kleine Marge haben. Der Preis, den Sie im Restaurant für ein Gericht zahlen, hat also schon etwas mit Wertschätzung für die Menschen und die Natur zu tun.

ADN Wo liegt die Schmerzgrenze beim Mittagstisch, wahrscheinlich sind wenig Leute bereit, mehr als zehn Euro auszugeben, oder?

Hoffmann Das ist unsere größte Herausforderung. Wirtschaftlich wäre es für uns wesentlich besser, nur abends zu öffnen. Da kann man deutlich mehr verlangen. Aber das war ja gerade nicht das, was wir wollten. Wir wollten einen Ort, an dem wir langfristig austarieren können, was nachhaltig für uns bedeutet – in jeder Hinsicht. Ja, das ist nicht einfach.

ADN »Vegan Queens« heißt ein Buch, das Sie im Jahr 2016 geschrieben haben, vegane Königinnen. Sie stellen darin Frauen aus der Gastroszene vor. Es war eine Mischung aus Portraitalbum und Kochbuch. 2023 erschien eine Neuauflage mit neuen Queens drin, sozial und ethnisch erkennbar diverser. Was ist dazwischen mit Ihnen passiert?

Hoffmann Ich habe mich einfach sehr viel mit meinen eigenen Privilegien auseinandergesetzt. Ich habe mich gefragt, ob ich ein Beispiel für den vielzitierten weißen Feminismus war, und ärmere Frauen oder die aus anderen Kulturkreisen einfach übersehe. Also habe ich begonnen, intersektionaler zu denken! Es gibt ein ganz tolles Zitat von Asma Khan, der Köchin des *Darjeeling Express* aus London ...

ADN Ist das die aus der Netflix-Serie?

Hoffmann ... ja genau, in »Chef's Table« wurde sie porträtiert. Asma Khan hat einmal gesagt: »Privilege comes with the duty to lift others up« – Deine verpflichten dich dazu, andere mit nach oben zu ziehen.

ADN Stellen Sie sich vor, Ihr Restaurant würde von Berlin-Kreuzberg verpflanzt, sagen wir, nach Ostsachsen oder nach Oberbayern!

Hoffmann Mittlerweile bin ich optimistisch, dass es dort auch funktionieren könnte. Einfach deswegen, weil ich in den vergangenen Jahren viel Positives erlebt habe an Orten, an denen ich nicht damit gerechnet hätte.

ADN Trotzdem definieren sich Menschen immer noch stark über ihre Essgewohnheiten, und lehnen vegane Gerichte schon aus Prinzip ab.

Hoffmann Das liegt ganz stark an der Sozialisierung, das belegen viele Studien. Menschen suchen sich nicht aus, was sie normal finden. Die amerikanische Psychologieprofessorin Melanie Joy hat viel zum Thema Speziesismus geforscht, oder der Frage: Warum essen wir die einen Tiere und haben die anderen lieb, also warum behandeln wir die Spezies Schwein und Hund so unterschiedlich? Das ist kulturell bedingt, hat aber heute mit den massiven Interessen der Fleischwirtschaft zu tun. Joy sagt, dass sich so die drei großen N etabliert haben: Dass es Normal, Natürlich und Notwendig wäre, Fleisch zu essen. Dabei stimmt bei uns keine dieser Behauptungen.

ADN Wie erklären Sie folgende Widersprüche: Obwohl sich die Mehrheit der Menschen regelmäßig mehr Tierschutz wünscht, essen weniger als zehn Prozent vegetarisch, vielleicht drei Prozent vegan. Markus Söder spricht trotzdem von zwanghafter Veganisierung und Hubert Aiwanger ruft zum Fleischverzehr auf.

Hoffmann Verrückt, als hätten wir keine anderen Sorgen! Ich finde es einfach beknackt und unglaublich kurzsichtig, Essen so populistisch aufzuladen. Schauen wir doch in die direkte Nachbarschaft. Mein Restaurant ist in Berlin, in Brandenburg wird jetzt als Folge der Klimakrise schon das Wasser knapp. Und die wiederum wird nun mal durch die Emissionen der industriellen Landwirtschaft verschärft. Wer für möglichst wenig Geld möglichst viel Tier essen möchte, und zwar täglich, beutet die Menschen und die Natur in unerträglichem Maße aus.

ADN Nüchtern naturwissenschaftlich betrachtet ist es relativ leicht, Argumente gegen den Fleischkonsum zu finden, sie sind auch weitgehend unstrittig. Und trotzdem setzen sie sich nicht durch.

Hoffmann Das ist ja leider nicht nur bei der Ernährung so. Auch auf anderen Feldern verteidigen die Populisten eine Gesellschaft und eine Art zu leben, die es so nicht mehr lange geben wird. Ohne jetzt zu pessimistisch klingen zu wollen: Ich glaube ohnehin, dass wir in zehn Jahren ganz andere Probleme haben werden als die Frage, ob es ein Recht auf die tägliche Currywurst geben muss.

ADN Das ist aber höchstens ein schwacher Trost. Woraus schöpfen Sie denn dann Hoffnung?

Hoffmann Wir haben nicht selten Mittagsgäste, die gar nicht mitbekommen, dass unser Restaurant vegan ist. Die essen einfach, und sind dann hinterher erstaunt, dass ihnen nichts gefehlt hat. Alle, denen es geschmeckt hat, alle, die künftig mehr Pflanzliches essen, sind Teil des Fortschritts.

ADN Was empfehlen Sie Leuten, die selbst noch nie vegan gekocht haben?

Hoffmann Man muss nicht um fünf Ecken denken, nicht an Hummus und mittelöstliche Küche oder gleich Thaicurry. Starten Sie mit einem gelingsicheren Gericht. Ersetzen Sie bei den Bratkartoffeln die Butter durch Öl, schnippeln dann noch ein paar Pilze dabei und schon haben Sie ein super Essen. Das ist quasi von selbst vegan.

Oder so etwas wie eine Bolognese, in der man nur eine einzige Komponente – Soja- statt Fleischhack – ersetzen muss. Das lebt ja von seinen würzigen Zutaten, vom Knoblauch, vielleicht von den Kräutern und dem Schluck Rotwein. Alles schön einköcheln lassen und schon hat man schnell ein Erfolgserlebnis.

DER BEAM

München, September 2035. – Ausgerechnet auf der Wiesn, noch vor ein paar Jahren wäre das eine Provokation gewesen! Beim diesjährigen Oktoberfest jedoch ist es eher eine Gaudi. Natürlich wird die Verkostung übertragen: TV, Livestream, filmende Influencer. Vor Bierzelten und umringt von Trachtenträgern probieren fünf Sterneköchinnen und -köche diese, wie soll man sagen, Kreationen? Start-ups und Uni-Teams treten hier an mit ihren Wettbewerbsbeiträgen in den Kategorien »Hend'l«, »Hax'n« und »Braten«. Werden sie denen gerecht? Das muss die Jury bewerten und unterscheiden zwischen Geschmack, Konsistenz, Textur, Biss- und Kaugefühl.

Sie machen eine große Show aus diesem Testessen, es fällt aber auch nicht ganz leicht. Denn Pflanzenfleisch ist gut geworden in den vergangenen Jahren. Ja, so heißt das inzwischen. Fleisch aus Pflanzen, ein wortgewordener Widerspruch, typisch Marketing! Mit Aufschnitt, Würsten und Hack aus Proteinen aus Erbsen, Lupinen, Soja und Weizen hatte es in den frühen 2020er Jahren begonnen, mittlerweile können die »Pflanzer«, auch das ist ein neuer Begriff, den man wohl am ehesten als vegetarisches Gegenstück zum Metzger erklären kann, komplexe, vielschichtige Lebensmittel formen, die sich zubereiten und verspeisen lassen wie ihre tierischen Vorlagen, eben Hend'l, Hax'n und Braten.

Das kauft noch nicht jeder, aber eine stetig wachsende Zahl an Menschen. Der Pro-Kopf-Verbrauch tierischer Lebensmittel ist spürbar zurückgegangen. Das »todfreie« Fleisch, so werden pflanzliche Alternativen manchmal auch genannt, ist inzwischen so vielfältig und schmackhaft, dass sogar die Fans der blutigen Steaks manchmal Schwierigkeiten haben, den Unterschied zu bemerken. Günstiger und gesünder sind sie sowieso. Das wirkt sich aus: auf den Tierbestand, auf die Umwelt- und Klimabelastung durch die industrielle Fleischproduktion. Aber vor allem ist es kein Thema mehr, das spaltet: So selbstverständlich wie tierisches und pflanzliches Fleisch inzwischen koexistieren, käme niemand mehr auf die

Idee, hier Identitätspolitik zu betreiben. Entsprechend wünscht die bayerische Ministerpräsidentin, in Tegernseer Tracht und in dem Anlass angemessener Mundart, den drei Siegerteams auf der Wiesn: »An guadn!«

OUTRO

Der Fortschritt in der Lebensmitteltechnik hat schon in den 2010er und 2020er Jahren die Schwelle für Vegetarierinnen und Veganer stark gesenkt. So ist es jedenfalls in den westlichen Wohlstandsgesellschaften einfach, sich fleischlos und dennoch lecker zu ernähren – auch wenn man nicht jeden Tag selbst kocht. Pflanzliche Frikadellen, Schnitzel, Schinkenwürfel und Salamisticks – in den Supermärkten gibt es längst eine Vielzahl an Veggie-Produkten. Schnell hatten die Hersteller erkannt, dass Menschen als (pardon!) Gewohnheitstiere das Bekannte schätzen, nicht unnötig über Alltägliches nachdenken möchten, und seien es die Handgriffe bei der Zubereitung der Pausenbrotbox. Fleisch- und Wurstimitationen stillen dieses Bedürfnis. Man kann Vegetarier oder Veganer werden, ohne ein einziges neues Rezept, eine einzige andere Zubereitung lernen zu müssen.

Zugleich ergab sich so ein kurioses Paradox: Jede Menge Lebensmittel, die zwar keine tierischen Zutaten enthalten, aber die ganz eindeutig so aussehen. Mortadellascheiben aus Erbsenprotein: Was sagt das über die Konsumenten? Ist jemand, der sein Brot mit dieser veganen Fleischwurst belegt (also einer, der kein Tier isst, aber Wert darauf legt, dass es so aussieht als ob) ein Tarnveganer?

Aber vielleicht sind das auch nur Übergangsphänomene, Veggie-Essen für diejenigen, die noch mit der kostenlosen Scheibe vom Metzger (»Will der Kleine eine Wurst?«) groß geworden sind. Für die, auf deren Teller immer dreierlei liegen muss: Fleisch, Gemüse und Sättigungsbeilage.

Wohl deshalb war auch so oft von Hightechlösungen als nächstem Schritt die Rede. Gelänge die massenhafte Zucht tierischer

Zellkulturen (»Laborfleisch«), so wäre man, tierethisch korrekt, noch näher dran am Gewohnten und könnte sich als *so etwas Ähnliches* wie ein Vegetarier fühlen. Bislang ist die Entwicklung von In-Vitro-Fleisch noch teuer. Hingegen haben die pflanzliche Alternative Fahrt aufgenommen. Die Annahme des Beams, dass sich das pflanzliche Fleisch für viele Alltagssituationen durchsetzen wird, ist also eine durchaus plausible Extrapolation.

Für den Globus wäre die massenhafte Entscheidung für pflanzenbasierte Ernährung ein positives Signal, und für den Einzelnen auch: Ich möchte gesünder leben, ich möchte weniger Schaden in der Natur anrichten. Selten geht beides gleichzeitig so einfach. Und noch eine dritte positive Wirkung hätte diese Veränderung:

Sie würde den weltweiten Hunger senken. Diesen Skandal vergisst man in den übersättigten Gesellschaften reicher Weltgegenden gern: Mehr als 700 Millionen Menschen haben nicht genug zu essen. Eine Weile lang sank die Zahl kontinuierlich, seit 2016 aber stockt sie und seit der Pandemie wächst vielerorts die Zahl der unterernährten Menschen sogar wieder. Dabei gibt es weltweit mehr als genug Kalorien, um alle satt zu machen. »Das ist wirklich wissenschaftlich belegt, wir haben genug Lebensmittel auf der Welt, aber sie sind nicht fair verteilt und nicht alle profitieren davon«, hatte die damalige Entwicklungsministerin Svenja Schulze in unserem zweiten Krisenpodcast Ende 2022 gesagt.

Auch Kalorien sind sehr ungerecht zwischen den Menschen verteilt. Wir bekommen davon sehr viele. Und je mehr Getreide beziehungsweise Anbaufläche verbraucht wird, um Tiere zu mästen, die dann als Steaks auf unseren Tellern landen, desto weniger bleibt für das Brot der Armen. Das Ziel der Vereinten Nationen, bis zum Jahr 2030 den Hunger aus der Welt zu schaffen (»#zerohunger«), ist jedenfalls ernsthaft gefährdet. Und allen Menschen genug gutes und gesundes Essen zu verschaffen, wird leichter fallen, je größer der pflanzliche Anteil ist.

Bratkartoffeln gegen die Polykrise? Ja, so einfach kann es manchmal sein.

16

DAS ZUSAMMENLEBEN

Wie Freiheit, Demokratie und Vielfalt gelingen können

DIE ZAHL

Rund 30 Millionen Menschen in Deutschland engagieren sich freiwillig, und die Tendenz steigt. Der wichtigste Rahmen dafür sind die mehr als 600 000 eingetragenen Vereine im Land, aber nicht nur. Binnen der vergangenen zwei Jahrzehnte hat sich die Zahl derer, die sich in »informellen Strukturen« engagieren, verdoppelt. Damit beschreiben Sozialforscher Protestbewegungen, Nachbarschaftsnetzwerke, digitale Netzwerke und Selbsthilfegruppe ohne Rechtsform. Das trifft mittlerweile auf rund jeden sechsten Engagierten zu.

DAS INTRO

Mit der Gesellschaft (also mit uns) ist das so eine Sache. Gern wird sie in den politischen Diskussionen mal überhöht, da soll die »Zivilgesellschaft« vieles leisten, was die Politik nicht mehr hinbekommt. Wie eine Art Reparaturbetrieb soll sie sich um die Nachbarn, die Alten, die Jungen und die Natur kümmern, und noch dazu um den gesellschaftlichen Fortschritt. Sie soll die Politik in die richtige Richtung treiben und bremsen, wenn sie sich verirrt. Mal soll sie dann klüger, mal schneller und mal normaler sein als die gewählten Volksvertreter.

In Diskussionen wird statt von der Gesellschaft auch gern von »den Menschen« gesprochen, vor allem dann, wenn die eigene Meinung ohne empirische Belege als jene der Mehrheit durchgehen soll. Gern müssen »die« Menschen dann als Beweis dafür herhalten, dass »die« Politik keine mutigen Maßnahmen durchsetzen kann. Beim Klimaschutz beispielsweise. Weil »die Menschen« das sowieso nicht mitmachen würden – so jedenfalls die Behauptung.

»Es gibt keine Gesellschaft, es gibt nur Männer, Frauen und Kinder«, hat die einstige britische Premierministerin Margret Thatcher auf dem Höhepunkt des Neoliberalismus einmal gesagt und damit die Gegenposition markiert. Menschen waren für sie nur Individuen, Konsumenten und »Marktteilnehmerinnen«. Alles andere, jede Idee von einer solidarischen Gesellschaft jenseits von Staat und Markt, galt ihr als so eine Art mentaler Kitsch.

Die Wahrheit liegt wahrscheinlich irgendwo zwischen diesen beiden Polen. Denn natürlich gibt es uns nicht nur als Individuen, wir sind in zahlreiche Netze eingebunden und deren Gesamtheit wiederum formt die Gesellschaft. Wir sind nicht nur Auftraggeberinnen der Politik oder Kunden der Wirtschaft, wir sind auch die Voraussetzung dafür, dass beide überhaupt funktionieren. Nur in Gesellschaften, in denen es ein Minimum an Vertrauen gibt, kann die Wirtschaft prosperieren. Für die Politik gilt das noch in verstärktem Maße. Eine aktive und engagierte Gesellschaft macht eine gute Politik überhaupt erst möglich, ist also die Grundvoraussetzung für die Demokratie.

»Wahlen allein machen noch keine Demokratie«, hat der ehemalige US-Präsident Barack Obama einmal gesagt. Eigentlich ist das eine Selbstverständlichkeit – und dennoch muss es in Zeiten des wachsenden Politikfrusts immer mal wiederholt werden: Denn »die da« in Berlin oder im Rathaus oder wo auch immer, brauchen »uns«, unsere Ideen, unseren Schwung. Demokratie ist schließlich kein Supermarkt, in dem man sich zwischen Parteien wie zwischen unterschiedlichen Joghurts entscheidet. Demokratie kann nur funktionieren, wenn sie nicht nur von Funktionären gemacht wird. Sie braucht Vereine und Clubs, Gewerkschaften, Nachbarschaftsinitiativen, Kirchen, Stammtische, Umweltorganisationen, Sportgruppen und viele andere gesellschaftliche Gruppen, in denen Menschen sich zusammenfinden und auf neue Ideen kommen. In denen es solidarisch zugeht. Und in denen Kooperation geübt werden kann.

»Demokratie ist kein Zustand, sondern ein Prozess«, hat der ehemalige Bundeskanzler und *ZEIT*-Herausgeber Helmut Schmidt gesagt. Und es stimmt ja, jede Generation muss immer wieder neu ausloten, was allein Aufgabe des Staates sein sollte und was die sich immer wieder wandelnde Gesellschaft besser selbst übernimmt. Wo es uns und dem Land tatsächlich besser geht, wenn sich »die« Politik gar nicht erst einmischt. Und wo es die Politik braucht, damit eine lebendige Gesellschaft genährt wird. Das klingt abstrakt, kann aber sehr konkret werden – wie das folgende Gespräch zeigt. Denn in dem geht es um die Frage: Wie können alle Bürgerinnen und Bürger einer Stadt das Gefühl entwickeln, dass sie bestimmen, was passiert? Dass die Stadt die ihre ist und sie ein Mitspracherecht haben?

DIE EXPERTIN

Jagoda Marinić ist Schriftstellerin und lebt in Heidelberg. Dort hat sie von 2012 bis 2023 das Interkulturelle Zentrum aufgebaut und geleitet. Im vergangenen Jahr übernahm sie dann die künstlerische Leitung des Internationalen Literaturfestivals Heidelberg. Marinić studierte Anglistik, Germanistik und Politikwissenschaften. Sie hat mehrere Erzählbände, Essays, Theaterstücke und Romane geschrieben. Im Herbst 2024 erschien Marinićs jüngstes Buch »Sanfte Radikalität – zwischen Hoffnung und Wandel«. Seit vier Jahren moderiert sie für den Hessischen Rundfunk den Podcast »Freiheit deluxe«.

DAS GESPRÄCH

Auch das noch Frau Marinić, kaum ein Begriff wird im politischen Diskurs so intensiv bemüht wie Freiheit. Können Sie das nachvollziehen?

Jagoda Marinić Ich finde schon, dass wir in einer Zeit leben, in der Freiheit für viele Menschen eine große Rolle spielt – zu Recht! Es ist ja auch eines der ganz großen Versprechen, das die Demokratie uns gegeben hat und wir der Demokratie. Der Begriff ist umworben, er ist umkämpft, ja. Er ist für mich aber auch eines der zentralen Beispiele dafür, dass sich demokratisches Denken nach 60, 70 Jahren Demokratisierung in dieser Gesellschaft verankert hat.

ADN Wird der Begriff nicht inzwischen so überstrapaziert, dass es gar keinen Konsens mehr darüber gibt, was mit Freiheit gemeint ist?

Marinić Diese These finde ich schwer nachvollziehbar. Der Begriff hat im Gegenteil eine Strahlkraft, dass gerade alle Bewegungen, auch die autoritären und rechten, ihn als zentrales Instrument benutzen und missbrauchen wollen. Freiheit ist doch nach wie vor ein Wert, den die Aufklärung in unseren Köpfen groß gemacht hat. So wie das französische Pathos der *liberté, egalité, fraternité* das Versprechen postfeudaler Gesellschaften und das der Freiheitsstatue: Demokratische Gesellschaften sind voll mit Erzählungen und Bildern, die freiheitsbezogen sind. Da gibt es so viel Wunsch! Dass Freiheit ein so umkämpfter Begriff ist, sehe ich eher als ein Indiz dafür, dass wir einerseits verinnerlicht haben: Zu unserer Gesellschaftsform gehört Freiheit unbedingt dazu, doch wie soll sie aussehen? Aber andererseits beschwören ihn heute auch viele Rechte und meinen dann: Freiheit ist nur meine Freiheit. Ich nenne solche Leute Egomanisten.

ADN Freiheit wäre dann nur noch eine Abwehr aller Regeln und Rücksichten?

Marinić Man muss dann fragen: Moment mal, wenn deine Freiheit alles ist, wo beginnt dann meine?

ADN Ist die Ablehnung eines allgemeinen Tempolimits ein Beispiel für so einen egomanischen Freiheitsbegriff? Stichwort »Freie Fahrt für freie Bürger« ...

Marinić Dies ist eine sehr deutsche Freiheit! Selbst in den USA, im Land der unbegrenzten Möglichkeiten, herrscht überall ein Tempolimit. Auch innerhalb Europas ist das wirklich eine deutsche Ausnahme. Da sollte man vielleicht einen Psychologen hinzuziehen und fragen, warum sich Freiheit bei uns in dieser Form von egomanischer Geschwindigkeitsentgrenzung äußern muss ...

ADN Andererseits schauen die meisten Menschen in Deutschland mit Unverständnis darauf, wie die Amerikaner auf ihre Freiheit pochen, Waffen zu tragen.

Marinić Es ist immer leicht, auf andere herabzuschauen. Ich würde sicher selbst keine Waffe tragen wollen. Aber das Argument dafür ist die Verteidigung des Einzelnen. Und das finde ich vom Freiheitsdiskurs her noch nachvollziehbarer als diesen Vulgärliberalismus, einfach auf der Autobahn zweihundert Stundenkilometer fahren zu wollen.

ADN Wenn die Sensibilität für Freiheit in der Gesellschaft ein Zeichen von Demokratisierung ist, wie kann es dann sein, was wir in vielen liberalen Demokratien beobachten – nämlich, dass viele Menschen sie leichtfertig aufgeben, indem sie populistische Parteien wählen? Von denen weiß man doch, sie beschneiden

Freiheiten, etwa jene, die eigene Meinung zu äußern. Wenn es schlimm kommt, werfen sie Leute ins Gefängnis ...

Marinić Die Menschen wählen ja nicht Populisten, damit sie Leute in den Knast schmeißen. Sie erleben eine Realität, die sie selbst als Einschränkung empfinden und in dieser Logik sagen sie dann: Die Wahl ist eine gerechte Antwort darauf, die bisherigen Regierenden müssen abgestraft werden. Das mag uns wie eine primitive Art zu denken vorkommen. Und es ist sicher ein Zeichen dafür, dass jemand viele Demokratisierungsstufen nicht verinnerlicht hat, weil ja zur Demokratie immer das Aushandeln mit vielen anderen gehört. Aber ich glaube eben nicht, dass die Populisten und ihre Wähler mit dieser Beschreibung einverstanden wären, dass sie gar nicht für Freiheit kämpften, sondern dagegen.

ADN Da muss man sich erst einmal hineinversetzen ...

Marinić Dafür muss man sich im Kopf komplett drehen, ja. Ich kann mich versuchsweise in diese für mich merkwürdige, aber für andere eben einleuchtende Erzählung hineinversetzen. Ich glaube, man sollte nicht einfach nur sagen, die schätzen die Demokratie nicht, sondern sich vielmehr fragen, wodurch denn dieses Gefühl von beschränkter Freiheit entsteht? Das ist viel interessanter, als sie einfach abzuwerten.

ADN Sie plädieren dafür, für Populisten und ihre Wähler Verständnis aufzubringen?

Marinić Ich habe dieses großartige Konzept gelernt vom Mentalisieren. Da versetzt man sich in jemanden hinein, der komplett anders ist als man selbst, und denkt die Welt aus seiner Warte. Lange bevor ich den Begriff dafür kannte, hat mich sowas schon fasziniert. Es gab da diesen Dokumentarfilm einer iranischen Regisseurin aus London, die zu Mitgliedern des Ku-Klux-Klans gegangen ist, um mit denen reden, alles Leute, die sie anfeinden. Sie sagte, sie wolle verstehen, was mit Menschen passiert, die sich radikalisieren. Diese Neugier teile ich über das extreme Beispiel hinaus.

ADN Haben Sie auch deswegen in Heidelberg ein interkulturelles Zentrum aufgebaut?

Marinić Ja, als sich 2012 diese Möglichkeit bot, hatte ich gerade einige Zeit in Toronto verbracht, einer sehr diversen Stadt, die mich sehr beeindruckt hat. Ich dachte: Wow, da kann man mal was Neues ausprobieren. So ein Labor für Deutschland, wie es vielleicht in 30 Jahren aussehen wird. Heidelberg war besonders interessant, weil es eine völlig atypische Migrantenzusammensetzung hat, also eher wie Toronto ist als andere Städte in Deutschland. Die Mehrheit der Migrantinnen und Migranten dort hat ein kosmopolitisches Selbstverständnis, ist gebildeter und verdient besser als diejenigen, die nicht zugezogen sind. All diese gebrochenen Klischees – da dachte ich, was für eine Ressource, was für ein Potenzial sind all diese Menschen für die Stadtgesellschaft. Die wollte ich nutzen.

ADN Das widersprach sicher den vorherrschenden Erwartungen, oder?

Marinić Ach, in den vergangenen 30 Jahren haben wir doch vor allem gehört, wie gefährlich Migration sei! Und dass man den Migranten helfen muss. Die Realität in dieser Stadt war ganz anders. Helfen musste man vielleicht acht Prozent der Menschen, der Rest hatte ganz viel Potenzial, das brach lag. Damals habe ich verstanden, als Erstes muss ich hier ein Paradigma aufbrechen, diesen jahrzehntelangen Helmut-Kohl-Diskurs: Die Ausländer gehen irgendwann wieder und irgendwie müssen wir sie ghettoisieren, damit sie nicht allzu sehr stören. Und dann beschweren wir uns, wenn die sich ghettoisiert haben.

ADN Für diese Sichtweise steht das Wort Gastarbeiter.

Marinić Ja, und das andere Wort, das dazugehört zu dieser Geschichte, lautet Mehrheitsgesellschaft. Da gibt es ein Wir, das ist in der Mehrheit, und da gibt es die Anderen, die Gäste, und die haben sich bitte schön zu integrieren. Und so ist dann auch die Förderpolitik: Will man in Deutschland Geld für ein Programm mit Eingewanderten, dann muss man erstmal ihr Defizit formulieren. Ich will aber nicht zu einem Menschen gehen und fragen, was kannst du nicht? Sondern ich will Mittel ausgeben dürfen unter dem Blick: Was kannst du und wie kannst du es in deine Stadt einbringen? Und wie kann ich dich dabei unterstützen?

ADN Was haben Sie dann in Heidelberg konkret gemacht?

Marinić Mit einem Soziologie-Institut zusammen habe ich ein Jahr lang in fast alle Ecken der Stadt geguckt. Welche Gruppen gibt es? Was machen die? Fühlen sie sich als Teil der Stadt? Tatsächlich haben 90 Prozent der Leute gesagt: Ich lebe zwar in Heidelberg, fühle mich aber nicht als Teil der Stadt. Als das erhoben war, habe ich sechs Jahre lang mit Mitteln des Bundes über hundert Veranstaltungen zur Demokratiebildung und Interkulturalität in der Stadt gemacht. Wir haben also Wissen vermittelt, auch für praktische Anliegen: Wie bringe ich mich in die Kommunalpolitik ein? Wie kann ich einen Verein gründen oder eine UG oder eine GbR oder etwas anderes? Das ist wichtig, weil man nur so als Mittelempfänger infrage kommt, wenn man Projekte starten möchte. Wir haben die Leute richtig gecoacht. Wir waren eines der Vorzeigeprojekte vom Bundesamt für Migration und Flüchtlinge, in dem Sinne ein Haus der Ressourcen. Am Ende hatten wir mehr als hundert Vereine in der Stadt, die wie Botschafter in die Stadtteile gehen und auch eigenständig Projekte aufsetzen konnten.

ADN Können Sie uns ein konkretes Projekt schildern, an das Sie besonders gern zurückdenken?

Marinić Vielleicht am meisten geliebt habe ich ein Oral-History-Projekt. Dazu haben wir Taxifahrer der Stadt eingeladen, weil sie ja oft die ersten sind, die Kontakt zu Neuankömmlingen haben. Mit denen haben wir Kurzfilme gedreht. In jedem Film steigt jemand ein, hinten drin sitzt ein Kameramann und der Taxifahrer erzählt wie bei »Night on Earth« eine Geschichte, wie er nach Heidelberg kam, was er dort empfunden hat und was die Stadt ihm bedeutet. Die meisten Taxifahrer sind selbst migrantisch. Da entstanden wunderschöne Filme, die auch richtig cool aussahen, und die Taxifahrer waren die Hauptdarsteller.

ADN Die haben Sie dann ins Internet gestellt?

Marinić Auch, ja. Wir haben nach den Drehs einen Abend im interkulturellen Zentrum organisiert, bei dem Taxifahrer auf der Bühne saßen und ihre Best-of-Stories und die ihrer Gäste erzählt haben. Der Saal war voll, da war so viel Humor im Raum, das war ein für viele unvergesslicher Abend. Die Taxifahrer in Heidelberg sind oft eingebürgerte Deutsche. Die saßen plötzlich da auf der Bühne und sagten: Ich bin so stolz, ich bin hier Demokrat geworden, ich bin geflohen aus einer Diktatur, in Deutschland habe ich Freiheit gelernt. Mein Leben lang wollte ich hier einmal auf einer Bühne sitzen und meine Meinung sagen, das durfte ich früher nie, hier darf ich ...

ADN ... klingt ja fast zu didaktisch schön, um wahr zu sein!

Marinić Aber so war es. Wir haben auch kleine Filme gemacht, mit Menschen aus ganz unterschiedlichen Milieus, um von der Identität der Stadt zu erzählen. Was ist Heidelberg? Nur Hölderlin und der Philosophenweg? Oder haben die Eingewanderten etwas mit dieser Stadt gemacht? Es ist einfach viel schwerer zu sagen, die bösen Migranten, wenn ich sehe, wie diese Menschen meine Stadt am Laufen halten.

ADN In Ihren Schriften gehen Sie erstaunlich kritisch mit denjenigen um, die sofort sehr wütend sind, wenn jemand etwas vermeintlich oder wirklich Rassistisches sagt.

Marinić Klarstellen möchte ich, dass ich rassistische Äußerungen menschenrechtsverletzend finde. Gleichzeitig bezweifle ich, dass diejenigen, die sich für Menschenrechte einsetzen, dafür in den letzten zehn Jahren immer die richtigen Worte und Wege wählen, das zu verändern. Vielleicht erklärt sich auch das leichter an einem Beispiel: Es gab in der Heidelberger Verwaltung einen Mann, der später sehr wichtig werden sollte für das interkulturelle Zentrum. Er hat ziemlich am Anfang des Projekts zu mir nach einer Zugfahrt gesagt: Niemand in dieser Stadt braucht ihre Migranten-Schrotthalde! Das hat mich natürlich verletzt. Ich dachte mir aber, wenn du jetzt nur noch die verletzte Tochter von Einwanderern bist, dann blendet das ja deine ganze übrige Welt aus. Ich war in Toronto, ich war in den USA, ich hatte studiert und Bücher veröffentlicht. Warum sollte ich mich und die Menschen, mit denen ich etwas aufbauen wollte, auf sein Bild von mir reduzieren lassen?

ADN Sie haben ihn also nicht als einen Rassisten beschimpft und nie wieder ein Wort mit ihm gewechselt?

Marinić: Nein, ich habe mir gesagt, das wird jetzt eine Lernaktion für uns beide. Es wurde dann eine längere Geschichte, anderthalb Jahre vielleicht. Aber am Ende dieser Geschichte steht, dass dieser Mensch unglaublich wichtig war, als es darum ging, aus unserem Projekt eine städtisch finanzierte, verstetigte Einrichtung zu machen. Da war er derjenige, der gesagt hat: Verdammt noch mal, jetzt läuft das so gut, da müssen wir auch ernst damit machen.

ADN Also sind Menschen lernfähig?

Marinić Sie sind lernfähig. Und auch ich habe gelernt: Wenn ich jemandem gegenüberstehe, der in diesem Moment die Beschimpfung Rassist verdient hätte, ist das vielleicht nur eine Seite in ihm. Vielleicht hat er noch ganz viele andere. Und man erreicht wirklich keinen Wandel, indem man in so einem Moment sofort sogenannt *woke* von oben herab sagt: Ich habe recht und du kommst jetzt zu mir ins Proseminar, damit ich dir zeige, wie's ist! Nein, wir müssen viel mehr diskutieren, auch aushalten, wenn es weh tut für einen Moment. Viele wünschen sich aus nachvollziehbaren Gründen, nie mehr verletzt zu werden, in diese Utopie werden wir schwer gelangen.

ADN *Woke* und *Wokeness,* wie verstehen Sie diesen aufgeladenen Begriff?

Marinić *Wokeness* und *woke*, das sind Kampfbegriffe geworden. Sie stammen eigentlich aus der schwarzen Menschenrechtsbewegung. Aufwachen, das bedeutete damals, die Sinne zu schärfen für Ungerechtigkeiten. Das ist die klassische Rhetorik von Arbeiterbewegungen, der Bürgerrechtsbewegung, von Martin Luther King: Das ist ungerecht, wacht auf! Aber King hat eben auch Schulterschlüsse gesucht mit der weißen Gesellschaft, mit anderen Minderheiten. Erst später hat sich die Wokeness zu etwas Exklusivem ausdifferenziert, so nach dem Motto: Nee, der ist viel zu weiß oder zu privilegiert, der kann meine Erfahrung nicht nachvollziehen, also kann er auch nicht mitreden. Identität wurde in Nuancen immer wichtiger, was zu Unterteilungen führte statt zu Bündnissen. Dieser Wandel ist zunächst in den USA entstanden, vor allem an den Universitäten, und irgendwann auch in Deutschland kopiert worden. Heute wird *woke* auch hier von den Rechten verzerrt und abwertend für emanzipatorische Bewegungen gebraucht.

ADN Welchen Begriff verwenden Sie stattdessen?

Marinić Ich sage emanzipatorische Bewegungen. Denn letztlich sind diejenigen, denen *Wokeness* wichtig ist, oft Menschen, die das demokratische Prinzip der Gleichheit ernst nehmen. Daher habe ich eine Grundsympathie für alles, was dahinter liegt. Aber ich habe eben keine Sympathie mehr für ihre rhetorischen Mittel, die andere vor den Kopf stoßen und ausschließen. Wer die gesellschaftliche Realität verändern will, muss Vorschläge in einer Sprache machen, die etwa auch in Gemeinderäten und Parlamenten ankommt.

ADN Das ist natürlich weniger sexy als radikale Forderungen, die im Brustton der moralischen Überlegenheit vorgetragen werden.

Marinić Popkultureller Protest wird total idealisiert. Ja, Bilder von Leuten, die auf die Straße gehen, sind wichtig. Mediale Präsenz ist wichtig. Ich nenne das Hyperpolitik – und man darf die nicht mit echtem politischen Handeln verwechseln. Denn wir erleben ja parallel, dass antiautoritäre oder rechte Kräfte in Europa und weltweit den Marsch durch die Institutionen antreten.

ADN So wie einst die Achtundsechziger gesagt haben, muss man in die Organe des Staats selbst hinein?

Marinić Richtig. Darum ging es übrigens auch in diesen Schulungen in Heidelberg. Wir wollten den Menschen beibringen: Wann sind Ausschüsse, in die ihr rein müsst? Wo sind eure Bezirksbeiräte? Zugegeben, ich habe Politikwissenschaften studiert und mich hat das politische System der Bundesrepublik schon immer fasziniert. Es ist trocken, aber auch so wirkmächtig.

ADN Der Stadtrat als Ort, an dem wir gegen die Krisen unserer Zeit und Freiheit für alle kämpfen?

Marinić Es erschreckt mich schon, dass es gerade emanzipatorischen Bewegungen, von der Klimabewegung bis hin zu denen, die für Frauenrechte oder Migranten kämpfen, oft an Vertrauen fehlt, dort etwas erreichen zu können. Ich möchte nicht böswillig sagen, die seien sich zu schade für diese Art von Engagement. Aber ich glaube schon, dass sie nicht denken, dass es sich lohnt. Für mich persönlich war meine Zeit in Heidelberg eine richtige Rückeroberung dieses Vertrauens. Es ist schade, dass viele andere dieses Eros der langweiligen Bürokratie gerade nicht sehen, weil die Demokratie, so wie wir sie im Moment haben, für mich nach wie vor eine geniale Ordnung ist, um plurale Gesellschaften zu organisieren.

DER BEAM

Bielefeld im März 2035. – Für Elias, einen jungen Soziologen aus Ostwestfalen, ist es ein großer Tag. Endlich stellt er die Studie vor, in die er Jahre der Arbeit gesteckt hat. *Aufregend*! Für die öffentliche Debatte in Deutschland, besonders an den Hochschulen, ist das auch ein großer Tag heute. Aus gegenteiligem Grund: *Ab*regend ist er. Abregend im Sinne einer Debatte, die mindestens seit den 2010er Jahren ein Dauerbrenner war im akademischen Betrieb und noch mehr in den Feuilletons. Dabei ging es um vermeintliche Meinungskorridore und Redeverbote, kurzum die Grenzen des Sagbaren – wie auch immer diese Grenzen genau aussehen mochten, von wem auch immer sie gesetzt worden sein mochten. Oft wurde das alles wenig trennscharf, dafür mit großer Emphase diskutiert und häufig vermengt mit den englischen Kampfbegriffen der Zeit: Es herrsche eine *Cancel Culture* und dahinter stecke die *woke* Linke.

Elias hat die schlichte Frage erforscht, ob das überhaupt stimmt. Nicht, indem er eine Umfrage gemacht oder einzelne Fälle gesammelt hätte. Nein, er hat alle Studien anderer Wissenschaftler*innen aus den zurückliegenden zehn Jahren gesammelt und ausgewertet. Metastudie heißt das im Forschungsjargon, wenn man – oft mit erheblichem methodischem und statistischem Aufwand – verschiedene Ergebnisse unterschiedlicher Erhebungen vergleichbar macht, um sozusagen eine Schnittmenge des Kenntnisstands zu erheben.

In vielen Zahlen, Daten und Statistiken kann Elias seine Ergebnisse jetzt präsentieren. Die wichtigste Einsicht bedarf aber keiner PowerPoint-Folie: Für einen Meinungskorridor, eine Tendenz zum Mundtotmachen, der Ausblendung aus dem Diskurs gibt es im Untersuchungszeitraum kaum Belege. Im Gegenteil, Elias fand, dass von 2024 bis 2034 eher die Vielfalt von Meinungen und Kontroversen gewachsen war. Von Canceln keine Spur, stattdessen mehr Breite an den Rändern. Es gab also mehr, nicht etwa weniger Unterschiedliches! Und Elias stellte ebenso fest: Die Menge der besonders schrillen, beleidigenden, zuweilen juristisch grenzwertigen Äußerungen ist über den Zehnjahreszeitraum spürbar zurückgegangen.

Das zeigt der junge Soziologe heute seinem Publikum im Bielefelder Hörsaal, belegt mit unzähligen Grafiken und Statistiken. Elias schließt mit dem Satz: »Die Menschen sagen (oder schreiben oder posten) mehr Unterschiedliches denn je. Zugleich finden sie offenbar langsam eine Balance des sinnvoll Sagbaren.«

DAS OUTRO

Die erste Fakultät für Soziologie in der Bundesrepublik wurde im Jahr 1969 an der Universität Bielefeld gegründet, Niklas Luhmann war ihr Prodekan. Und für eine ganze Weile, nämlich zwischen 1978 und 1984, forschte dort auch der Soziologe Norbert Elias, der im Jahr 1933 vor den Nazis flüchten musste. Sein Nachname inspirierte den Vornamen unseres fiktiven Nachwuchsforschers im Jahr 2035.

Aber das war nicht das einzige Stückchen Realität in diesem Beam. Vor allem haben wir hier die Debatte um die sogenannte Cancel Culture extrapoliert. Die gab und gibt es tatsächlich. Ebenfalls in der Gegenwart hat sich bereits gezeigt, wie schwer ihr faktischer Kern zu fassen ist. »Es geht ein Gespenst um in den Feuilletons: Durch zunehmende ›Cancel Culture‹ sich verengende

Debatten- und Meinungskorridore [...] seien das kritische Denken und die Universität in Gefahr«, schrieben Wissenschaftler im Jahr 2021. Diese Debatte werde schon seit Jahren vor allem in den USA geführt und sei »von wechselseitigen Missverständnissen, Empörungsrhetorik, Abwehr und Polemik geprägt«. Wie aber sah es in Deutschland aus?

Die Sozialwissenschaftler Matthias Revers und Richard Traunmüller hatten Ende 2020 mit einer kleinen Studie die Einstellungen von Studierenden der Frankfurter Goethe-Universität erhoben. Viele hatten darin angegeben, dass sie bestimmte Positionen (zum Beispiel »der Islam ist mit dem Westen unvereinbar« und »Homosexualität ist unmoralisch«) für nicht sagbar hielten. Es war nicht mehr als eine Exploration, kaum geeignet für Aussagen über das spezielle Beispiel hinaus. Und doch wurde die Studie fast 30 000-mal abgerufen: Das ist für eine Fachveröffentlichung beachtlich. Doch so wie über die Studie berichtet wurde, nährte sie dann das Vorurteil, dass die deutschen Hochschulen von Tabus geprägt seien.

Als dann aber im Herbst 2024 das Deutsche Zentrum für Hochschulforschung in Zusammenarbeit mit der *ZEIT*-Stiftung die erste große empirische Untersuchung zu dem Phänomen in Deutschland veröffentlichte, stützen deren Ergebnisse die ganze Aufregung nicht. Ganz im Gegenteil: Insgesamt stehe es »gut bis sehr gut« um die akademische Redefreiheit an den Hochschulen in Deutschland. »Die überwiegende Mehrheit der über 9000 Teilnehmenden der Studie fühlt sich nicht eingeschränkt und hat persönlich wie im näheren akademischen Umfeld auch keine Einschränkung der Redefreiheit erfahren. Strukturelle Einschränkungen oder gar eine systematische Kultur des Cancelns sind nicht feststellbar.«

Ist also die Debattenkultur in Deutschland viel gesünder und robuster, als der Streit darüber zuweilen glauben lässt? Zumindest in der Breite scheint das zu stimmen. Vielleicht sind es ja ausgerechnet die wenigen besonders schrillen und besonders prominenten Einzelfälle, die auf den Titelseiten von Boulevardzeitungen und in den Fernsehtalkshows für den gegenteiligen Eindruck sorgen?

Die immer wiederholte, wissenschaftlich aber nicht belegbare Behauptung, dass Deutschland aus verfeindeten Lagern bestehe und es immer mehr unversöhnlichen Streit und die stete Bereitschaft gebe, der Gegenseite das Schlimmste zu unterstellen, vergiftet das Zusammenleben. Daher ist eine gesunde Skepsis gegenüber den Profiteuren der medialen Zuspitzung (Steffen Mau hat sie im Krisenpodcast die »Polarisierungsunternehmer« genannt) heute ein wichtiger staatsbürgerlicher Reflex. Genauso wie die immer wieder neue Suche nach der Antwort auf die Frage: Wo sind wir uns einig?

Schließlich gibt es sie auch heute, die Basis für das eingangs beschworene »Wir«, die vielzitierte »Zivilgesellschaft«. Das belegt schon die stetig wachsende Zahl von Menschen, die sich in ihrer Freizeit engagieren, im Verein oder Verband, in Kirche oder Gemeinde, ehrenamtlich oder formlos. Und das zeitgleich zur vielbeschworenen Zeitkrise, dem Gefühl eines immer höheren Tagestaktes und der Verdichtung von Arbeit und Aufgaben. Auf den Zusammenhang zwischen frei verfügbarer Zeit und Engagement hatte die Publizistin Teresa Bücker im Krisenpodcast hingewiesen und gefordert, »Zeit zu schaffen, sich überhaupt mit gesellschaftlichen Krisen und Herausforderungen zu beschäftigen«. Und sie hat beklagt, wie ungleich freie, selbstbestimmte Zeit heute immer noch verteilt ist, wie sehr Zeit haben – auch für gesellschaftliches Engagement – eine Frage der Gerechtigkeit ist.

Zugegeben, die politischen Parteien in der Bundesrepublik hatten schon einmal mehr Mitglieder. Doch auch sie verzeichneten nach dem Bruch der Ampel-Regierung im vergangenen November deutliche Zuwächse. Aber es muss ja nicht immer gleich politisches Engagement in Form einer Parteimitgliedschaft sein. Über ein einzelnes Anliegen hinaus am Fortschritt der Gesellschaft mitzuwirken, wie es Jagoda Marinić im Gespräch eingefordert hat, das geht auch anders. Wie zum Beispiel bei »Love Democracy«, einer jungen Organisation, die Menschen dabei unterstützt, die Politik zu ihrem Beruf machen wollen – ohne die klassische Parteikarriere hinter sich zu haben. Oder »Project together«, das nicht weniger als ein neues

»Betriebssystem für ein neues gesellschaftliches Zusammenwirken« entwerfen will. Das bedeutet konkret, dass es Initiativen aus der Zivilgesellschaft unterstützt, vernetzt und mit der Politik in Kontakt bringt, etwa um die Integration und Teilhabe von Neuzugewanderten strukturell zu verbessern oder um die Wende zu Landwirtschaft und Ernährung innerhalb der planetaren Grenzen zu beschleunigen.

Interessanterweise ist die Grenze zwischen »der Politik« und dem ganzen Rest des Zusammenlebens da gar nicht so leicht zu ziehen. Die frühere Hochschulpräsidentin und Politikwissenschaftlerin Gesine Schwan, die einst von der SPD für das Amt der Bundespräsidentin nominiert war, sagte im Krisenpodcast: »Man muss auf der Ebene der Kommune die Energie von ganz vielen Bürgern nutzen, die ja die Vielfältigkeit der Möglichkeiten viel besser ausnutzen können, als wenn es eine Direktive von oben gäbe.« Ihre Berlin Governance Platform hat im nordrhein-westfälischen Herne mitorganisiert, dass Verwaltung, Amtsträger und eine Vielzahl engagierter Bürger gemeinsam die Zukunft einer Industriebrache gestaltet haben. »Kommunaler Entwicklungsbeirat«, nennt Schwan das. Sie hat übrigens ganz nebenbei beobachtet, dass nicht nur die Gemeinde und die Gemeinschaft vom bürgerschaftlichen Einsatz profitiert, sondern auch die und der Einzelne. Schwan ist überzeugt, »dass Partizipation die Menschen in ihrem Selbstwertgefühl und in ihrer Selbstmächtigkeit unterstützt«.

Eines ist dabei klar: Wer dieses »Wir« ist, von dem eingangs die Rede war, muss jeweils neu gesucht und gefunden werden. Auch Marinić hat ja darauf hingewiesen: Die Rechten träten gerade den »Marsch durch die Institutionen« an, diese Aneignung der demokratischen Institutionen, wie sie einst die Achtundsechziger beschworen hätten. Alle anderen stellt das vor die Wahl, ob sie den Rückwärtsgewandten wirklich das Gemeinwesen überlassen oder ob sie sich in aller Vielfalt darum streiten wollen.

17

DIE ZUVERSICHT

Wie man dem Pessimismus entkommt und aktiv wird

DIE ZAHLEN

63 Prozent der Menschen in Deutschland blicken mit Sorgen in die Zukunft. Für sie überwiegen Ängste und Unsicherheiten, wenn sie auf das Jahr 2025 blicken, nur 37 Prozent schauen optimistisch nach vorn. Ein paar Unterschiede springen dabei ins Auge. So äußern sich Frauen etwas pessimistischer als Männer, Geringverdienende sind pessimistischer als Besserverdienende und die Älteren und Mittelalten pessimistischer als die Jungen unter 30 Jahren. Aber entscheidend ist: In keiner einzigen Gruppe fand sich eine optimistische Mehrheit.

DAS INTRO

»Wie geht's?«

»Privat geht's gut. Aber sonst so, wenn ich sehe, was in der Welt los ist … «

So oder so ähnlich haben Sie schon Unterhaltungen begonnen? Dann sind Sie damit wahrscheinlich in guter Gesellschaft – mit vielen anderen Menschen, die gesund sind und rein objektiv gesehen erstmal wenig Grund zum Klagen haben. Sie haben einen Job, Haus oder Wohnung, Familie und Freunde. Ihnen liegt aber auch das Land und die Welt am Herzen – und die Zukunft. Dadurch tut sich ein emotionaler Spagat auf. Im Privatleben ist das meiste in Ordnung und man geht auch davon aus, dass das in naher Zukunft so bleibt. Da werden Kinder, Reisen oder auch einfach nur der nächste Kinobesuch geplant. Kommt das Gespräch aber auf die Gesellschaft, die große Politik oder die Zukunft des Landes, dann bleibt nur Stöhnen, Stirnrunzeln und ein verzweifelter Blick.

»Ich bin ja eigentlich Optimistin«, hatte die Münchner Historikerin Hedwig Richter in der allerersten Folge des Krisenpodcasts gesagt. »Aber was wir momentan sehen, vor allem, was die planetare Herausforderung betrifft, also die Zerstörung der Umwelt, das ist doch viel, viel dramatischer, als wir gedacht hätten. Und das sind wirklich Herausforderungen, die einen pessimistisch stimmen können. Und ich denke, die große Frage ist: Sind Demokratien dafür geeignet, mit diesen Krisen umzugehen?« Richter ist so etwas wie die historische Biografin der deutschen Demokratie. Sie hat sie erforscht, beschrieben und mit der amerikanischen verglichen. Stets betont sie, wie vielschichtig und widerstandsfähig unser Gemeinwesen ist. Wer mit Richter spricht, erlebt eine fröhliche, zugewandte Wissenschaftlerin – eine Frau, die nicht so leicht aus der Fassung zu bringen ist. Und doch spiegelt auch sie große Verunsicherung.

Tatsächlich sind viele Prognosen düster. Die Demokratie ist auf dem Rückzug, die Umwelt geht immer schneller zugrunde, und die Welt wird ungerechter – wir haben die Probleme in diesem Buch in vielen Kapiteln immer wieder diskutiert. Das alles lässt sich sicher zeitweise ausblenden, zum Beispiel mithilfe von Katzenvideos oder Nachrichten-Abstinenz. Doch die düsteren Weltläufe komplett zu ignorieren, ist auf Dauer eine kaum zu schaffende Herkulesaufgabe. Schließlich wirkt die Gegenwart da draußen so oder so aufs Innere, auf die Psyche, vielleicht nicht bei jeder und jedem Einzelnen, aber kollektiv eben schon. Es steigt die Zahl der Menschen, die unter psychischen Belastungen leiden, ohnehin schon. Was, wenn jetzt die vielen Krisen die Gefühle wachsender Bedrohung, Ängste und Sorgen vor einem ungewissen Morgen immer weiter steigern?

Beispiel Klimakrise: »Es ist inzwischen gut belegt, dass sich der Klimawandel direkt und indirekt negativ auf die psychische Gesundheit auswirkt«, schreibt die Deutsche Gesellschaft für Psychiatrie und Psychotherapie, Psychosomatik und Nervenheilkunde und warnt davor, dass sie mit immer mehr Patienten rechnen müsse. Und dabei ist die Veränderung des Klimas ja nur eines der wachsenden Probleme. In ihrer »Berliner Erklärung« hat die Gesellschaft im Jahr 2022 die Politik deswegen zum sofortigen Handeln aufgefordert, was ungewöhnlich genug ist – aber zugleich nur konsequent. »Klimaschutz bedeutet psychische Gesundheit. Klimawandel das Gegenteil«, sagte damals Professor Mazda Adli, Chefarzt der Fliedner Klinik Berlin und einer der Autoren der Erklärung.

Was aber kann man für sich selbst tun, wie also verhält man sich richtig? Wie viel Krisen-Abstinenz, wie viel Hinschauen ist nötig, um nicht an den Weltläuften zu verzweifeln? Wegschauen hilft nur begrenzt, aber auch das ständige Hinschauen ist offensichtlich nicht gesund. *Doomscrolling* nennen die Fachleute so ein Verhalten und sie wissen: Der dauerhaft hohe Konsum negativer Nachrichten (oft sind es ja nur Nachrichtenschnipsel, aufmerksamkeitsheischend auf zugespitzte Überschriften verkürzt) mindert das Wohlbefinden. Auch das passiert nicht bei jeder und jedem, aber doch bei einigen. In der Pandemie war das deutlich zu sehen. Selbst in den Corona-Jahren 2020 bis 2022 haben die meisten resilient auf persönliche Krisen reagiert, aber eben nicht alle.

Sicher wäre es zu einfach, das steigende Niveau von Angst, Stress und Sorgen, das in unserem Land herrscht, einfach nur der Polykrise in die Schuhe schieben zu wollen. Da gibt es den wachsenden Stress im Job, vielleicht private Probleme, Krankheiten. Und dann spielt sicher auch eine Rolle: Wie robust ist man selbst? Wie geht es den eigenen Lieben? Ist man von Schicksalsschlägen getroffen oder Teil einer benachteiligten Gruppe? Aber auf all dieses Individuelle kommt eben noch das Weltgefühl on top, das im Wort Polykrise steckt.

Wie also kann man in so verrückten Zeiten noch gesund und fröhlich durch das Leben gehen? Wo noch die Kraft finden, um für Veränderungen zu kämpfen?

DER EXPERTE

Volker Busch ist Facharzt für Neurologie, Psychiatrie und Psychotherapie in Regensburg. Er forscht an der dortigen Universität, wo er Professor ist und die Arbeitsgruppe »Psychosozialer Stress und Schmerz« leitet. Busch treibt schon seit vielen Jahren die Frage um, wie Menschen sich in schwierigen Zeiten mental gesund halten können. Und was sie brauchen, um zufrieden und glücklich zu sein. Darüber hat er zwei Bestseller geschrieben (»Kopf hoch!«, 2024, und »Kopf frei«, 2021) und er spricht darüber in seinem Podcast »Gehirn Gehört«.

DAS GESPRÄCH

Auch das noch Herr Busch, Sie sind Arzt und Podcaster und Sie schreiben Bücher darüber, wie man mental gesund bleiben kann. Ist das nicht ein bisschen dick aufgetragen, zumal in Zeiten der Polykrise?

Volker Busch Es geht mir nicht um eine rosarote Sicht auf die Welt. Ich rede auch die Tiefschläge im Leben nicht klein, rate aber, sie aus einer anderen Richtung zu betrachten, nämlich als Herausforderung. Nur dann gelingt es uns, in eine Aufbruchstimmung zu kommen.

ADN Und was sagen Sie Menschen, die eine gewisse Abneigung haben gegen dieses: »Du musst nur optimistisch und positiv sein, und alles wird gut«?

Busch Verstehen Sie mich nicht falsch, ich bin kein Anhänger eines naiven Optimismus! Auch negative Gefühle haben ihren Sinn, sogar Angst und Wut. Wir brauchen sie auch, um etwas zu verändern. Wenn wir immer glauben, alles werde gut, macht uns das träge. Dann sehen wir auch wenig Grund, die Welt zu verändern. Und genauso lähmt es uns, wenn wir denken, das Schiff sinkt ohnehin. Ich selbst bin deswegen Anhänger des Possibilismus. Da steckt das lateinische Wort *possibilitas* drin, das heißt Möglichkeit, und diese Haltung liegt zwischen Pessimismus und Optimismus. Sie bedeutet, mit dem Schlechten zu rechnen, aber auf das Gute zu hoffen – und sich auf die Möglichkeiten zu konzentrieren, die man hat. Die gibt es nämlich fast immer.

ADN Und was macht das dann mit uns?

Busch Wenn Menschen sowohl den schlechten als auch den guten Ausgang einer Geschichte für möglich halten, dann – Achtung! – versetzen sie dadurch ihr Gehirn in einen ganz besonderen Zustand. Die Sinnesorgane werden geschärft, die Menschen fühlen sich energetischer, sie denken präziser und werden kreativer. Wenn wir uns also denken: »Mensch, das könnte klappen!«, werden wir aktiv. Und dann geht es uns auch besser, denn in Handlung zu kommen, reduziert die Angst besonders effektiv. Deswegen wünsche ich mir, dass wir in Möglichkeiten denken.

ADN Helfen Sie uns mal mit einer schnellen Diagnose. Wie geht es uns Deutschen?

Busch Die Menschen, die in meine Sprechstunde kommen, sind stärker verunsichert, als es früher der Fall war. Ich kann nicht genau sagen, wann das losging. Aber ich vermute, dass es allerspätestens ab der Coronapandemie der Fall war. Jeder Mensch trägt ja im Leben einen Rucksack mit sich herum, hat Partnerschaftsprobleme, Geldsorgen oder ein Gesundheitsproblem. Aber heute kommt eben noch die Weltlage hinzu. Dass politisch nicht mehr alles so stabil scheint, wirtschaftliche Gewissheiten wegbrechen und auch die Natur immer stärker bedroht ist, das lässt kaum jemanden kalt. Manche Menschen entwickeln Ängste, nehmen die Sorgen mit ins Bett und leiden dann an Schlafstörungen. Andere reagieren mit Dünnhäutigkeit und Reizbarkeit. Wieder andere haben auf nichts mehr Lust, sind erschöpft. Die Verunsicherung kann sich sehr unterschiedlich ausdrücken.

ADN In Ihrer ersten E-Mail an uns, nachdem wir Sie kontaktiert hatten, stand: Ich habe noch Zeit bis elf Uhr, danach bin ich erst einmal Erdbeeren pflücken. Hilft Ihnen Erdbeerpflücken gegen Stress, Angst und düstere Gedanken?

Busch Stimmt, wir sind damals mit der Familie aufs Erdbeerfeld gefahren. Das war schön, denn wir bewegen uns gern in der Natur, und die Erdbeere ist unsere Lieblingsfrucht. Und ja, etwas mit den Händen zu tun, hilft durchaus. Im Garten zu arbeiten, ein Regal anzumalen oder am Motorrad herumzuschrauben – das alles baut Stress ab. Wir grübeln viel weniger, wenn wir etwas manuell tun. Die Hände bringen unseren hyperaktiven Geist zur Ruhe. Deswegen gibt es in der Psychiatrie auch die Beschäftigungstherapie.

ADN Das klingt etwas abwertend, ist wahrscheinlich nicht so gemeint, oder?

Busch Nein, überhaupt nicht. Es ist etwas sehr Wertvolles, wenn Menschen gemeinsam mit Textilien, mit Holz oder mit Metall arbeiten. Wir alle kennen das doch, dass wir innerlich keine Ruhe finden können. Wenn wir dann aber ins Tun kommen, wenn wir womit auch immer aktiv werden, dann hört das Gedankenkarussell auf.

ADN Etwas mit den Händen zu tun, hilft den Büromenschen, den Kopfarbeitenden. Müssen dementsprechend Leute, die körperlich schwer arbeiten, ein anderes Gegengewicht finden?

Busch Ja, es geht immer um das Gleichgewicht. Wir können uns die psychische Balance vorstellen wie eine Wippe, die zwei Seiten hat und in der Mitte austariert wird. Krankheit oder Überlastung entstehen immer aus Einseitigkeit. Depression entsteht, weil auf der einen Seite der Wippe das Gewicht sehr hoch ist: Man neigt zu schwermütigen Gedanken, die man durch keine leichten Momente im Leben ausgleichen kann. Genauso ist es beim Burnout. Auf der einen Seite wiegen die Anspannung und die Belastung schwer. Auf der anderen Seite fehlen Situationen, in denen man lockerlassen und auch mal mit Mittelmäßigkeit zufrieden sein kann.

ADN Das heißt, wenn ich als Schreiner arbeiten würde, dann sollte ich vielleicht abends einen Volkshochschulkurs Chinesisch machen?

Busch Genauso ist es. Jeder sollte sein Yang zum Yin finden, den Ausgleich.

ADN Sind Stress, Angst und Sorgen vor der Zukunft ein deutsches Phänomen?

Busch Schon Johann Wolfgang von Goethe soll einmal gesagt haben, zumindest wird es so kolportiert: Der Deutsche neigt dazu, über allem schwer zu werden.

ADN ... und in den USA muss man besonders positiv sein und auf die Frage: »Wie geht es?« unbedingt mit »Great!« antworten?

Busch Ja, ich glaube, da gibt es kulturelle Unterschiede. Auch wenn sich durch die Globalisierung vieles verwässert. Wichtig ist mir dabei: Es gibt kein Richtig oder Falsch. Bedenkenloser Optimismus kann zu mutigen Entscheidungen führen. Man kann sich aber auch übernehmen, überfordern und eine Menge in den Sand setzen. Ist ein Mensch eher vorsichtig und zurückhaltend, so ist er häufig recht präzise und genau.

ADN Blicken wir auf die Weltlage – und darauf, wie wir am besten auf sie reagieren sollen. Die Klimaaktivistin Greta Thunberg hat 2019 den berühmten Satz formuliert: I want you to panic!

Busch Da würde jeder Psychiater widersprechen. Wenn man aus einem brennenden Haus flüchten muss, ist Panik in Ordnung, denn sie lässt uns schneller rennen. Aber sie ist schlecht, um politische Prozesse zu steuern oder um Strukturen zu schaffen, die die Zukunft sichern. Die Zukunft ist ja in erster Linie keine Bedrohung, sondern ein Raum voller Möglichkeiten. Daher brauchen wir keine Panik, sondern Kreativität und Besonnenheit, sie bestmöglich zu gestalten.

ADN Sie haben als Psychiater gelernt, den einzelnen Menschen zu analysieren. Was gibt Ihnen das Zutrauen vom Einzelnen aufs große Ganze zu schließen, auf die Politik und auf die Gesellschaft?

Busch Die historische Forschung zeigt, dass der Mensch ins Gelingen verliebt ist. Das hat viel mit unserem Gehirn zu tun, unseren Belohnungssystemen, die in sehr alten Hirnarealen liegen. Sie treiben uns den ganzen Tag in Richtung von etwas Besserem. Das war immer so und das ist auch im Jahr 2025 so. Deswegen gibt es in unserem Land so viele tolle Menschen, die jeden Tag ihre Frau und ihren Mann stehen. Die rausgehen und als Lehrer, Unternehmerin, Berater, Ärztin oder Journalist die Welt ein Stückchen verbessern wollen – auch weil es ihnen selbst dadurch besser geht. Und es gibt keinen Grund zu glauben, dass sich das jemals ändern wird.

ADN Ein Wort, das in Ihren Vorträgen und Büchern ganz zentral ist, lautet Zuversicht. Ist das nicht auch nur eine andere Vokabel für jenen Optimismus, den Sie als eher kontraproduktiv kritisieren?

Busch Aus meiner therapeutischen Erfahrung weiß ich, dass Menschen, die schwere Rucksäcke tragen, nicht naive Hoffnung oder platten Optimismus brauchen, sondern vor allem Zuversicht. Damit meine ich die Konzentration der eigenen Energie auf das Mögliche, auf das, was man in der jeweiligen Situation tun kann. Egal ob man Eheprobleme hat, finanzielle Schwierigkeiten oder eine schwere Erkrankung. Man sollte seine Energie auf den nächsten Schritt lenken, auf das, was sichtbar ist. Genau diese Haltung steckt in dem Wort ZuverSICHT: das, was unmittelbar vor einem SICHTbar ist. Stellen Sie sich vor, dass Sie am frühen Morgen irgendwo im Wald spazieren gehen und der Nebel keinen weiten Blick zulässt. In so einer Lage können Sie passiv hoffen, dass das Wetter schon irgendwann am fernen Horizont besser wird – oder sich auf den nächsten gerade noch sichtbaren Schritt konzentrieren, also auf jene Umgebung, die Sie sehen können. Das ist in einer weitgehend unvorhersehbaren Zukunft ein wichtiger Punkt, um sich nicht hilflos zu fühlen. Es gibt wunderbare Forschungsarbeiten, die zeigen, was Menschen Phänomenales geleistet haben, indem sie sich nur auf den nächstmöglichen Schritt konzentriert haben. Dadurch werden nämlich die Angstzentren im Gehirn kleiner, und das ist wichtig. So eine Haltung würde wahrscheinlich auch unserer Politik guttun.

ADN Bedeutet das übertragen auf große Probleme wie die Klimakrise dann: Obwohl ich weiß, dass alle Daten auf eine düstere Zukunft hinweisen, sollte ich zuversichtlich bleiben und trotzdem weiter CO_2 sparen? Oder konkreter: Auch wenn es für das Klima eine verschwindend geringe Rolle spielt, ob ich Fahrrad fahre oder Auto, sollte ich radeln – schon damit es mir selbst besser geht?

Busch Ja, wenn ich das Auto stehen lassen und Fahrrad fahre, wird das allein nichts am Klima ändern. Wobei man schon sagen muss: Wenn jeder etwas tut, dann tun wir in der Summe am Ende doch sehr viel. Diesen Effekt, in der Psychologie Aggregation genannt, würde ich nicht vernachlässigen! Aber mir geht es als Therapeut in erster Linie ja nicht um die richtige Klimapolitik. Ich will vielmehr Menschen helfen, in dieser Welt nicht die Zuversicht zu verlieren. Und da ist die Sache ganz eindeutig. Schon kleine Schritte genügen, um unsere Angst zu reduzieren.

ADN Wie in der rheinischen Redewendung »Arsch huh, Zäng ussenander« – aufstehen und den Mund aufmachen?

Busch Richtig, werdet aktiv! Das erhöht nicht nur das Wohlbefinden. Wenn Menschen etwas mitgestalten können, steigt die Motivation für die Sache. Und genau das brauchen wir doch für all die Herausforderungen, vor denen wir gerade stehen: Menschen, die mitmachen – und dabei einen langen Atem haben.

BEAM

Berlin, 3. Oktober 2035. – Im Rückblick mutet es düster an. An die erste Hälfte der 2020er Jahre erinnert man sich heute, im Jahr 2035, nur noch als ein Krisenstakkato: die Pandemie kaum überwunden, der russische Krieg gegen die Ukraine, der Nahostkonflikt, Trump und währenddessen die Klimakrise natürlich. All das schien die Gesellschaft in der Bundesrepublik langsam zu zerreißen. Polarisierung war das Angstwort, gar Spaltung. Viele fürchteten damals Zustände wie in Amerika, ein Gemeinwesen, in dem immer mehr Menschen an Verschwörungstheorien glauben, in rechte Splittergruppen abwandern und mit anderen kaum noch reden wollen – nicht mal darüber, was real ist, geschweige denn, was zu tun. Im Rückblick zeigt diese Düsternis zugleich, wie Gesellschaften das Ruder herumreißen können. Das hat mit einer Kehrtwende zu tun und auch mit einem Kalauer.

Der Bundestag hatte die Wehrpflicht wieder eingeführt – anfangs gegen heftigen Protest. Lange hatte es den Anschein, als würde man sich in bester Berliner Debattenmanier auf überhaupt nichts einigen können. Ein Comeback für den ungeliebten Dienst, den einst Verteidigungsminister Karl-Theodor zu Guttenberg und Bundeskanzlerin Angela Merkel ausgesetzt hatten – was für eine Vorstellung! Als schließlich dann doch wieder junge Menschen einberufen wurden (die geopolitische Unsicherheitslage machte es schlicht nötig), war der Dienst aber ganz anders als einst im Kalten Krieg. Er war kürzer, praktischer und man konnte gleichwertig zwischen ihm und einem alternativen sozialen Dienst wählen. Es war und ist ein großer Einschnitt in die Lebensläufe junger Frauen und Männer, klar. Aber es war auch das Ergebnis eines ziemlich überraschenden Prozesses, einer richtig produktiven Debatte über Für und Wider. Die lief ganz quer durch die Parteien und Milieus.

Besonders befruchtet hatte die Diskussion um den Wehrdienst eine Forderung, die ursprünglich als Gegenvorschlag gemeint war unter dem Motto »Wir-Dienst statt Wehrdienst«. Ein albernes Wortspiel, aber es verfing, und es wurde ernsthafte Politik daraus. Nur dass aus dem »statt« ein »und« wurde. Der Wir-Dienst richtete sich an alle, besonders aber an die Mittelalten und die Älteren. Sie wurden durch ihn motiviert, sich stärker für die Gesellschaft zu engagieren: als Freiwillige in Vereinen, Gemeinden, in der Nachbarschaftshilfe, in Kultureinrichtungen und beim Umweltschutz. Also überall dort, wo die Gesellschaft und die Demokratie engagierte Menschen braucht, die weitgehend ehrenamtlich arbeiten.

Ein Erfolg wurde diese neue Form des Engagements, weil sich gegen Ende der 2020er Jahre unter der Leitung von Kevin Kühnert der Wir-Verein gegründet hatte. Der Sozialdemokrat Kühnert hatte nach seinem Ausstieg aus der Bundespolitik und einer Auszeit eine neue Aufgabe gesucht – und sie so gefunden. Das politische Naturtalent fand dann auch schnell viele Mitstreitende, die gemeinsam aktiv für den neuen Dienst warben und um Freiwillige. Wir-Mitglieder sprachen Menschen bei Wahlen an, in Kirchengemeinden, auf Marktplätzen. Und sie boten ihnen auch direkt und sofort eine ganze Palette an Möglichkeiten und Orten, bei denen man morgen vorbeischauen und aktiv werden konnte. Der Verein überzeugte schließlich auch die Parteien, und die wiederum verabschiedeten im Bundestag fraktionsübergreifend ein entsprechendes Wir-Gesetz und einen Haushaltstitel im Bundesetat. Seither sind Wir-Freiwillige krankenversichert und bekommen zusätzlich ein steuerfreies Taschengeld bezahlt.

Doch der Gewinn, den ihre Arbeit abwirft, ist nicht vor allem finanzieller Art. Soziologen, die die Folgen erforschten, kamen schnell zu dem Ergebnis: Die Initiative hilft nicht nur dabei, die gesellschaftliche Polarisierung messbar zu vermindern – weil mehr Menschen wieder mehr miteinander sprechen. Sie senkt auch die Alterseinsamkeit (ein großes Problem für alternde Gesellschaften). Im Oktober 2035 – am Tag der Deutschen Einheit – wird die erste große Wir-Studie veröffentlicht, darin zeigt die Statistik klar einen kontinuierlichen Zuwachs: Die Alterskohorten, die vom neuen Wehrdienst nicht mehr betroffen waren, leisteten massenweise Wir-Dienst. Heute im Jahr 2035 sind über 12 Millionen Menschen aktiv, fast halb so viele wie in den Sportvereinen.

OUTRO

Schon in den 2010er Jahren hatte es nach der Abschaffung des Wehr- und damit auch des Zivildienstes ab dem Sommer 2011 die Forderung gegeben, ein Dienstjahr einzuführen. Das sollte junge Menschen wieder zum Dienst an der Gemeinschaft verpflichten. Gewünscht hatten es sich vor allem konservative Politiker, gewarnt hatten Verfassungsjuristen. Eine Idee dieser Art, so deren Argument, verstoße gegen das Verbot von Zwangsarbeit. Und so ebbte die Diskussion damals wieder ab, ohne Folgen. Inzwischen aber belegen Studien immer klarer, dass nicht nur die Zahl der einsamen Menschen in die Millionen geht, sondern auch, dass Menschen, die sozial nicht eingebunden sind, früher sterben und schneller krank werden. Es könnte also für viele einzelne Menschen gut sein, sich für andere engagieren zu müssen.

»Es kann eine Exklusion sein, jemanden zu verschonen, in Ruhe zu lassen«, hat der Philosoph Felix Heidenreich im Krisenpodcast gesagt. Exklusion, das heißt nichts anderes, als jemanden auszuschließen: »Unsere demokratische Freiheit wäre vor diesem Hintergrund anders zu deuten, nicht als Recht darauf, in Ruhe gelassen zu werden, sondern als Einbindung in ein Gewebe von Ansprüchen, die wir formulieren, denen wir uns aber auch aussetzen müssen.« Demokratie habe immer auch eine Zumutungsseite. Der Philosoph erklärt das gern am Beispiel der Schweiz: Dort würden Feuerwehrleute fast nie angegriffen – anders als in Deutschland oder in Frankreich. Seine Erklärung dafür lautet: In der Schweiz müssen viele Bürger verpflichtenden Dienst in der Feuerwehr leisten. Also ist diese Organisation ein Teil der Gesellschaft, etwas, das alle angeht. Doch in der Schweiz müssen sich die Menschen auch in anderen Bereichen deutlich mehr für ihr Land engagieren, und sie sind deutlich zufriedener mit ihrer Demokratie. Beides habe klar miteinander zu tun, so Heidenreich.

Menschen, die rausgehen, um die Welt oder auch nur die Nachbarschaft zu verbessern, geht es besser? Und der Gesellschaft dadurch sowieso? Damit hat man das Plädoyer für ein Dienstjahr zusammen.

Aber ändert ein Mehr an Engagement gleich die Welt? Sicher nicht. Und wenn mehr Gemeinsinn auch eine gute Voraussetzung dafür ist, mehrere der gegenwärtigen Krisen anzugehen, das alleinige Rezept gegen die Polykrise kann es natürlich auch nicht sein. Dennoch ist es deutlich mehr als nur Beschäftigungstherapie, wenn viele Menschen die eigene Selbstwirksamkeit spüren. Es macht das Gemeinwesen als Ganzes nicht nur widerstandsfähiger, sondern auch solidarischer. »Es gibt zum Optimismus keine vernünftige Alternative«, mit diesem Motto wird der österreichisch-britische Philosoph Karl Raimund Popper, einer der Giganten der Wissenschafts- und Erkenntnisphilosophie, immer wieder zitiert. Popper erlebte zwei

Weltkriege, musste emigrieren, verlor sechzehn Familienangehörige im Holocaust. Angesichts all dessen ist seine Verteidigung des Optimismus bemerkenswert. Und doch möchte man dem geflügelten Wort am Ende dieses Kapitels unbedingt etwas anfügen: Es gibt zum Optimismus keine vernünftige Alternative und nichts ist wichtiger, als ins Tun zu kommen.

18

OUTRO

Ideen, Hoffnung und Lebenslust: Das sind drei der Worte, die uns immer wieder begegnet sind – gesagt oder geschrieben haben sie Menschen, die uns hören und lesen. Ihnen machen der Krisenpodcast und Gespräche, wie sie in diesem Buch zu finden sind, offenbar Mut. Das klingt erst einmal nach einer paradoxen Intervention, wie etwas, das nicht sein kann: ausgerechnet die Beschäftigung mit den Katastrophen der Welt, den Krisen in Natur und Gesellschaft?

Aber möglicherweise ist die Erklärung einfach. Es ist ein bisschen wie bei einer Spinnenphobie. Menschen, die unter diesem Problem leiden, wird geraten, sich die Tiere immer mal wieder anzuschauen. Erst von Weitem, dann von Näherem, irgendwann sollen sie eine Spinne berühren und über die eigene Hand laufen lassen. Wenn es gut geht, nimmt der Ekel jedes Mal etwas mehr ab, und am Ende bleibt vielleicht sogar ein wenig Faszination.

Nun sind wir nicht so naiv zu behaupten, dass die Klimakrise oder die Frage, wie wir mit Migration besser umgehen, das Artensterben oder auch die wachsende Ungleichheit in der Welt sich allein durch genaueres Hinschauen lösen lassen. Das ist nicht so. Und auch Putin oder Trump werden nicht zu netten Menschen, nur weil wir besser verstehen, wie sie ticken. Und dennoch. Dem Gegner ins Auge zu blicken, war noch immer besser, als die Augen zuzukneifen, denn dann wächst er nicht mehr von Sekunde zu Sekunde, bis man schier vor Angst zugrunde geht. Seine schwachen Stellen sieht man nur, wenn man genauer hinschaut. Und nur so ergibt sich die Möglichkeit, selbst ins Handeln zu kommen, und vielleicht, vielleicht doch etwas zu ändern. Und sei es nur die eigene Haltung zum Problem.

Blickt man also genauer auf eine einzelne der vielen Krisen, die uns beschäftigen und zuweilen ängstigen, dann zeigt sich: Oft gibt es eine Person, die weiß, wie Lösungen aussehen könnten. Oder zumindest, welcher Versuch sich lohnen würde. Das hat sich in allen Kapiteln immer wieder gezeigt. Wobei hier bewusst der Konjunktiv steht: könnte. Wäre da nicht – ja was? In einer idealen Welt folgten auf die Diagnosen auch die Therapien. Ginge es um einen von mehreren Krankheiten betroffenen Patienten, dann wäre klar: Die Ärzte verständigen sich, alle Fachrichtungen stimmen sich ab, machen einen Plan und los geht's.

Übertragen aufs Politische ginge das dann etwa so, wie es einst Willy Brandt und seine Co-Autoren im Nord-Süd-Bericht formulierten: »Die Globalisierung von Gefahren und Herausforderungen – Krieg, Chaos, Selbstzerstörung – erfordert eine Art Welt-Innenpolitik.« Das ist ein Satz aus dem Jahr 1980, und er beschreibt, was tatsächlich Stückchen für Stückchen über Jahrzehnte hinweg passiert ist. So gab und gibt es beispielsweise immer mehr UN-Konferenzen und UN-Konventionen: zur Rettung des Klimas und der Biodiversität, gegen die Wüstenbildung und jüngst gegen die Plastikflut.

Globale Probleme durch globale Zusammenarbeit lösen? Das passiert bis heute, und oft jenseits des Schweinwerferlichts. Ende Februar 2025, also nach Trumps Amtsantritt, einigten sich die Regierungen in Rom darauf, die Natur weltweit besser zu schützen.

Zwar reichen die Lösungen, die Abkommen und ihre Finanzierung bei Weitem nicht, um die Probleme auch nur halbwegs in den Griff zu bekommen. Zwar spielten und spielen Interessen und Egoismen, Macht und Taktik immer eine Rolle. Aber sie sind dennoch mutige Versuche, große Menschheitsprobleme eher kooperativ zu lösen – und nicht wie in all den Jahrhunderten zuvor, indem der Stärkere seine Lösung diktierte.

Seit dem Wahlsieg von Donald Trump geht es vermehrt darum, Lücken zu stopfen, die die USA in den internationalen Organisationen hinterlassen, nicht zuletzt finanzieller Art. Es geht darum, Rückschritte, beispielsweise beim Klimaschutz und im Kampf gegen globale Krankheiten, aufzuhalten. Und an nicht wenigen Orten geht es um die Rettung der Demokratie, der Pressefreiheit und der Menschenrechte. Ja, der gegenwärtige Zustand der Weltinnenpolitik lässt den Rückgriff auf Willy Brandt und seine Hoffnung auf gemeinsames, vernunftgeleitetes Handeln schnell naiv erscheinen.

All die Expertinnen und Wissenschaftler, die Aktivistinnen und Politiker, die in diesem Buch zu Wort kommen, sind sich jedoch fast verblüffend einig: In den Krisen liegen immer auch Chancen. Der Satz klingt wie eine Plattitüde. In Wirklichkeit ist er eine Tautologie, oder profan ausgedrückt: doppelt gemoppelt. Es steckt im Wort Krise selbst. Das existiert nicht nur im allgemeinen Sprachgebrauch, es ist auch medizinischer Jargon. Der Pschyrembel, das klinische Wörterbuch, mit dem sich alle angehenden Ärztinnen und Ärzte quälen müssen, definiert »Krise« als »Entscheidungssituation, Wende- oder Höhepunkt einer (gefährlichen) Entwicklung, die oft eine Chance zur Neuorientierung beinhaltet«.

Gefährliche Entwicklung oder Chance zur Neuorientierung? Bei jedem Themenfeld der vorangegangenen Kapitel geht es um ein Problem, bei dem Wesentliches auf dem Spiel steht. Wie in einer medizinischen Krise kann die Sache richtig schlimm werden, der Patient sogar sterben. Aber es kann eben auch die Wende zur Besserung beginnen. Sowohl der Evolutionsbiologe Matthias Glaubrecht als auch der Mediziner Eckart von Hirschhausen haben im Gespräch wiederholt die Krankheitsmetapher vom Menschen auf die planetare Gegenwart übertragen – und beide haben, unabhängig voneinander, über Möglichkeiten der Besserung gesprochen. Beide haben aber darauf hingewiesen, dass dafür nicht die eine wundersame Medizin existiert. Immer geht es um eine Vielzahl notwendiger Maßnahmen. Oder übertragen in den Medizinerjargon: Nicht die eine Pille heilt, sondern nur eine umfassende Therapie. So gesehen ist auch die Polykrisenperspektive nicht sinnlos, sondern hilft dabei, eine Lage zu verstehen, in der Dynamik steckt, in der sich etwas ändern kann – möglicherweise zum Guten. »Die Klimakrise ist auch eine Krise der Kultur und deshalb eine der Imagination«, hat der Schriftsteller und Essayist Amitav Ghosh geschrieben, einer der ersten übrigens, der es wagte, in seinen Romanen von der Klimakrise zu schreiben. Und das in Zeiten, in denen die meisten Kritiker so etwas entweder für befremdlich oder für schlechte Literatur hielten.

Heute gibt es längst eine wachsende Zahl an fiktionalen Büchern, die unseren Umgang mit der Umwelt thematisieren, und das ist gut so. Denn mit der Sprache über das Problem – mit dem Wortraum – wächst der Möglichkeitenraum, neue Lösungen überhaupt erst zu denken. Mehrfach haben wir im Podcast über Kim Stanley Robinsons »Das Ministerium für die Zukunft« gesprochen, ein großer Wurf der Science-Fiction, der die planetare Krise gerade nicht in der Großkatastrophe kumulieren lässt, sondern vorwegnimmt, wie die Menschheit diese abwendet. Bemerkenswert bei Robinson ist, dass unzählige Elemente seiner Fiktion auf realen Ideen, Erfindungen, Debatten basieren – und insofern weniger ausgedacht als verlängert sind, aus der realen Gegenwart in die fiktive Zukunft. (Und ja, wenn Sie das jetzt an unser Format des Beams erinnert, mit dem hier jedes Kapitel schließt, dann liegen Sie richtig. Auch wir haben uns da um eine Kombination von *science* und *fiction* bemüht.)

Der amerikanische Schriftsteller Jonathan Safran Foer formuliert in seinem Klimakrise-Essay »Wir sind das Klima« folgende Überlegung: Das englische Wort für Notfall (*emergency*) leite sich vom Lateinischen *emergere* her, was »auftauchen« bedeutet oder »ans Licht kommen«. Das Wort Apokalypse, bei uns häufig unscharf mit Weltuntergang übersetzt, komme vom griechischen *apoka lyptein*, zu Deutsch »aufdecken« oder »offenbaren«. Und das Wort Krise stamme ebenfalls aus dem Griechischen: *krisis* für »Entscheidung«. Foer schließt daraus: »Unserer Sprache ist die Einsicht eingeschrieben, dass Katastrophen aufdecken, was zuvor verborgen war. Während die Krise unseres Planeten sich in Form einer Reihe von Katastrophen offenbart, werden unsere Entscheidungen ans Licht bringen, wer wir wirklich sind.«

Ausgerechnet Adam Tooze, sozusagen der Prophet der Polykrise, hat das im Krisenpodcast praktisch vorgeführt. »Wir können die Anthropozän-Probleme nicht nach den politischen Problemen lösen, sondern nur gleichzeitig mit ihnen«, sagte er und meint: Es gibt keine ökologische Lösung ohne geopolitische Konsequenzen. Das klingt abstrakt, aber es wird schnell konkret – beispielsweise in den Heizungskellern. Wer den deutschen Gasverbrauch senkt, der steigert die Unabhängigkeit von Putins Russland und Trumps Amerika, und die von den arabischen Scheichs allemal. Oder anders ausgedrückt: In unseren Heizungskellern findet nicht nur Klimapolitik statt, sondern auch Sicherheitspolitik. Oder eben nicht.

»Das ist das Positive an der gegenwärtigen Situation, dass die Klimakrise jetzt umgedeutet worden ist zur Energiekrise, zur Energie-Transformations-Problematik. Und das wiederum lässt sich ohne Weiteres einbetten in einen geopolitischen Wettlauf«, sagte Tooze im Herbst 2023 zum einjährigen Bestehen unseres Podcasts. Bemerkenswerterweise formulierte der Historiker die Zusammenhänge noch in einer Zeit so optimistisch, in der uns in Deutschland schon der bizarre Streit um das sogenannte Heizungsgesetz in den Knochen steckte.

Die politische Kommunikation ging damals daneben, das Handwerkliche ebenso und die Gaslobby konnte eine fulminante Gegenkampagne gegen den Klimaschutz im Heizungskeller fahren. Nicht nur die AfD, auch die CDU und die CSU nahmen die vielen Halb- und Unwahrheiten, die kursierten, dankbar auf. So schadete die Opposition, bei allem Respekt für ihre Rolle als Gegenpol zur Regierung, dem Land erheblich. Nicht zuletzt den vielen Käufern neuer Gasheizungen, die bald drastisch steigende Preise aufgrund des europäischen CO_2-Emissionshandels verkraften müssen. Und so ist hierzulande exakt das Gegenteil von dem passiert, was Tooze so hoffnungsvoll beschrieben hatte. Heute sprechen wieder viele Menschen über Klimapolitik nur als Last – und nicht als Teil einer modernen Sicherheitspolitik. Und Transformation ist nicht zu einem Hoffnungswort geworden für den Wandel hin zu einer Volkswirtschaft, die weniger Schäden anrichtet (und nebenbei auch künftig noch wettbewerbsfähig ist), nein, stattdessen ist Transformation in ihrer ganzen Technikhaftigkeit etwas Kaltes, Unpersönliches und oft auch Beängstigendes geblieben.

Falls nun also in der Polykrise trotzdem weiter dekarbonisiert werden sollte (was bleibt denn auch anderes?), wie etwa Claudia Kemfert (Kapitel 7) es seit Langem fordert, braucht es heute zusätzliche Argumente. Eines könnte der Welthandel sein, die Chance, durch Windräder, grünen Wasserstoff und Stromspeicher endlich wirtschaftlich unabhängiger von heiklen Handelspartnern zu werden und durch E-Autos vom Öl aus Saudi-Arabien. Wieder würden durch eine andere Energieversorgung zwei Probleme mit einer Klappe geschlagen. Klar ist aber: Im Detail ist die Sache kompliziert, sicher komplizierter als eben mal eine große Disruption oder gleich das Ende des Kapitalismus zu fordern.

Auch das bindet übrigens alle Kapitel in diesem Buch zusammen: Unsere Interviewpartnerinnen und -partner sagen nie, es werde leicht. Und sie kommen nicht mit Schlagworten und einfachen Lösungen für komplizierte Probleme. Sie denken immer mehrdimensional. Nehmen wir nur die Wiedervernässung der Moore, wie Franziska Tanneberger (Kapitel 5) sie sich wünscht. Sie argumentiert nicht nur mit der Liebe zur Umwelt und der Sorge vor dem Aussterben von Arten wie der Hochmoor-Mosaikjungfer (einer Libelle), sondern auch mit einer kühlen Kosten-Nutzen-Abwägung: Wer heute Moore schützt, sorgt damit auch für eine Landwirtschaft, die morgen noch funktioniert. Weil sie ihre Grundlagen nicht zerstört.

Die Krise(n) als Möglichkeit der positiven Entscheidung(en)? Sicherlich haftet dieser Umdeutung weiterhin der Ruch des bemüht Positiven an, vielleicht gar des zwanghaft Optimistischen. Womit wir bei Volker Busch wären, dem Regensburger Neurowissenschaftler und Psychiater, der die Erfahrung aus seiner Praxis auf die ganze

Gemütslage der Nation anwendet. Busch (Kapitel 17) hat im Gespräch über den Umgang mit den nicht enden wollenden Krisen entschieden gegen plumpen Optimismus argumentiert. (Optimistisch zu sein nannte er in einem Atemzug mit bräsig, »weil wir denken, das geht schon gut«.) »Ich bin nicht der Meinung, dass uns naiver Optimismus etwas bringt«, sagte Busch. Vielmehr sei er ein Anhänger des Possibilismus. »Da steckt das lateinische Wort *possibilitas* drin, das heißt übersetzt Möglichkeit.« Wenn auf einer Achse der Pessimismus an einem Ende sei und der Optimismus am anderen, dann gehöre der Possibilismus irgendwo in der Mitte. Seine Botschaft: »Auf das Gute hoffe, aber mit dem Schlechten rechne!«

Das ist mehr als ein zeitgeistiges Bonmot angesichts der allmorgendlichen Frage, was wohl wieder über Nacht auf der anderen Seite der Welt geschehen sein mag. Es ist ein Appell dafür, sich Gedanken über die Nachbarschaft, die eigene Umgebung *und* die ganze Welt zu machen. Das betrifft die Einzelne und den Einzelnen: Verlassen wir uns weniger auf alte Sicherheiten und sorgen wir vor für eine ungewisse Zukunft. Mehr noch gilt das für Gesellschaften. Vorsorgen heißt auch, die bequemen Gewissheiten des Ging-bisher-immer-so mit dem harten Blick der Polykrise zu analysieren.

So wie im Kapitel 11 über Mobilität: Was, wenn nicht unser Verkehrssystem, steht für den in Beton, Asphalt und Bahntrassen gegossenen, in Steuervorteilen, Verkehrsregeln, Tarif- und Fahrplänen manifestierten Status quo? Dabei hat dieses Ging-bisher-immer-so nicht nur Klima und Umwelt erheblich geschädigt, es hat auch schon immer viele Menschen benachteiligt, ja ausgeschlossen. Bloß wurden die bislang übersehen. Wer aber die Mobilität grundsätzlich hinterfragt, so wie etwa unsere Gesprächspartnerin Katja Diehl es getan hat, sieht plötzlich all die Marginalisierten. Sie würden von einer Verkehrswende noch unmittelbarer profitieren als die Erdatmosphäre.

Im Kapitel 9 über den Kapitalismus haben wir gelernt, dass die Komplixität guter Lösungen nicht nur in einzelnen Bereichen zugenommen hat. Vielmehr stellt uns die Polykrise vor die ganz grundsätzlichen Fragen: Wodurch erodiert unser Gemeinwesen? Und womit können wir es wieder stärken? Was an unserem Wirtschaftssystem ist schädlich? Wie muss es anders werden, damit es dauerhaft funktioniert? Welche Gefahren bringt uns die eskalierende Klimakrise? Und wie können wir uns für diese Zukunft rüsten? Noch einmal Jonathan Safran Foer: »Jedes Mal, wenn wir ›Krise‹ sagen, sagen wir auch ›Entscheidung‹.«

Nichts von dem würde indessen helfen, bliebe es Grübelei. »Es muss doch dabei anfangen, dass der eigene Lebensbereich ein aggressionsfreier Raum ist«, hat Constanze Stelzenmüller im Krisenpodcast gefordert. Man dürfe einfach nicht zulassen, dass politisch Handelnde wie die eigenen Abgeordneten verbalen oder gar physischen Angriffen ausgesetzt sind, sagte sie. Quasi eine Minimalkonsequenz in der krisenhaft aufgerauten Gesellschaft der Gegenwart. Und Jagoda Marinić formulierte positiv für jede und jeden Einzelnen: »Menschen haben Lust auf Lösungen«. Die Schriftstellerin hat lange ein interkulturelles Zentrum in Heidelberg geleitet und sagt: »Die sinnliche Erfahrung, etwas lösen zu können, ist ganz wunderbar. Zu spüren, dass mein ganzes Wissen, meine ganze Intellektualität dabei helfen kann, etwas zu schaffen, einen Garten zum Blühen zu bringen, zu säen, zu tun ...« – sie nennt das Ganze schlicht »Lösungslust«.

Es geht nirgends und niemals darum, die Polykrise auf einmal zu lösen. Aber vor der Ausnahmehaftigkeit unserer Gegenwart zu erstarren, ist höchstens ein Rezept für kollektive Schwermut. Und deswegen enden wir hier mit dem Philosophen Jürgen Habermas, der sich als Haltung wünschte: »Idealismus ohne Illusion, Realismus ohne Anpassung.«

Dem ist nichts hinzuzufügen.

DANKESCHÖN

Wir danken jeder Gästin und jedem Gast unseres Podcasts. Schon 70 Episoden sind es im Erscheinungsmonat dieses Buchs. In jeder Folge haben wir mit einem klugen Menschen einen Blick auf eine Facette der Polykrise werfen können und dabei viel gelernt. Einige Interviewpassagen haben ihren Weg ins Krisenbuch gefunden, aus anderen Folgen haben wir zitiert. Inspiriert und informiert haben uns ausnahmslos alle Gästinnen und Gäste aus allen Folgen »Auch das noch?«.

Das sind Achim Steiner, Hedwig Richter, Manfred Laubichler, Gesine Schwan, Svenja Schulze, Özden Terli, Matthias Glaubrecht, Kira Vinke, Andreas Knie, Philippa Sigl-Glöckner, Fritz Habekuß, Wolfgang Ischinger, Steffi Lemke, Claudia Kemfert, Andrea Böhm, Alexander Bogner, Lilith Wittmann, Bernd Ulrich, Eckart von Hirschhausen, Elisabeth Niejahr, Norbert Walter-Borjans, Antje Boetius, Thomas Biebricher, Annika Joeres, Kai Niebert, Martin Herrmann, Herrmann Ott, Katharina Zweig, Benedikt Bösel, Franziska Tanneberger, Teresa Bücker, Adam Tooze, Maja Göpel, Jennifer Morgan, Dirk Messner, Belit Onay, Steffen Mau, Klaus Müller, Sabine Nallinger, Reinhard Schneider, Christiane Grefe, Sophia Hoffmann, Volker Busch, Jens Beckert, Christian Stöcker, Rafael Laguna de la Vera, Silja Graupe, Andreas Jung, Christine Lemaitre, Alexandra-Maria Klein, Ricarda Winkelmann, Shalini Randeria, Thomas Fischermann, Michael Thumann, Katja Diehl, Felix Heidenreich, Kai-Ove Kessler, Jagoda Marinić, Stefan Thurner, Constanze Stelzenmüller, Marco Bülow, Frank Sauer, Jens Bisky, Sebastian Klein und Nicole Wellbrock.

Bei Ole Pflüger und Constanze Kainz bedanken wir uns stellvertretend für das gesamte Podcast-Ressort von *ZEIT ONLINE*. Unseren Ressortleitern in den *ZEIT*-Ressorts Politik und Wissen – Tina Hildebrand, Heinrich Wefing, Sibylle Anderl und Simon Kerbusk – danken wir für den Freiraum für unser Krisenpodcast-Engagement. Danke an Jochen Wegner für die Idee zum freundlichen Podcast-Namen! Und ein spezieller Dank geht hier an Andreas Sentker vom großen Podcast-Bruder »ZEIT Verbrechen« sowie an Melanie Podgornik vom Zeitverlag.

Bei den Pool Artists, unserer großartigen Produktionsgesellschaft, gilt nicht nur, aber ganz besonders ein riesengroßes Merci: Paula Georgi, Maria Svidryk, Militsa Tekelieva, Christian Küker und Jona Rösch.

Patrick Oelze vom Herder-Verlag hat uns nicht nur auf die Idee zu diesem Buch gebracht, sondern uns dabei auch bis zur glücklichen Fertigstellung begleitet. Und Bettina Bergmann gilt der Dank für das schnelle und zugleich gründliche Lektorat.

Haben Sie, liebe Leserinnen und Leser, einen Wunsch für künftige Themen oder einen Vorschlag, mit welcher Expertin oder welchem Fachmann wir einmal im Krisenpodcast sprechen sollten? Oder möchten Sie uns Ihre Gedanken zu diesem Buch schicken? Gerne. Sie erreichen uns per E-Mail unter krisen@zeit.de – Plural-n bitte nicht vergessen, schließlich geht es um die Polykrise. Und alle bisherigen Episoden von »Auch das noch?« finden Sie unter: www.zeit.de/krisenpodcast

Jedes Mal, wenn wir im Studio sitzen und einen Podcast aufnehmen, schließen wir mit einem Zitat. Das wollen wir auch im »Auch das noch?«-Buch machen. Es handelt sich um einen Satz, den die Philosophin Eva von Redecker in einem *ZEIT*-Interview über den Wandel gesagt hat:

> »*Der klassische Liberalismus besagt: Meine Freiheit ist ein individueller Besitzstand, ein Raum, in dem ich mich willkürlich verhalten kann. Wir müssen jetzt aber die gemeinsame Gestaltung der Welt als Ausübung von Freiheit begreifen.*«

Dem ist jetzt aber wirklich nichts mehr hinzuzufügen.

DIE GÄSTE

Foto: Sebastian Engels

Matthias Glaubrecht ist Evolutionsbiologe und beschäftigt sich seit Langem damit, was in der Natur im Großen und Ganzen passiert: wie sich Lebensräume verändern, wo Arten verschwinden. Und er weiß, welche Folgen das für uns hat. Er hat das Hamburger Centrum für Naturkunde geleitet und baut nun ein »Evolutioneum« für das Leibniz-Institut zur Analyse des Biodiversitätswandels auf. Wandel? Glaubrecht sorgt sich sehr, dass wir »Das Ende der Evolution« (so heißt eines seiner vielen Sachbücher zu biologischen und wissenschaftshistorischen Themen) einläuten. Er weiß aber auch, worauf wir hoffen dürfen.

Foto: Alfred-Wegener-Institut/ Kerstin Rolfes

Antje Boetius leitete seit 2017 das Alfred-Wegener-Institut für Polar- und Meeresforschung (AWI) in Bremerhaven. Die Meeresbiologin hatte im Jahr 2000 die ersten methanfressenden Bakterien im Meer entdeckt. Sie ging wiederholt auf Expeditionen an Bord des Forschungs-Eisbrechers *Polarstern*. Neben vielfältigen wissenschaftlichen Tätigkeiten wirkt Boetius in die Öffentlichkeit hinein – so trat sie in der ZDF-Dokureihe »Terra X« auf und beriet die Produzenten der Serien-Adaption von Frank Schätzings Roman »Der Schwarm«. Seit Frühjahr 2025 ist Antje Boetius Präsidentin des renommierten Monterey Bay Aquarium Research Institute in Kalifornien.

Foto: Felix Amsel

Franziska Tanneberger fuhr zur Klimakonferenz von Glasgow im Jahr 2021 mit der Bahn, weil sie nicht nach Schottland fliegen wollte. Mit auf diese Reise genommen hatte sie eine Tragetasche für Langlaufski und darin steckte eine riesige Landkarte mit allen Mooren der Welt. Das ist ihre Expertise, die Biologin ist in Deutschland *die* Fachfrau für Moore. Sie forscht an der Universität Greifswald und leitet das Greifswald Moor Centrum. Im Jahr 2023 wurde sie in den Rat für Nachhaltige Entwicklung der Bundesregierung berufen und im Jahr 2024 erhielt sie für ihr Engagement den Deutschen Umweltpreis.

Foto: Mirko Hannemann

Özden Terli hat in Berlin Meteorologie studiert und seine Abschlussarbeit am Bremerhavener Alfred-Wegener-Institut geschrieben. Seit 2007 arbeitet er als Meteorologe, seit 2013 moderiert er als Redakteur beim ZDF in Mainz die Wettervorhersage. Die Branchenzeitschrift *medium magazin* setzte Terli im Jahr 2022 auf die Liste der »Journalisten des Jahres« in der Kategorie Wissenschaft. In Anerkennung seiner »eindringlichen Vermittlung des Ausmaßes der Klimakatastrophe« wurde er zum zweiten Mal für den Grimme-Preis nominiert.

Foto: Oliver Betke

Claudia Kemfert leitet am Deutschen Institut für Wirtschaftsforschung (DIW) in Berlin die Abteilung Energie, Verkehr und Umwelt. Die Energieökonomin ist außerdem Professorin an der Leuphana Universität Lüneburg. Sie erforscht die wirtschaftlichen Auswirkungen von Energie- und Klimaschutzpolitik und die Kosten, die entstehen, wenn diese vernachlässigt wird. Kemfert engagiert sich auch gesellschaftlich und beteiligt sich mit ihrer Expertise an öffentlichen Debatten. Sie ist unterstützt die Scientists for Future und ist Autorin vieler Sachbücher, zuletzt »Schockwellen – Letzte Chance für sichere Energien und Frieden«.

Foto: Dominik Butzmann

Eckart von Hirschhausen ist Arzt, Journalist und Fernsehmoderator. Im Jahr 2019 beschloss er, seine Bühnenkarriere an den Nagel zu hängen und sich der Aufklärung über den Zusammenhang von Klimakrise und menschlicher Gesundheit zu widmen. Er gründete die Stiftung »Gesunde Erde – Gesunde Menschen« und gehört zu den präsentesten Mahnern für beides: mehr Klimaschutz und mehr Gesundheitsprävention. Sein Buch »Mensch, Erde!« trägt den Untertitel: »Wir könnten es so schön haben«. Beim ZEIT ONLINE Podcast-Festival lockte er so viel Publikum vor die Hauptbühne, dass viele auf dem Boden sitzen oder am Rand stehen mussten.

Foto: David Ausserholfer

Jens Beckert ist Direktor am Max-Planck-Institut für Gesellschaftsforschung in Köln und Professor für Soziologie an der dortigen Universität. Beckerts Forschungsgegenstand ist der Kapitalismus. Ökonomisches Handeln betrachtet er eingebettet in einen sozialen und politischen Rahmen und als Ergebnis historischer Entwicklungen. Zu seinen vielen Büchern zählen Titel wie »Unverdientes Vermögen« (2004) über das Erbrecht, »Imaginierte Zukunft« (2018) und »Verkaufte Zukunft« (2024) über die Klimakrise.

Foto: privat

Norbert Walter-Borjans war von 2019 bis 2021 Co-Vorsitzender der SPD. Deutlich länger, von 2010 bis 2017, war er Finanzminister des Bundeslandes Nordrhein-Westfalen. Damals wurde er durch einen sehr konkreten Streit um Gerechtigkeit bundesweit bekannt. Walter-Borjans hatte nämlich einen Datensatz gekauft, der Informationen über Bürger enthielt, die sich der Steuerpflicht entzogen hatten. Als Co-Parteichef zählte Walter-Borjans zu den Parteilinken in der SPD. Sein Blick darauf, was gerecht ist und was nicht, geht aber längst hinaus über klassische Verteilungsfragen, wie sie zwischen Arbeitgebern und Arbeitnehmern herrschen. Heute denkt er auch darüber nach, wie die Welt trotz Polykrise gerechter werden kann.

Foto: Bernhard Ludewig

Andreas Knie ist Soziologieprofessor an der Technischen Universität Berlin und erforscht am Wissenschaftszentrum Berlin für Sozialforschung (WZB), wie Verkehr modern organisiert werden sollte. Er gehört zum Rat des Think-Tanks Agora Verkehrswende. Knie selbst hatte einst, wie er sagt, ein »fast libidinöses Verhältnis« zu seinem Ro 80, einem Oldtimer der Marke NSU. Knie findet aber auch, dass die Städte einfach zu verschwenderisch mit ihrem Raum umgehen, wenn sie so viel davon für Autos reservieren. Seine Arbeit umfasst Sharing-Konzepte, die Interkonnektivität von Verkehrsmitteln und postfossile Mobilität.

Foto: Dora Janowska

Katja Diehl ist wohl Deutschlands bekannteste Kritikerin der gegenwärtigen Mobilitätsverhältnisse. Die Hamburgerin hat in einem großen Logistikunternehmen, bei den Stadtwerken von Osnabrück und in einem regionalen Nahverkehrsunternehmen gearbeitet, zuletzt in leitender Funktion. Im Jahr 2017 machte sie sich selbstständig als Beraterin für eine inklusive, ökologisch und sozial gerechte Verkehrswende. Ihr Buch »Autokorrektur« (2022) machte sie bekannt, als *shedrivesmobility* macht sie Newsletter und Podcasts. Ihr zweites Buch, »Raus aus der Autokratie«, erschien 2024. Man könnte sagen: Sie ist eine Verkehrswenderin.

Foto: Gesine Born

Steffen Mau, gelernter Schiffselektroniker aus Rostock, ist seit 2015 Professor für Makrosoziologie an der Humboldt Universität in Berlin und hat gemeinsam mit Thomas Lux und Linus Westheuser ein viel beachtetes Buch geschrieben: »Triggerpunkte. Konsens und Konflikt in der Gegenwartsgesellschaft.« Es ist das Ergebnis einer einzigartigen empirischen Befragung, der Triggerpunkte-Studie, die Mau aus einem Preisgeld finanzierte. Das hatte er im Jahr 2021 zusammen mit dem Leibniz-Preis erhalten, der höchstdotierten wissenschaftlichen Auszeichnung in der Bundesrepublik. Zwischen Mai und Juli 2022 waren für die Studie mehr als 2500 Menschen in Deutschland befragt worden.

Foto: Dinny Stöcker

Christian Stöcker studierte Psychologie und promovierte zu menschlicher Kognition, bevor er Journalist wurde. Digitale Kommunikation und ihre Auswirkungen auf die Öffentlichkeit zählten in seiner Zeit beim *Spiegel* (davon mehrere Jahre als Leiter des Ressorts Netzwelt) zu seinen Themen. Seit 2016 widmet er sich diesem Thema wieder akademisch, als Professor für digitale Kommunikation an der Hamburger Hochschule für Angewandte Wissenschaften. Er ist Autor der Kolumne »Der Rationalist« und veröffentlichte unter anderem die Sachbücher »Die große Beschleunigung« und »Männer, die die Welt verbrennen« (2024).

Foto: Stefanie Mooshammer

Shalini Randeria ist Sozialanthropologin und hat sich lange mit der Frage beschäftigt, warum liberale Demokratien immer schwächer werden und was dann an deren Stelle tritt. Die in Amerika geborene Inderin hat in Oxford, Heidelberg und Berlin studiert. Als Wissenschaftlerin arbeitete sie in Genf und Wien. Dabei wirkte sich ihr Forschungsthema auch ihre praktische Arbeit aus: Seit November 2021 ist Randeria Rektorin der Central European University, die unter dem Druck der ungarischen Orbán-Regierung von Budapest nach Wien übersiedeln musste.

Foto: Heike Steinweg

Thomas Biebricher ist Politikwissenschaftler, lehrt an der Universität Frankfurt und ist ein Kenner des Konservatismus. Ausführlich hat er sich mit den konservativen Parteien Europas beschäftigt und »Die internationale Krise des Konservatismus« (»Mitte/rechts«, 2023) geschrieben. Intensiv hat er »Die Erschöpfung des deutschen Konservatismus« (»Geistig-moralische Wende«, 2019) erforscht. So kann Biebricher im Detail erklären, warum es in der Krise der liberalen westlichen Demokratien gerade auf diese Parteienfamilie ankommt.

Foto: Marc Darchinger

Constanze Stelzenmüller ist Expertin für Außen- und Sicherheitspolitik. Die promovierte Juristin lebt und arbeitet in Washington D. C. Sie ist die erste Inhaberin des Fritz-Stern-Chairs und Direktorin des Center on the United States and Europe der Brookings Institution, einer Forschungsstelle zu transatlantischen Beziehungen. Zuvor leitete Stelzenmüller das Berliner Büro des German Marshall Fund. Als Politikredakteurin der *ZEIT* berichtete sie jahrelang über Verteidigung, Sicherheit, deutsche Außenpolitik und internationale Rechtsfragen. Heute schreibt sie eine regelmäßige Kolumne in der *Financial Times.*

Foto: Zoe Spawton

Sophia Hoffmann ist eine Pionierin der pflanzlichen Küche. Die vegane Köchin verbreitete schon früh – in Büchern und Podcasts – das Wissen darüber, wie es funktioniert, ganz ohne tierische Zutaten alltagstauglich zu kochen. Sie schrieb die Kochbücher »Zero Waste Küche« und »Die kleine Hoffmann«. Inzwischen betreibt Sophia Hoffmann in Berlin ein Restaurant, das man als Labor verstehen kann. Hier wird ausprobiert, wie vier gesellschaftlich relevante Ziele zugleich erreicht werden können: in der Küche das Klima schützen, fair zu den Mitarbeitenden zu sein, dabei Geld verdienen und auch noch gut zu kochen.

Foto: Lena Giovanazzi

Jagoda Marinić ist Schriftstellerin und lebt in Heidelberg. Dort hat sie von 2012 bis 2023 das Interkulturelle Zentrum aufgebaut und geleitet. Im vergangenen Jahr übernahm sie dann die künstlerische Leitung des Internationalen Literaturfestivals Heidelberg. Marinić studierte Anglistik, Germanistik und Politikwissenschaften. Sie hat mehrere Erzählbände, Essays, Theaterstücke und Romane geschrieben. Im Herbst 2024 erschien Marinićs jüngstes Buch »Sanfte Radikalität – zwischen Hoffnung und Wandel«. Seit vier Jahren moderiert sie für den Hessischen Rundfunk den Podcast »Freiheit deluxe«.

Foto: Thomas Dashube

Volker Busch ist Facharzt für Neurologie, Psychiatrie und Psychotherapie in Regensburg. Er forscht an der dortigen Universität, wo er Professor ist und die Arbeitsgruppe »Psychosozialer Stress und Schmerz« leitet. Busch treibt schon seit vielen Jahren die Frage um, wie Menschen sich in schwierigen Zeiten mental gesund halten können. Und was sie brauchen, um zufrieden und glücklich zu sein. Darüber hat er zwei Bestseller geschrieben (»Kopf hoch!«, 2024, und »Kopf frei«, 2021) und er spricht darüber in seinem Podcast »Gehirn Gehört«.

DIE QUELLEN

Kapitel 2

»Kawumm! – Die Krisen dieser Tage überlagern und verstärken sich gegenseitig. Das stellt die Politik vor neue Herausforderungen«, Gastbeitrag von Adam Tooze, *DIE ZEIT* Nr. 29/2022 https://www.zeit.de/2022/29/krisenzeiten-krieg-ukraine-oel-polykrise

»Year in a word: Polycrisis«, *Financial Times*, 31.12.2022, https://www.ft.com/content/f6c4f63c-aa71-46f0-a0a7-c2a4c4a3c0f1

»Why ›Polycrisis‹ Was the Buzzword of Day 1 in Davos«, *Time*, 17.1.2023, https://time.com/6247799/polycrisis-in-davos-wef-2023/

»ExxonMobil: Oil giant predicted climate change in 1970s – scientists«, *BBC*, 12.1.2023, https://www.bbc.com/news/science-environment-64241994

»Auch das noch?« vom 14.12.2022 mit Kira Vinke https://www.zeit.de/adn-natur

»Auch das noch?« vom 6.11.2022 mit Svenja Schulze https://www.zeit.de/adn-hunger

»Wie COVID-19 Millionen von Kindern die Schulmahlzeit raubt«, Donald Bundy, Carmen Burbano de Lara in *Krisen & Humanitäre Hilfe*, 06/2022, https://www.welthungerhilfe.de/welternaehrung/rubriken/krisen-humanitaere-hilfe/wie-covid-19-millionen-kindern-die-schulmahlzeit-raubt

»Reliance emerges as a winner after India's wheat ban«, *Aljazeera*, 30.8.2022, https://www.aljazeera.com/economy/2022/8/30/reliance-emerges-as-a-winner-after-indias-wheat-ban

»India restricts rice exports, could fuel food inflation«, Rajendra Jadhav, *Reuters*, 9.9.2022, https://www.reuters.com/world/india/india-imposes-20-duty-rice-exports-various-grades-2022-09-08/

»Auch das noch?« vom 8.2.2023 mit Wolfgang Ischinger https://www.zeit.de/adn-westen

Kapitel 3

»Final Report – The Economics of Biodiversity: The Dasgupta Review«, British Government, 2.2.2021, https://www.gov.uk/government/publications/final-report-the-economics-of-biodiversity-the-dasgupta-review

»Enigma of Fernanda«, Galapagos Conservancy, 19.12.2023, https://www.galapagos.org/newsroom/the-enigma-of-fernanda/

»The Chacoan Peccary's remarkable return from extinction«, Wawa Conservation, https://wawa.org.uk/chacoan-peccary/

»Bayerische Kurzohrmaus«, Bayerisches Landesamt für Umwelt, https://www.lfu.bayern.de/natur/kleinsaeuger/untersuchungen/kurzohrmaus/index.htm

»Ausgestorben: Diese fünf Tierarten sind für immer aus Deutschland verschwunden«, Jens Voss in *National Geographic*, 20.10.2023, https://www.nationalgeographic.de/tiere/2023/09/ausgestorben-diese-fuenf-tierarten-sind-fuer-immer-aus-deutschland-verschwunden

»Nature's Dangerous Decline ›Unprecedented‹; Species Extinction Rates ›Accelerating‹«, IPBES, 5.5.2019, https://www.ipbes.net/news/Media-Release-Global-Assessment

»Geology of Mankind«, Paul Crutzen in *Nature*, 3.1.2002, https://www.nature.com/articles/415023a

»Auch das noch?« vom 30.11.2022 mit Matthias Glaubrecht https://www.zeit.de/adn-natur

»Auch das noch?« vom 21.8.2024 mit Alexandra-Maria Klein https://www.zeit.de/adn-insekten

»Auch das noch?« vom 9.8.2023 mit Kai Niebert https://www.zeit.de/adn-protest

Kapitel 4

Sechster Sachstandsbericht des Weltklimarats (AR6), Syntheseberich 2023 https://www.ipcc.ch/report/ar6/syr/downloads/report/IPCC_AR6_SYR_LongerReport.pdf

»Auch das noch?« vom 28.6.2023 mit Antje Boetius https://www.zeit.de/adn-meere

»Control of global warming?«, John Latham in *Nature*, 27.9.1990, https://www.nature.com/articles/347339b0

»Warming Is Getting Worse. So They Just Tested a Way to Deflect the Sun.«, Christopher Flavelle in der *New York Times*, 2.4.2024, https://www.nytimes.com/2024/04/02/climate/global-warming-clouds-solar-geoengineering.html

»Public perceptions on solar geoengineering from focus groups in 22 countries«, Sean Low et al. in *Nature*, 27.6.2024, https://www.nature.com/articles/s43247-024-01518-0

Kapitel 5

»Global assessment reveals huge potential of peatlands as a climate solution«, UNEP, 17.11.2022, https://www.unep.org/news-and-stories/press-release/global-assessment-reveals-huge-potential-peatlands-climate-solution

»Auch das noch?« vom 20.9.2023 mit Benedikt Bösel https://www.zeit.de/adn-landwirtschaft

»Nature ›one of most effective ways‹ of combatting climate change«, UNEP, 19.9.2019, https://news.un.org/en/story/2019/09/1046752

»Natural climate solutions«, Bronson Griscom et al. in *PNAS*, 16.10.2017, https://www.pnas.org/doi/10.1073/pnas.1710465114

»Auch das noch?« vom 4.10.2023 mit Franziska Tanneberger https://www.zeit.de/adn-moore

»Peatland Report«, UNEP, 2022, https://wedocs.unep.org/bitstream/handle/20.500.11822/41236/peatland_assessment_SPM.pdf?sequence=3

Kapitel 6

»Faktenpapier 2024: Was wir 2024 über das Extremwetter in Deutschland wissen«, DWD, 24.9.2024, https://www.dwd.de/DE/klimaumwelt/aktuelle_meldungen/240924/faktenpapier_extremwetterkongress_download.pdf

»Auch das noch?« vom 20.11.2022 mit Özden Terli https://www.zeit.de/adn-wetter

»Die Auswirkungen des Klimawandels auf die Landwirtschaft«, Deutscher Bauernverband, https://www.bauernverband.de/topartikel/die-auswirkungen-des-klimawandels-auf-die-landwirtschaft

»Removal of atmospheric CO_2 by rock weathering holds promise for mitigating climate change«, Johannes Lehmann und Angela Possinger in *Nature*, 8.7.2020, https://www.nature.com/articles/d41586-020-01965-7

»Potential for large-scale CO_2 removal via enhanced rock weathering with croplands«, David Beerling et al. in *Nature*, 8.7.2020, https://www.nature.com/articles/s41586-020-2448-9

»Record carbon emissions highlight urgency of Global Greenhouse Gas Watch«, WMO, 19.11.2024, https://wmo.int/media/news/record-carbon-emissions-highlight-urgency-of-global-greenhouse-gas-watch

»Unser erster Feldversuch mit ›beschleunigter Verwitterung‹ zum Einfangen von CO_2 aus der Umgebungsluft«, Carbon Drawdown Initiative, 14.1.2021, https://www.carbon-drawdown.de/blog/2021-01-14-introducing-project-carbdown-de

»All options, not silver bullets, needed to limit global warming to 1.5 °C«, Johan Rockström et al., *Environmental Reserach Letters*, 25.5.2021, https://iopscience.iop.org/article/10.1088/1748-9326/abfeec?itid=lk_inline_enhanced-template

»Durstiges Land« von Susanne Götze und Annika Joeres, 2023, https://www.dtv.de/buch/durstiges-land-26372

»Auch das noch?« vom 26.7.2023 mit Annika Joeres https://www.zeit.de/adn-wasser

Kapitel 7

»World«, Ember, 19.11.2024, https://ember-energy.org/countries-and-regions/world/

Sechster Sachstandsbericht des Weltklimarats (AR6), Syntheseberich 2023, https://www.ipcc.ch/report/ar6/syr/downloads/report/IPCC_AR6_SYR_LongerReport.pdf

»Harnessing oil and gas superprofits for climate action«, Florian Egli et al. in *Climate Policy*, 8.11.2024, https://www.tandfonline.com/doi/full/10.1080/14693062.2024.2424516#references-Section

»Renewables 2024 Global Status Report«, REN21, 2024, https://www.ren21.net/gsr-2024/modules/energy_supply/01_global_trends/03_investment_and_finance/

»Auch das noch?« vom 8.3.2023 mit Claudia Kemfert https://www.zeit.de/adn-energie

»Interview: Carvey Ehren Maigue, James Dyson Award Sustainability Winner 2020«, Dyson, 2020, https://www.dyson.com/discover/sustainability/james-dyson-award/interview-aureus-system-technology-jda-2020

»World Energy Outlook«, IEA, 16.10.2024, https://www.iea.org/news/geopolitical-tensions-are-laying-bare-fragilities-in-the-global-energy-system-reinforcing-need-for-faster-expansion-of-clean-energy

Kapitel 8

»Heat-related mortality in Europe during the summer of 2022«, Joan Ballester et al. in *Nature*, 10.7.2023, https://www.nature.com/articles/s41591-023-02419-z

»Summer 2022 Europe's hottest on record«, *Copernicus*, 8.9.2022, https://climate.copernicus.eu/copernicus-summer-2022-europes-hottest-record

»Auch das noch?« vom 17.5.2023 mit Eckart von Hirschhausen https://www.zeit.de/adn-gesundheit

»Auch das noch?« vom 19.8.2023 mit Martin Herrmann https://www.zeit.de/adn-hitze

Kapitel 9

»Fossil Fuel Subsidies Surged to Record $7 Trillion«, IMF, 24.8.2023, https://www.imf.org/en/Blogs/Articles/2023/08/24/fossil-fuel-subsidies-surged-to-record-7-trillion

»Oil and gas industry earned $4 trillion last year, says IEA chief«, *Reuters*, 14.2.2023, https://www.reuters.com/business/energy/oil-gas-industry-earned-4-trillion-last-year-says-iea-chief-2023-02-14/

»Auch das noch?« vom 15.5.2024 mit Jens Beckert https://www.zeit.de/adn-kapitalismus

»Direct Air Capture. A Key Technology for Net Zero«, IEA, 2022, https://iea.blob.core.windows.net/assets/78633715-15c0-44e1-81df-41123c556d57/DirectAirCapture_Akeytechnologyfornetzero.pdf

»Shifting the Direct Air Capture Paradigm«, BCG, 5.6.2023, https://www.bcg.com/publications/2023/solving-direct-air-carbon-capture-challenge.

»Wir leben unter dem Diktat der Kurzfristigkeit« – Interview mit Klaus Töpfer«, Nachhaltigkeitsrat, 3.7.2013, https://www.nachhaltigkeitsrat.de/aktuelles/wir-leben-unter-dem-diktat-der-kurzfristigkeit-interview-mit-klaus-toepfer/

»Auch das noch?« vom 1.5.2024 mit Hedwig Richter https://www.zeit.de/adn-demokratie

Kapitel 10

»Gefühlt ungerecht: Gerechtigkeitsempfinden in Deutschland«, Bertelsmann Stiftung, 9.9.2022, https://www.bertelsmann-stiftung.de/de/unsere-projekte/gesellschaftlicher-zusammenhalt/projektnachrichten/gerechtigkeitsempfinden-in-deutschland-2022

»Auch das noch?« vom 15.5.2024 mit Jens Beckert https://www.zeit.de/adn-kapitalismus

»Auch das noch?« vom 14.6.2023 mit Norbert Walter-Borjans https://www.zeit.de/adn-gerechtigkeit

»Umweltschädliche Subventionen in Deutschland«, Umweltbundesamt, 3.12.2021, https://www.umweltbundesamt.de/daten/umwelt-wirtschaft/umweltschaedliche-subventionen-in-deutschland

Kapitel 11

»Pkw-Dichte 2024 leicht gestiegen«, Destatis, 8.10.2024, https://www.destatis.de/DE/Presse/Pressemitteilungen/2024/10/PD24_N051_46.html

»Klimaschutz im Verkehr«, Umweltbundesamt, 15.7.2024, https://www.umweltbundesamt.de/themen/verkehr/klimaschutz-im-verkehr

»Straßenverkehr: EU-weite CO_2-Emissionen seit 1990 um 24 % gestiegen«, Destatis, 8.7.2024, https://www.destatis.de/Europa/DE/Thema/Umwelt-Energie/CO2_Strassenverkehr.

»Auch das noch?« vom 10.1.2024 mit Belit Onay https://www.zeit.de/adn-stadt

»Auch das noch?« vom 13.12.2023 mit Dirk Messner https://www.zeit.de/adn-umweltschutz

»Auch das noch?« vom 28.12.2022 mit Andreas Knie https://www.zeit.de/adn-verkehr

»Auch das noch?« vom 13.11.2024 mit Katja Diehl https://www.zeit.de/adn-mobilitaet

»Autonomer Vorzeige-Elektrobus fährt bald nicht mehr«, *ZEIT ONLINE*, 20.12.2024, https://www.zeit.de/news/2024-12/20/autonomer-vorzeige-elektrobus-faehrt-bald-nicht-mehr

»Global Automotive Outlook: Predictions For 2025«, Sarwant Singh in *Forbes*, 13.1.2025, https://www.forbes.com/sites/sarwantsingh/2025/01/13/global-automotive-outlook-predictions-for-2025/

»Städte und Gemeinden der Initiative«, Initiative lebenswerte Städte, https://www.lebenswerte-staedte.de/de/staedte-und-gemeinden-der-initiative.html

Kapitel 12

»Große Mehrheit erkennt in Desinformation eine Gefahr für Demokratie und Zusammenhalt«, Bertelsmann Stiftung, 28.2.2024, https://www.bertelsmann-stiftung.de/de/themen/aktuelle-meldungen/2024/februar/grosse-mehrheit-erkennt-in-desinformation-eine-gefahr-fuer-demokratie-und-zusammenhalt

»This infamous Steve Bannon quote is key to understanding America's crazy politics«, Brian Stelter bei *CNN*, 16.11.2021, https://edition.cnn.com/2021/11/16/media/steve-bannon-reliable-sources/index.html

»Auch das noch?« vom 1.5.2024 mit Hedwig Richter https://www.zeit.de/adn-demokratie

»Auch das noch?« vom 24.1.2024 mit Steffen Mau https://www.zeit.de/adn-polarisierung

»Auch das noch?« vom 30.5.2024 mit Christian Stöcker https://www.zeit.de/adn-socialmedia

»Plenarprotokoll 20/26«, Deutscher Bundestag, 25.3.2022, https://dserver.bundestag.de/btp/20/20026.pdf

»Auch das noch?« vom 31.5.2023 mit Elisabeth Niejahr https://www.zeit.de/adn-engagement

Kapitel 13

»The global democracy index«Economist vom 27.02.2025, https://www.economist.com/interactive/democracy-index-2024

»Auch das noch?« vom 2.10.2024 mit Shalini Randeria https://www.zeit.de/adn-autoritaere

»Auch das noch?« vom 12.7.2023 mit Thomas Biebricher https://www.zeit.de/adn-konservative

»Laudato si'«, Papst Franziskus, 24.5.2015, https://www.vatican.va/content/francesco/de/encyclicals/documents/papa-francesco_20150524_enciclica-laudato-si.html

Kapitel 14

»Die Vereinigten Staaten sind Deutschlands wichtigster Handelspartner«, Destatis, 2025, https://www.destatis.de/DE/Themen/Wirtschaft/Aussenhandel/handelspartner-jahr.html

»Auch das noch?« vom 5.2.2025 mit Constanze Stelzenmüller https://www.zeit.de/adn-geopolitik

»Exporte im November 2024«, Destatis, 9.1.2025, https://www.destatis.de/DE/Presse/Pressemitteilungen/2025/01/PD25_006_51.html

Kapitel 15

»Fleischkonsum in Deutschland«, Statista, 12.6.2024, https://de.statista.com/themen/1315/fleisch/

»Lifestock's long shadow«, FAO, 2006, https://www.fao.org/4/a0701e/a0701e00.htm.

»The global biomass of wild mammals«, Ron Milo et al. in *PNAS*, 27.2.2023, https://www.pnas.org/doi/10.1073/pnas.2204892120

»Methane emissions«, European Commission, 2024, https://energy.ec.europa.eu/topics/carbon-management-and-fossil-fuels/methane-emissions_en

»Auch das noch?« vom 3.4.2024 mit Sophia Hoffmann https://www.zeit.de/adn-essen

»Welthunger-Index 2024«, Welthungerhilfe, 10.10.2024, https://www.welthungerhilfe.de/pressemappe-whi-2024

»Auch das noch?« vom 6.11.2022 mit Svenja Schulze https://www.zeit.de/adn-hunger

Kapitel 16

»Informelles Engagement: Die neue Normalität?«, Stifterverband, 2023, https://www.ziviz.de/sites/ziv/files/informelles_engagement_die_neue_normalitaet.pdf

»Auch das noch?« vom 8.1.2025 mit Jagoda Marinić https://www.zeit.de/adn-zusammen

»Lässt sich ›Cancel Culture‹ empirisch belegen«, Paula-Irene Villa et al. in *Aus Politik und Zeitgeschichte*, 12.11.2021, https://www.bpb.de/shop/zeitschriften/apuz/wissenschaftsfreiheit-2021/343228/laesst-sich-cancel-culture-empirisch-belegen/

»Akademische Redefreiheit«, ZEIT Stiftung, Oktober 2024, https://www.zeit-stiftung.de/f/e/source/Themen/Gefoerderte-Projekte/Forschung/Report_AkademischeRedefreiheit_RGB_RZ_3.pdf

»Auch das noch?« vom 24.1.2024 mit Steffen Mau https://www.zeit.de/adn-polarisierung

»Auch das noch?« vom 18.10.2023 mit Teresa Bücker https://www.zeit.de/adn-zeitnot.

»Mitgliederzuwachs bei Parteien«, Anna Luca Kirchhoff für den *WDR*, 27.12.2024, https://www.tagesschau.de/inland/innenpolitik/parteien-mitglieder-zuwachs-102.html

»Auch das noch?« vom 10.11.2022 mit Gesine Schwan et al. https://www.zeit.de/adn-polykrise

Kapitel 17

»So blicken die Bürger auf das Jahr 2025«, Stiftung für Zukunftsfragen, 2.1.2025, https://www.stiftungfuerzukunftsfragen.de/so-blicken-die-buerger-auf-das-jahr-2025-sorgen-angst-und-ein-wenig-hoffnung/

»DAK Psychreport 2024«, DAK, 5.7.2024, https://www.dak.de/dak/unternehmen/reporte-forschung/psychreport-2024_57364

»Klimawandel und psychische Gesundheit«, Andreas Heinz et al. in *Nervenarzt*, 23.2.2023, https://pmc.ncbi.nlm.nih.gov/articles/PMC9992044/

»Klima geht ins Gehirn«, *Forschung und Lehre*, 16.11.2022, https://www.forschung-und-lehre.de/zeitfragen/klima-geht-ins-gehirn-5172

»Resilienz ist weitverbreitet«, Leibniz-Institut für Resilienzforschung, 18.11.2022, https://www.leibniz-gemeinschaft.de/ueber-uns/neues/forschungsnachrichten/forschungsnachrichten-single/newsdetails/resilienz-ist-weit-verbreitet

»Auch das noch?« vom 17.4.2024 mit Volker Busch https://www.zeit.de/adn-zuversicht

»Auch das noch?« vom 11.12.2024 mit Felix Heidenreich https://www.zeit.de/adn-zukunft

Kapitel 18

»Das Überleben sichern«, Willy Brandt, 1980 (2013), https://willy-brandt.de/wp-content/uploads/heft_25_nord-sued-bericht.pdf

»Wir sind das Klima«, Jonathan Safran Foer, 2019, https://www.kiwi-verlag.de/buch/jonathan-safran-foer-wir-sind-das-klima-9783462053210

»Die große Verblendung«, Amitav Ghosh, 2017, https://www.penguin.de/buecher/amitav-ghosh-die-grosse-verblendung/buch/9783896675842

»Moortypen und gefährdete Arten«, Bundesamt für Naturschutz, https://www.bfn.de/moortypen-und-gefaehrdete-arten

Kapitel 19

»Manch Neues erscheint lange abstrus«, Interview mit Eva von Redecker und Dirk Messner, von Anna-Lena Scholz und Maximilian Probst für *DIE ZEIT* Nr. 53/2021, https://www.zeit.de/2021/53/eva-von-redecker-dirk-messner-klimakrise-sozialforschung/komplettansicht